TEUBNER-TEXTE zur Informatik   Band 10

M. Tresch

Evolution in Objekt-Datenbanken

TEUBNER-TEXTE zur Informatik

Herausgegeben von
Prof. Dr. Johannes Buchmann, Saarbrücken
Prof. Dr. Udo Lipeck, Hannover
Prof. Dr. Franz J. Rammig, Paderborn
Prof. Dr. Gerd Wechsung, Jena

Als relativ junge Wissenschaft lebt die Informatik ganz wesentlich von aktuellen Beiträgen. Viele Ideen und Konzepte werden in Originalarbeiten, Vorlesungsskripten und Konferenzberichten behandelt und sind damit nur einem eingeschränkten Leserkreis zugänglich. Lehrbücher stehen zwar zur Verfügung, können aber wegen der schnellen Entwicklung der Wissenschaft oft nicht den neuesten Stand wiedergeben.

Die Reihe „TEUBNER-TEXTE zur Informatik" soll ein Forum für Einzel- und Sammelbeiträge zu aktuellen Themen aus dem gesamten Bereich der Informatik sein. Gedacht ist dabei insbesondere an herausragende Dissertationen und Habilitationsschriften, spezielle Vorlesungsskripten sowie wissenschaftlich aufbereitete Abschlußberichte bedeutender Forschungsprojekte. Auf eine verständliche Darstellung der theoretischen Fundierung und der Perspektiven für Anwendungen wird besonderer Wert gelegt. Das Programm der Reihe reicht von klassischen Themen aus neuen Blickwinkeln bis hin zur Beschreibung neuartiger, noch nicht etablierter Verfahrensansätze. Dabei werden bewußt eine gewisse Vorläufigkeit und Unvollständigkeit der Stoffauswahl und Darstellung in Kauf genommen, weil so die Lebendigkeit und Originalität von Vorlesungen und Forschungsseminaren beibehalten und weitergehende Studien angeregt und erleichtert werden können.

TEUBNER-TEXTE erscheinen in deutscher oder englischer Sprache.

Evolution in Objekt-Datenbanken

Anpassung und Integration bestehender Informationssysteme

Von Dr. rer. nat. Markus Tresch
Universität Ulm und IBM Almaden Research Center

B. G. Teubner Verlagsgesellschaft
Stuttgart · Leipzig 1995

Dr. Markus Tresch

Geboren 1964 in Biel, Schweiz. Von 1983 bis 1989 Studium der Informatik mit Nebenfach Betriebswirtschaft an der Eidgenössischen Technischen Hochschule (ETH) Zürich, Diplom als Informatik-Ingenieur ETH Mai 1989. Von 1989 bis 1992 wissenschaftlicher Mitarbeiter am Institut für Informationssysteme der ETH Zürich bei Prof. H.-J. Schek und von 1992 bis 1994 an der Abteilung Datenbanken und Informationssysteme der Universität Ulm bei Prof. M. H. Scholl, Promotion Februar 1994. Seit Mai 1994 am IBM Almaden Research Center, San Jose, Kalifornien.

Arbeitsschwerpunkte: Modelle und Sprachen für objektorientierte Datenbanksysteme, Verteilte und föderierte Informationssysteme.

Die Deutsche Bibliothek – CIP-Einheitsaufnahme

Tresch, Markus:
Evolution in Objekt-Datenbanken : Anpassung und Integration
bestehender Informationssysteme / von Markus Tresch. –
Stuttgart ; Leipzig : Teubner, 1995
   (Teubner-Texte zur Informatik ; Bd. 10)
     ISBN 978-3-8154-2059-1   ISBN 978-3-322-93444-4 (eBook)
     DOI 10.1007/978-3-322-93444-4
NE: GT

Umschlaggestaltung: E. Kretschmer, Leipzig

Geleitwort

Evolution in Objekt-Datenbanken behandelt die zunehmende Notwendigkeit der Anpassung bestehender Informationssysteme an das ständig zu erweiternde „Universe of Discourse". Es handelt sich dabei um eine Thematik, die in jüngster Zeit zentrale Bedeutung erhalten hat, und von der man glaubt, oder doch zumindest hofft, heute käufliche Datenbanksysteme hätten längst die entsprechenden Lösungen realisiert.

Das Problem kann in zwei Dimensionen betrachtet werden. Die erste ist fast schon klassisch, sie betrachtet die Schemaevolution zur *Anpassung* von Datenbanken an geänderte Anforderungen. Die zweite Dimension wurde erst in den letzten Jahren als Teilproblem bei der *Integration* bzw. *Interoperabilität* von verschiedenen Datenbanken bekannt. Erneut sollen Schemata, jetzt aber aus mehreren Datenbanken, verändert werden, mit dem Ziel einer flexiblen Integration teilweise überlappender und möglicherweise gar widersprüchlicher „Universes of Discourse".

Beide Dimensionen sind bislang sowohl in existierenden Systemen wie auch in der Forschung unbefriedigend gelöst. Formale und systemtechnische Grundlagen sowie umfassende und realisierbare Konzepte waren bislang nur im Ansatz vorhanden.

Bei diesem Buch handelt es sich um einen der wenigen Texte, die sich mit der Problematik dynamischer Veränderungen in Objektbanken systematisch auseinandersetzen. Der Autor präsentiert einen durchgängigen, auf wenigen Grundprimitiven aufbauenden Ansatz, der in Teilen im Forschungsprojekt CO-COON realisiert wurde.

Das Buch richtet sich gleichermaßen an Wissenschaftler, die sich einen Überblick über die Thematik und den Stand der Forschung verschaffen wollen, und an Informatikstudenten, als Ergänzung oder Begleitung einer vertiefenden Fachvorlesung, wie an Praktiker (Software-Entwickler, Datenbank-Spezialisten und DV-Verantwortliche), die sich in ihrem Aufgabenbereich mit der Anpassung und Integration bestehender Informationssysteme auseinandersetzen müssen und sich vertiefende Grundlagenkenntnisse aneignen möchten.

Ulm, im September 1994   *Prof. Dr. Marc H. Scholl*

Vorwort

Gegenstand des vorliegenden Buches sind dynamische Veränderungen in Objekt-Datenbanken, die notwendig werden, wenn bestehende Informationssysteme schrittweise an neue Anforderungen angepaßt oder in bestehende Systemumgebungen integriert werden müssen. Es wird der Anspruch der umfassenden und formalen Darstellung von Evolution sowohl innerhalb einer wie auch zwischen kooperierenden Objekt-Datenbanken verfolgt.

Die vorerst vertikale Betrachtung von dynamischen Veränderungen befaßt sich mit der Anpassung einzelner Informationssysteme an veränderte Anforderungen. Ausgehend von der Tatsache, daß Datenbanken mit einer potentiell großen Anzahl Objekten (Instanzen) bevölkert sind und Anwendungsprogramme (Transaktionen) bereits damit arbeiten, werden die unterschiedlichsten Aspekte der Schemaevolution, von der lokalen Schemaänderung bis hin zur globalen Datenbank-Restrukturierung, diskutiert. Hier bilden Sichten und externe Schemata eine wichtige Voraussetzung, um die aus relationalen Systemen bekannte Datenunabhängigkeit auch in objektorientierten Datenbanken wieder zu finden.

Die anschließend auch horizontale Betrachtung von dynamischen Veränderungen befaßt sich mit der Interoperabilität von Objekt-Datenbanken und damit der Integration von Informationssystemen in komplexe Systemumgebungen. Es wird die Idee beschrieben, daß eigenständige Datenbanksysteme, die mit anderen ebensolchen Systemen anfänglich in einer losen Art und Weise zusammenarbeiten, sich mit der Zeit schrittweise zu einer engen Kopplung oder gar zur vollständigen Integration weiterentwickeln können. Der Grad der Autonomie, den lokale Datenbanksysteme beibehalten können, spielt dabei die zentrale Rolle.

Im ersten Teil werden zunächst unterschiedliche Formen dynamischer Evolution identifiziert, mit Hilfe derer der Stand der Technik existierender Systeme analysiert werden kann. Dann wird Modell und Sprache des Objekt-Datenbanksystems COCOON vorgestellt, das im folgenden als exemplarisches Rahmensystem für die Untersuchung von Evolution verwendet wird.

Der zweite Teil des Buches legt das Hauptaugenmerk auf die Anpassung bestehender Informationssysteme (vertikale Evolution). Es wird eine formale datenmodellunabhängige Beschreibung von Datenbankevolution auf der Basis von Veränderung der Informationskapazität vorgestellt. Darauf aufbauend erfolgt die Diskussion von lokalen Schemaänderungen und globalen Datenbank-Restrukturierungen.

Im dritten Teil wird die Integration bestehender Informationsysteme betrachtet (horizontale Evolution). Es wird eine föderierte Architektur von Multi-Datenbanksystemen vorgestellt, die als Rahmensystem für Interoperabilität dienen soll. Damit können dann fünf Stufen evolutionärer Datenbankintegration mit zunehmender Integrationsstärke und abnehmender lokaler Autonomie formal definiert werden. Es wird COOL* beschrieben, eine Sprache für föderierte Datenbanksysteme.

Im vierten Teil der Arbeit folgt eine Diskussion von physischer Schemaevolution. Schließlich werden Realisierungsalternativen beschrieben, und die Ergebnisse werden gegenüber existierenden Systemen und anderen Ansätzen evaluiert.

Die vorliegende Arbeit entstand während meiner Tätigkeit als wissenschaftlicher Mitarbeiter am Institut für Informationssysteme der ETH Zürich und an der Abteilung Datenbanken und Informationssysteme der Universität Ulm.

Mein aufrichtiger Dank gilt zunächst Prof. Dr. Marc Scholl. In zahlreichen Diskussionen hat er mit viel Geduld, konstruktiver Kritik und vor allem durch seine fachliche Kompetenz wesentlich zum guten Gelingen dieses Buches beigetragen.

Danken möchte ich auch Prof. Dr. Hans-Jörg Schek für die Betreuung während meiner Zeit in Zürich, die meine wissenschaftliche Arbeits- und Denkweise stark geprägt hat. Ihm und Prof. Dr. Peter Dadam danke ich für die Übernahme des Korreferats.

Nicht zu vergessen sind die zahlreichen zür(i)cher und ulmer Arbeitskollegen, vor allem Klaus Gaßner, Christian Laasch und Christian Rich seien hier namentlich erwähnt. Gerne erinnere ich mich an die fachlichen Diskussionen mit Elke Radeke vom CADLAB Paderborn, Prof. Andreas Heuer von der Universität Rostock und Jutta Göers von der Universität Osnabrück. Allen Luniewski vom IBM Almaden Research Center hat „the german book project" bereitwillig unterstützt.

Der größte Dank gebührt allerdings meinen Eltern, denen ich deshalb dieses Buch widmen möchte, und schließlich Sandra, sie hat mich auf diesem steinigen Weg begleitet und manche lange Autofahrt verständnisvoll hingenommen.

San Jose, im September 1994   *Markus Tresch*

Inhaltsverzeichnis

Teil III
Integration bestehender Informationssysteme 133

Teil IV
Realisierung und Evaluierung   195

10 Realisierung im COCOON-Projekt   196

11 Evaluierung der Ergebnisse   215

Anhang COOL* Syntax   228

Literaturverzeichnis   231

Stichwortverzeichnis   245

Teil I

Einleitung

Kapitel 1

Motivation

„Beständig ist nur der Wandel."
– chinesisches Sprichwort

Informationssysteme, Expertensysteme und Decision Support-Systeme sind längst zum Erfolgsfaktor eines jeden Unternehmens geworden und für so manchen Geschäftszweig hat Information (Daten) strategische Bedeutung erlangt.

Als Schlüsseltechnologie für die zentrale Verwaltung umfangreicher Datenvolumen unterschiedlichster Anwendungen werden Datenbankverwaltungssysteme eingesetzt, die viele der traditionellen Anforderungen, die sich aus ihrer exponierten Stellung ergeben, bereits mit bravour erfüllen, da ihnen Entwickler und Anwender in der Vergangenheit große Beachtung geschenkt haben. Darunter fallen beispielsweise *Leistungsstärke* vorallem im extensiven Mehrbenutzerbetrieb, *Zuverlässigkeit* beim langfristigen Speichern wichtiger Daten und hohe *semantische Ausdrucksmächtigkeit* des Datenbankmodells.

Diese Qualitätsmerkmale alleine werden allerdings in Zukunft den Anforderungen eines modernen, dynamischen Informationsmanagementes nicht mehr genügend Rechnung tragen können. Zunehmend ergibt sich nämlich die Notwendigkeit der Flexibilität von Datenbanksystemen hinsichtlich ständigen *Veränderungen des Systemumfeldes*:

- Zum einen müssen Datenbanken immer wieder evolutionär an neue Anforderungen, die sich aus einer veränderten Situation der realen Welt ergeben, angepaßt werden können. Da gleichzeitig die Lebensdauer von Daten diejenige von Programmen um ein Vielfaches übersteigt, führt dies zur laufenden Neuinterpretation der Information in Datenbanken. Um diesen Ansprüchen gerecht zu werden, müssen Datenbanken *Anpassungsfähigkeit* zeigen, indem sie evolutionär weiterentwickelt werden können.

- Zum andern sind Datenbanksysteme keine isolierten, unabhängigen Komponenten, sondern sind Bestandteil eines zunehmend komplexeren Gesamtsystems. Deshalb müssen gerade Datenbanken mit bestehenden (weitgehend autonomen) Systemen kooperieren können, insbesondere auch mit anderen Datenbanksystemen, z.B. in einer föderierten oder einer Client-Server-Architektur. Datenbanken müssen also *Integrationsfähigkeit* besitzen, so daß sie in ein bestehendes Umfeld evolutionär integriert werden können.

Die zunehmende Notwendigkeit von Datenbankanpassung und -integration zeigt sich insbesondere bei *Objekt-Datenbanksystemen* (ODBS) [Cat91, Heu92], die als besonders geeignet für den Einsatz in Nicht-Standardanwendungen erachtet werden (z.B. geographischen Informationssystemen (GIS) oder Multimedia-Systemen). In solchen Datenbanken stehen zur Modellierung von komplexen Strukturen vielfältige semantische Konstrukte zur Verfügung (Objekte, Beziehungen, Vererbungen), was verglichen mit relationalen Systemen die Vielfalt von Anpassungsmöglichkeiten erhöht. Andererseits zeichnen sich Objekt-Datenbanken durch ihre Einbettung in ein umfassendes Umfeld aus (z.B. VLSI-Entwurf, integrierte Fertigung (CIM) oder Büroautomation), in dem sie nicht nur von anderen Systemen als Objektserver verwendet werden, sondern selbst externe Dienste in Anspruch nehmen können, um ihre eigene Funktionalität zu erweitern.

Das folgende (nicht allzu visionäre) Szenario soll die gestellten Anforderungen zusätzlich illustrieren:

BEISPIEL 1: „Datenbank-Halbfabrikate" (semi-finished databases) seien käufliche, vorgefertigte, anwendungsspezifische Datenbanken (z.B. Börsendatenbanken, CIM-Datenbanken, etc.), die eine bestimmte, erwartete Funktionalität zu einem großen Teil erfüllen, und aus denen konkrete, kundenspezifische Datenbankanwendungen durch leichte Anpassung herstellbar sind.

Der Lieferumfang eines „Datenbank-Halbfabrikates" besteht aus drei Teilen: (i) dem Datenbankschema, das Struktur und Integritätsbedingungen der Datenbank in Form einer Klassenhierarchie definiert (z.B. Aktien-, Händler- und Kunden-Klassen, aber auch Geschäftsbedingungen); (ii) den Anwendungsprogrammen, die das Verhalten der Datenbank in Form von Zugriffs- und Änderungsoperationen vorgeben (z.B. Transaktionen zum Aktienkauf/-verkauf oder zum Einlesen von Ticker-Daten); sowie (iii) Objekten, die wichtige allgemeine Daten als Instanzen der Klassen darstellen (z.B. die Tagesschlußkurse der letzten Monate).

„Halbfabrikate" können als Alternative zur bekannten Datenbankentwicklung verstanden werden, bei der man entweder verhältnismäßig günstige Standardlösungen oder ein teures maßgeschneidertes Systeme einsetzen kann. Der Erfolg dieser Idee steht und fällt mit den folgenden zwei Anforderungen:

- *Anpassung des „Halbfabrikates":* Die eingekaufte Datenbank bietet nur eine gewisse Grundfunktionalität, die noch nicht den eigenen Anforderungen entspricht. Die mitgelieferten Zugriffs- und Änderungsoperationen genügen beispielsweise den spezifischen Bedürfnissen noch nicht, so daß weitere Anwendungen (Transaktionen) implementiert werden müssen. Das Schema enthält dazu möglicherweise Entwurfslücken und -mängel oder gar Fehler.

  Es ergibt sich somit die Notwendigkeit, das Datenbankschema anzupassen, zu erweitern oder abzuändern. Unter der Randbedingung, daß die Datenbasis bereits Objekte enthält und andere Zugriffs- und Änderungsoperationen auf der Datenbank implementiert sind, ist dabei eine sanfte Reorganisation der Objekte und Migration der Anwendungen gefragt.

  Integration des „Halbfabrikates": Die nun soweit an die Bedürfnisse angepaßte Datenbank ist kein isoliertes System, sondern muß in die bereits vorhandene Umgebung (Anwendungsprogramme und weitere, bevölkerte Datenbanken) integriert werden.

  Dazu kann sie sowohl von bestehenden Anwendungen genutzt werden, wie auch selbst externe Daten/Dienste anderer Systeme verwenden. Die neue Datenbank geht dabei mit anderen Systemen schrittweise eine Kooperation ein, wozu sie die eigene Autonomie teilweise oder sogar ganz aufgeben muß. Die Integration findet nicht nur auf der Schemaebene, sondern auch zwischen Objekten statt. So sind die eingekauften Objekte/Daten mit denen bestehender Datenbanken zu verbinden. Wird die neue Datenbank in der Absicht eingesetzt, bestehende Systeme abzulösen, müssen gar Objekte und Anwendungen sukzessive migrieren.   ◇

Gefragt sind also ODBS mit Evolutionsmöglichkeiten, die es erlauben, Veränderungen von, in und zwischen Datenbanken sukzessive, dynamisch und flexibel durchzuführen. Daraus läßt sich direkt die Kernfrage des vorliegenden Buches formulieren:

> *Welche grundlegenden Evolutionsmöglichkeiten müssen Objekt-Datenbanksysteme anbieten, um die oben gestellten Anforderungen an Anpassungs- und Integrationsfähigkeit zu erfüllen?*

1.1 Evolutionsformen in Objekt-Datenbanken

Als Einstieg in die Beantwortung dieser Frage ist es notwendig, die unterschiedlichen Evolutionsformen[1] in Objekt-Datenbanken näher zu charakterisieren.

Wir tun dies anhand zweier orthogonaler Unterscheidungskriterien. Als erstes kann unterschieden werden, ob Evolution grundsätzlich nur innerhalb eines Datenbanksystems oder aber zwischen mehreren kooperierenden Systemen betrachtet wird. Innerhalb dieser Unterscheidung ist es es dann naheliegend, Evolution auf drei verschiedenen Ebenen zu betrachten (vgl. Abbildung 1.1): der mittleren Ebene der Datenbankschemata, der untersten Ebene der Datenbankinstanzen (Objekte) und der obersten Ebene der Anwendungsprogramme (Transaktionen).

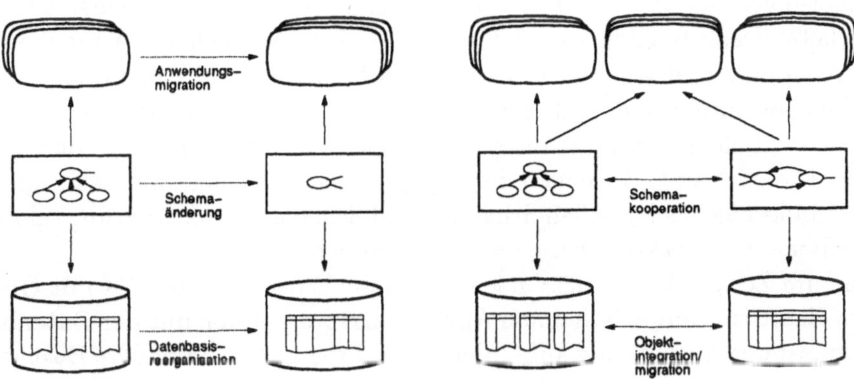

Abbildung 1.1: (a) vertikale und (b) horizontale Evolution in Objekt-Datenbanken

Da es bei der Betrachtung von Evolution innerhalb eines Datenbanksystems hauptsächlich um die Problematik der Fortpflanzung von Änderungen des Datenbankschemas auf die darüberliegende Ebene der Anwendungsprogramme und auf die darunterligende Ebene der Objekte geht, nennen wir diese Form im folgenden *vertikale Evolution*.

Die Betrachtung von Evolution zwischen kooperierenden Datenbanksystemen nennen wir entsprechend *horizontale Evolution*, da es hier hauptsächlich im die Integration von Datenbankschemata und Objekten sowie die Migration

---

[1] „Allmählich fortschreitende Entwicklung", „Die stammesgeschichtliche Entwicklung der Lebewesen von niederen zu höheren Formen" [DUDEN].

von Objekten und Anwendungsprogrammen zwischen unterschiedlichen ODBS geht.

1.1.1 Vertikale Evolution

Die vertikale Betrachtung von Evolution beschreibt die Notwendigkeit, daß Datenbanksysteme schrittweise an veränderte Anforderungen *angepaßt* werden müssen (vgl. Abbildung 1.1a).

Schemasicht: Die charakterisierenden Eigenschaften eines Objektes in einer bestimmten Rolle können sich im Laufe der Zeit wandeln. Demnach unterliegt ein logisches (oder konzeptuelles) Schema [ANS75, TK78] evolutionären Veränderungen, die unter dem Begriff Schemaevolution zusammengefaßt werden [Cla92]. Dazu braucht es mächtige und sichere Möglichkeiten zur dynamischen Änderung und Restrukturierung logischer Datenbankschemata.

Schemaevolution kann differenziert werden in Schemaanpassung (Anpassung des logischen Schemas, ohne dies jedoch zu verändern, z.B. durch Definition von Sichten), Schemaänderung/-modifikation (inkrementelle und lokale Veränderung des logischen Schemas) und Schemarestrukturierung (globale, nicht triviale Umstrukturierung des logischen Schemas).

Da zum Zeitpunkt der Schemaevolution die Datenbank bereits mit Objekten bevölkert ist, und existierende Anwendungsprogramme mit der Datenbank arbeiten, ist der Auswirkung auf Objekte und Programme besondere Beachtung zu schenken.

Objektsicht: Objektevolution faßt die Veränderungen zusammen, die sich daraus ergeben, daß eine Entität der realen Welt im Laufe der Zeit durch ein und dasselbe Datenbankobjekt in wechselnden Rollen dargestellt werden kann. Weiter muß ein Objekt auch gleichzeitig dieselbe Entität der realen Welt in mehreren Rollen repräsentieren können.

Besonders wichtig ist hier Objektevolution als Folge (Fortpflanzung) von Schemaevolution, die als Datenbasisreorganisation bezeichnet wird. Gefragt ist dabei eine möglichst verlustfreie Reorganisation von existierenden Objekten.

Anwendungssicht: Zum einen gehen wir davon aus, daß die Notwendigkeit zur Schemaevolution von neuen Anwendungen ausgeht, zum andern dürfen wir aber nicht annehmen, daß andere bestehende Anwendungen nach einer

Schemaänderung angepaßt werden dürfen. Als Auswirkung einer Schemaevolution auf existierende Programme kann somit eine Anwendungsmigration notwendig werden. Wir suchen dann nach Möglichkeiten einer sanften Migration von Anwendungsprogrammen .

1.1.2   Horizontale Evolution

Die horizontale Betrachtung von Evolution beschreibt die Notwendigkeit, daß Datenbanksysteme schrittweise in eine bestehende Systemumgebung *integriert* werden müssen (vgl. Abbildung 1.1b).

Schemasicht: Ein erster Schritt zur Interoperabilität zwischen Datenbanksystemen ist die Schema!integration [SL90, LMR90]. Da ODBS mit unabhängig voneinander entstandenen Schemata kooperieren müssen, sind vorerst strukturelle und semantische Konflikte zwischen den Systemen zu eliminieren. Komponentenschemata sind in ein globales Schema zu vereinigen und das globale Schema muß restrukturiert und erweitert werden. Je stärker die Komponentenschemata integriert werden, desto mehr lokale Autonomie geben die einzelnen Systeme auf. Der angestrebte Grad der Kooperation schreibt daher vor, wie das globale Schema verändert, restrukturiert oder erweitert werden darf.

Eine zusätzliche Dimension entsteht, wenn die Datenbanksysteme heterogene Datenmodelle implementieren. Datenmodellevolution [SS90a, SS91] analysiert die Entwicklung von Datenmodellen, beispielsweise von File-Systemen zu hierarchischen, netzwerkartigen, (geschachtelt) relationalen bis hin zu objektorientierten Datenmodellen. Datenmodelltransformation [MIR93, ADS$^+$93] betrachtet die möglichst verlustfreie Transformation von Schemata und Anfragen in ein anderes Datenmodell. Dabei entsteht auf der Instanzenebene das Problem, daß Objekte/Daten von einer konzeptuellen/logischen Darstellung in eine andere migrieren müssen.

Objektsicht: Da im Vergleich etwa zur Sichtenintegration [BLN86] die zu integrierenden Systeme bereits mit Objekten bevölkert sind, ist auch eine Integration der bestehenden Objekte notwendig. Dieselbe Entität der realen Welt kann durch Objekte unterschiedlicher Komponenten-Datenbanken repräsentiert werden, weshalb das objektorientierte Paradigma, wonach ein Objekt der realen Welt genau einem Datenbankobjekt entspricht, nicht mehr erfüllt ist. Wenn Objekte unterschiedlicher ODBS dasselbe Objekt der realen Welt repräsentieren, wird Objektintegration notwendig, und wenn dabei Objekte eines Komponen-

tensystems gar in ein anderes wandern, so nennen wir dies logische Objektmigration [RS94b].

Anwendungssicht: Von der Anwendungsebene geht wiederum die Notwendigkeit zur horizontalen Datenbankevolution aus. So sollen die Komponentensysteme soweit integriert werden, daß für globale Anwendungen, die Objekte
mehrerer ODBS verwenden wollen, eine einheitliche logische Schnittstelle zur
Verfügung steht.

Die Migration von Anwendungsprogrammen bleibt jedoch unverändert notwendig, wenn die Integration der beteiligten ODBS so geschehen soll, daß bestehende Programme unabhängig vom globalen System weiterexistieren können,
oder wenn ein existierendes Datenbanksystem durch ein neues abgelöst werden
soll.

1.2   Stand der Technik

An dieser Stelle soll ein kurzer Überblick über den Stand der Technik hinsichtlich Anpassungs- und Integrationsunterstützung relationaler, objektorientierter
und föderierter Datenbanksysteme, sowie einiger Ansätze aus der objektorientierten Programmierung gegeben werden. Die Aufzählung beschränkt sich auf
ausgewählte Systeme und Aspekte, die in diesem Zusammenhang interessant
sind, und soll die Motivation für die vorliegende Arbeit aufzeigen.

Relationale (SQL) Datenbanksysteme

Das relationale Datenmodell [Cod70] bedarf nur geringer Schemaevolutionsmöglichkeiten. Dies liegt im wesentlichen daran, daß es im Vergleich zu objektorientierten Modellen entscheidend weniger semantische Konstrukte bietet.
In existierenden relationalen Datenbanksystemen beschränken sich die Möglichkeiten meistens auf das Erzeugen und Löschen von Tabellen und Spalten,
sowie dem Vereinigen und Aufteilen von Tabellen durch select-project-join-
Operationen. Im SQL-92 Standard [SQL92] sind solche elementaren Schemaevolutionsmöglichkeiten standardisiert (alter table-Anweisung). Da relationale
Datenbanken wertebasiert sind und damit keinen eigentlichen Objektbegriff
kennen, stellt sich das Problem der objekterhaltenden Reorganisation der Datenbasis aufgrund einer Schemaevolution in dieser Form gar nicht.

Objekt-Datenbanksysteme (Prototypen)

Existierende ODBS-Prototypen bieten oft nur bedingt Möglichkeiten zur Schemaevolution. Zum einen betreffen diese Einschränkungen die Vollständigkeit: so sind nur triviale oder ganz bestimmte Änderungen erlaubt, z.B. nur Änderungen von Klassen-/Attributnamen oder von Typen/Klassen, die keine weiteren Nachfolger in der Vererbungshierarchie haben. Komplexe, globale Datenbank-Restrukturierungen sind meist gar nicht möglich, oder nur statisch mit Hilfe von Transformationsprogrammen. Zum anderen betreffen diese Einschränkungen die Fortpflanzung auf Instanzen, bis hin zum restriktivsten Fall, daß nur Schemaänderungen bei leerer Datenbasis möglich sind.

Die meisten Objekt-Datenbanksysteme schränken Objektevolutionsmöglichkeiten bereits durch das Datenmodell ein, da lediglich Operationen zum Erzeugen und Löschen von Objekten sowie zum Ändern von Attributwerten und Beziehungen existieren. Operationen zum dynamischen Verändern von Typ- und Klasseninstanziierung sind nur selten vorhanden. Dies liegt oft daran, daß Objekte nicht ortsunabhängig identifiziert werden und somit bei einer Reorganisation ihre Identität verändert werden müßte.

ORION (ITASCA) [Kim90] definiert eine Taxonomie von Schemaänderungen [BKKK87, Ban87]. Datenbankschemata werden dazu als Graphen (DAG) betrachtet, worin Klassen die Knoten und Attribute die Kanten bilden. Daraus ergibt sich eine Klassifizierung von Schemaevolutionen in Änderungen einer Kante, eines Knoten oder innerhalb eines Knotens. Ergänzt wird die Taxonomie durch Schemainvarianten und Regeln zur Konfliktlösung bei der Schemaevolution.

O_2[BDK91, LRV88, Zic91a, Zic91b, Bar91] formalisiert Schemata ebenfalls als Graphen und definiert eine Klassifikation von Schemaänderungen. Diese werden in O_2 im Dialog mit dem Datenbank-Administrator (DBA) durchgeführt, unterstützt durch einen Interactive Consistency Checker [DZ91]. O_2 betrachtet als eines der wenigen Systeme ein formales Modell zur Beschreibung der Evolution von Methodenschemata [Wal91].

GemStone [PS87, BMO+89] definiert eine Reihe von Schemainvarianten, die durch Klassenmodifikation nicht verletzt werden dürfen. Im kommerziellen Produkt sind nur Änderungen an Blattklassen erlaubt. Diesem Ansatz fehlt – ebenso wie dem von ORION und O_2 – ein formales Evolutionsmodell als Grundlage, das die Beschreibung von Schemaevolution unabhängig von einem konkreten Datenmodell erlaubt.

ENCORE [SZ86, SZ87] verwendet ein Versionenmodell, in dem die aktuellen Typen ein Version set interface (das aktuelle Schema) bilden. Filter können

definiert werden, die Objekte einer alten Typversion als Objekte einer neuen
Version erscheinen lassen und umgekehrt. Versionierung von Schemata wird
dann direkt zur Beschreibung von Schemaevolution verwendet [KC88, ALP91].

Objekt-Datenbanksysteme (Produkte)

Zu den verbreitetsten kommerziell vertriebenen Objekt-Datenbanksystemen
gehören neben GemStone, ITASCA und O_2, die aus Forschungsprojekten entstanden sind, Objectivity/DB, ObjectStore, ONTOS, und VERSANT. Letzteres sind alles C++-basierte Systeme, die typischerweise kaum Evolutionsmöglichkeiten kennen. Datenbankschemata entsprechen in diesen Systemen
C++-Header Files .

In ONTOS[2] [AH87, ONT92] wird mit Hilfe einer `classify`-Utility die Schemainformation, bestehend aus Klassen, Klassenhierachie, Attributen und Methoden, kompiliert und in Form von Objekten in der Metadatenbank abgelegt.
Schemainformation steht damit zur Laufzeit vollständig zur Verfügung. Schemaevolution ist jedoch nur möglich, solange keine Instanzen vorhanden sind,
und ist damit nur für Prototyping geeignet. Anschließend sind nur noch einfache
Modifikationen erlaubt (sog. „safe redefinitions": Methoden hinzufügen/löschen
oder Methodenargumente ändern).

ObjectStore[3] [LLOW91, Obj92] besitzt von den C++-basierten Systemen
die wohl umfassendsten Schemaevolutionsmöglichkeiten. Einfache Schemaänderungen, bei denen Instanzen bei der Migration nach vorgegebenen Regeln mit
default-Werten initialisiert werden, können mit Hilfe eines Dienstprogrammes
`ossevol` off-line durchgeführt werden. Für komplexe Schemamodifikationen
kann C++-Code, sog. Transformer Functions, geschrieben werden, die ähnlich
wie Konstruktoren, zu jeder Klasse definiert sein können und eine anwendungsspezifische Migration von Instanzen durchführen. Beide Formen der Schemaevolution sind nicht dynamisch möglich. Erstere müssen „off-line", d.h. mit Hilfe
der `ossevol`-Utility und als exklusiver DB-Benutzer, durchgeführt werden, und
zweitere erfordern sogar ein eigentliches C++-Schemaevolutionsprogramm, das
unter Verwendung einer speziellen ObjectStore-Bibliothek erstellt werden muß.

Objektorientierte Programmierung (OOPL)

Ansätze, die mit der Evolution von Datenbanksystemen verwandt sind, werden
auch im Zusammenhang mit objektorientierten Programmiersprachen (OOPL),

---

[2] Version 2.2, Februar 1992
[3] Version 2.0, Oktober 1992

Software Engineering (CASE) und Software Information Systems (SIS) diskutiert. Auf der Suche nach einer „guten" (z.B. C++) Klassenhierarchie, welche effiziente Wiederverwendung von Code unterstützt und eine minimale Anzahl von mehrfacher oder wiederholter Vererbung aufweist, zeigen diese Systeme ebenfalls eine inhärente Notwendigkeit zur Reorganisation von Klassenbibliotheken.

Das Demeter [BL91] C++ System betrachtet beispielsweise die Notwendigkeit zur Restrukturierung von C++-Klassenbibliotheken vom Software Engineering Standpunkt und untersucht die Bedeutung von Abhängigkeiten zwischen Attributen und Methoden für die Sicherheit und Zuverlässigkeit objektorientierter Software. Dies führt zu einem Entwurfsprinzip, das unter dem Namen *Law of Demeter* [LH89] bekannt ist und zum Ziel hat, unerlaubte Abhängigkeiten zwischen Attributen und Methoden zu eliminieren. Darauf aufbauend können dann objekterhaltende [Ber91] und objekterweiternde [LHX91] Klassentransformationen definiert werden, um Hierarchien zu erhalten, die dem Law of Demeter genügen.

Algorithmische Ansätze [GTC$^+$90, Cas91] beschreiben Verfahren zur Reorganisation von Klassenhierarchien aufgrund einer Charakterisierung von Änderungen von Objektdefinitionen. Solche Algorithmen dienen der inkrementellen Restrukturierung der Vererbungshierarchie nach dem Einfügen einer neuen Klasse, der Propagierung von Änderungen von Attributen und Methoden in der Klassenhierarchie und der Vereinfachung des Resultats einer Reorganisation untersucht.

Obwohl die Motivation dieser Arbeiten eine ganz andere ist, sind die Erkenntnisse auf Datenbanksysteme übertragbar. Wir stellen uns nämlich ebenfalls die Frage nach „äquivalenzerhaltenden" Anpassungen von Datenbanken, bei denen keine Datenverluste oder Laufzeitfehler in Anwendungen auftreten können. Anders als bei Datenbanksystemen betrachten die meisten dieser Arbeiten allerdings keine Persistenz, d.h. Typ-/Klasseninstanzen überleben die Laufzeit eines Programmes für gewöhnlich nicht. Damit erübrigt sich die Fragestellung nach der Fortpflanzung einer Reorganisation der Klassenhierarchie auf existierende Objekte, welche im Gegensatz dazu in Datenbanksystemen zentral ist.

Föderierte und Multi-Datenbanksysteme

Objektintegration und -migration ist Gegenstand der Betrachtung in föderierten [HM85, SL90] und Multi-Datenbanksystemen [LMR90]. MDBS und FDBS beschreiben den losen Zusammenschluß einzelner Datenbanksysteme, die bis zu einem hohen Grade ihre lokale Autonomie beibehalten haben. Obwohl Schemaintegration ein viel beachtetes Gebiet ist, wird der dynamische, evolutionäre Aspekt meist vernachlässigt. Die meisten Integrationsstrategien sind Alles-oder-nichts-Lösungen, d.h. kennen keine Stufen unterschiedlicher „Integrationsstärke". Bei der horizontalen Evolution können beispielsweise Komponentenschemata nicht einfach durch ein globales Schema ersetzt werden, da die lokalen Systeme autonom weiter arbeiten müssen.

Multibase [LR82] integriert Datenbanken via Sichtenabbildung, bei der globale Entitäts-Typen aus lokalen Attributen zusammengesetzt werden können. Bei der Konstruktion dieser globalen Typen beschreiben Anfragen, wie sich globale Entitäten aus den lokalen Entitäten ableiten lassen. Dabei können Inkompatibilitäten zwischen den lokalen Typen durch Sichten aufgelöst werden. Es kann spezifiziert werden, daß lokale Entitäten unterschiedlicher Datenbanken mit z.B. gleichen Schlüsselwerten global nur einmal auftreten.

In Superviews [Mot87] entsteht Datenbankintegration anhand von Integrationsoperationen, die ebenfalls bestimmte Sichten beschreiben. Zu jeder Integrationsoperation wird eine Abbildung angegeben, welche Anfragen auf Sichten in Anfragen auf darunterliegende Klassen/Sichten transformiert. Es handelt sich also nicht um einen allgemeinen Sichtenmechanismus, denn ein solcher würde diese Anfragetransformation automatisch beinhalten.

VODAK [Sch88b, NS88] integriert Objekt-Datenbanken mit Hilfe von unterschiedlichen Generalisierungen über Klassen mehrerer Komponenten-Datenbanksysteme. Eine Reihe von semantischen Beziehungen zwischen Objekten und Attributen werden identifiziert und zu Generalisierungskonstrukten kombiniert, die angewandt auf lokale Klassen, eine entsprechende Generalisierung erzeugen. Dies ist wiederum kein allgemeiner Sichtenmechanismus.

Pegasus [ASD$^+$91, KLK91, AAD$^+$93] ist ein heterogenes Multi-Datenbanksystem. Die Arbeiten konzentrieren sich auch hier auf Anfragen; Änderungen werden nur am Rande erwähnt. Objekte können jedoch dynamisch Typen erhalten und verlieren. In Pegasus gibt es den *image*-Mechanismus, eine Systemfunktion, die ein oder mehrere lokale Objekte in ein eindeutiges globales Objekt abbildet. Diese *image*-Funktion kann z.B. durch einen algebraischen Ausdruck definiert werden. Analog dazu gibt es auf der Typebene eine *unifier*-Funktion, die zu jedem lokalen Typ den globalen Typ liefert.

Die meisten dieser Ansätze sind also reine read-only-Schnittstellen (keine Diskussion von Updates) auf Multi-Datenbanken. Sie erzeugen nur eine virtuelle Integration durch globale Sichten. Wir werden uns die Frage stellen, ob es nicht auch eine reale Integration geben kann, ohne daß die lokalen Systeme ihre Autonomie vollständig aufgeben müssen.

O*SQL [Lit92, CL93] ist ein weiterführender Vorschlag für eine Erweiterung von OSQL, der Anfragesprache von Iris [Fis89, WLH90], für Multi-Datenbanken mit objektorientiertem Datenmodell. O*SQL beinhaltet Multidatenbankanfragen und -änderungen, Multi-Datenbank-Typhierarchien und -Funktionen und ein verallgemeinertes Transaktionsmodell. Die Sprache O*SQL kennt Möglichkeiten zur inkrementellen Integration durch Restrukturierung der Typhierarchie. Dabei können Typen und Funktionen über mehrere Komponentensysteme hinweg definiert werden. Eine *merge*-Anweisung vereinigt lokale Objekte in ein eindeutiges globales Objekt.

1.3 Zielsetzung und Aufbau des Buches

Die Zielsetzung des vorliegenden Buches besteht darin, Objekt-Datenbanksysteme anpassungs- und integrationsfähiger zu machen. Es wird der Anspruch der umfassenden Darstellung von Konzepten sowohl zur Realisierung von vertikaler Evolution innerhalb eines wie auch von horizontaler Evolution zwischen kooperierenden Objekt-Datenbanken verfolgt.

Das Schwergewicht liegt auf der Identifikation und Anwendung der fundamentalen Evolutionskonzepte und -mechanismen und nicht auf der Entwicklung neuer Strategien oder Methodiken. Dabei drängt sich der Verdacht auf, daß sowohl vertikale wie auch horizontale Evolution auf denselben oder ähnlichen grundlegenden Konzepten beruhen.

Exemplarisch soll eine Interoperabilitätsplattform entstehen, die vertikale und horizontale Evolution umfassend, einheitlich und dynamisch unterstützt. Sie soll die Anpassung bestehender Informationssysteme durch lokale Schemaänderungen und globale Datenbank-Restrukturierungen sowie deren schrittweise Integration durch Anwendung derselben Konzepte über mehrere Informationssysteme hinweg erlauben.

Diese Arbeit grenzt sich gegenüber anderen so ab, daß Datenmodellheterogenität, also die Transformation von Schemata, Operationen und Objekten zwischen unterschiedlichen Modellen, nicht Gegenstand der Betrachtung ist. Diese Aspekte sowie Datenmodellevolution werden lediglich am Rande miteinbezogen. Desweiteren wird keine Evolution zwischen DBS und Nicht-DBS betrachtet, also DBS, die externe Dienste beanspruchen, um ihre eigene DB-Funktionalität anzureichern (vgl. z.B. externally defined types (EDTs) [SW92]). Ebenfalls nicht Bestandteil dieses Buches sind temporale Aspekte, oder die chronologische Aufzeichnung von Veränderungen in einer Datenbank im Laufe der Zeit, etwa durch Objekt-/Schemaversionierung.

Das vorliegende Buch ist wie folgt aufgebaut:

Im **ersten Teil** (Kapitel 1, 2 und 3) werden die notwendigen Grundlagen gelegt. Kapitel 2 führt das Objekt-Datenmodell COCOON ein, welches zusammen mit der Anfrage- und Änderungssprache COOL das exemplarische Datenbankrahmensystem für die nachfolgenden Untersuchungen bildet. In Kapitel 3 wird die Metadatenbank formalisiert, modelliert und deren Verwendung als Laufzeitrepräsentation des Datenbankschemas während der Datenbankevolution erläutert.

Im **zweiten Teil** (Kapitel 4, 5 und 6) betrachten wir vertikale Evolution, also die Anpassung bestehender Informationssysteme. Kapitel 4 beschreibt die Rolle der Informationskapazität als Basis von Datenbankevolution, was schließlich zu einer formalen, datenmodellunabhängigen Beschreibung von Evolution führt. Kapitel 5 befaßt sich mit lokalen, inkrementellen Schemaänderungen. Es wird ein Satz von Elementaroperationen zur lokalen Schemaänderung definiert, deren Güte anhand formaler Kriterien evaluiert wird. In Kapitel 6 werden dann globale, komplexe Datenbank-Restrukturierungen beschrieben. Es wird die COOL-Schemaevolutionssprache definiert, welche aus nur vier generischen Schemaänderungen, sowie Transaktionen zur globalen Datenbank-Restrukturierung besteht.

Im **dritten Teil** (Kapitel 7, 8 und 9) gehen wir einen Schritt weiter und betrachten horizontale Evolution, also die Integration bestehender Informationssyteme. In Kapitel 7 wird eine Architektur von föderierten Multi-Datenbanksystemen entwickelt und die Idee der evolutionären Kooperation von ODBS erläutert. Insbesondere wird die Problematik der Objektidentifikation in Multi-Datenbanksystemen diskutiert. Kapitel 8 führt fünf Integrationsstufen von föderierten Datenbanksystemen (FDBS) ein. Es wird nicht nur die statische Integration untersucht, sondern auch allfällige Einschränkungen in der Anwendbarkeit von Operationen einer globalen Föderationsschnittstelle. In Kapitel 9 werden diese fünf Integrationsstufen verwendet, um eine Interoperabilitätsplattform aufzubauen. Es wird FDBS-Konfliktlösung, -Vereinigung, -Restrukturierung und -Anreicherung realisiert, und COOL*, eine FDBS-Spracherweiterung, wird beschrieben.

Im **vierten Teil** (Kapitel 10 und 11) diskutieren wir Realisierung und Evaluierung der Ergebnisse dieses Buches. Kapitel 10 beschreibt die Implementierung der Schnittstelle COOL* und geht auf die Realisierung physischer Schemaevolution ein. In Kapitel 11 werden die Ergebnisse gegenüber verwandten Abeiten eingeordnet und evaluiert.

Kapitel 2

COCOON: Ein Objekt-Datenbankrahmensystem

Die Evolutionsproblematik soll in diesem Buch anhand eines konkreten Objekt-Datenbanksystems exemplarisch untersucht werden. Dazu wird COCOON eingesetzt, ein ODBS, das im Zusammenhang mit dieser Arbeit entwickelt wurde und sich damit als Rahmenwerk für die weiteren Betrachtungen besonders auszeichnet.

Als informale „Tour de COCOON" werden in diesem Kapitel die Grundkonzepte des Modells sowie dessen Anfrage- und Änderungssprache im Überblick vorgestellt. Wir gehen dabei nur soweit in die Tiefe, wie dies für das Verständnis diese Buches notwendig ist. Sollte beim Leser das Interesse am vertieften Einblick an das System COCOON geweckt worden sein, verweisen wir auf die entsprechenden weiterführenden Publikationen [SSW90, SS90b, SS90c, SS92] und insbesondere auf [SLR+92].

2.1   Das Objekt-Datenmodell COCOON

Einer der Gründe für die weite Verbreitung des relationalen Datenmodells besteht sicherlich darin, daß Modell und Operationen auf einer formalen Grundlage aufbauen [Cod70]. Das Fehlen eben einer solchen formalen Basis wird oft als wesentliche Schwachstelle objektorientierter Datenmodelle angeführt.

Das Objekt-Datenmodell COCOON versucht dieser Kritik so entgegenzuwirken, daß es als Weiterentwicklung des (geschachtelt) relationalen Datenmodells, durch Integration von Konzepten und Techniken aus Programmiersprachen (z.B. Objekte oder fortgeschrittene Typsysteme) und der künstlichen Intelligenz (z.B. semantische Ausdrucksfähigkeit oder Klassifikationsmechanismen) entstanden ist. Gleichzeitig sollten die allgemein anerkannten Stärken traditioneller Datenbanksysteme (wie z.B. Datenunabhängigkeit, mengenwertige deskriptive Operationen oder Optimierbarkeit) beibehalten werden.

2.1.1 Grundlegende Konzepte

COCOON ist ein Kern-Datenmodell das sich aus nur wenigen zentralen Konzepten zusammensetzt. Im einzelnen sind dies Objekte, Funktionen, Typen, Klassen und Sichten. Vergleichbar etwa mit DAPLEX [Shi81, Day89] oder Iris [Fis89, WLH90], kann COCOON auch als Objekt-Funktionen-Modell bezeichnet werden.

Die Bedeutung und Wirkungsweise der grundlegenden Konzepte von CO-COON wird deutlicher, wenn diese im folgenden detailliert besprochen werden. Für den eiligen Leser lassen sich die wichtigsten Eigenschaften des Modells wie folgt zusammenfassen:

- *Trennung von Typen und Klassen.* Typen und Klassen werden grundsätzlich unterschieden. Während Typen als Definition der Schnittstelle zu Objekten erachtet werden, sind Klassen typisierte Behälter für Objekte. Die Trennung dieser zwei Konzepte ermöglicht die präzise Beschreibung von Anfrageresultaten und damit später die Definition und Einordnung von Sichten.

- *Mehrfache Typ- und Klassenzugehörigkeit.* Objekte können gleichzeitig Instanz mehrerer Typen (multiple instantiation) und Mitglied mehrerer Klassen (multiple class membership) sein. Diese Flexibilität verleiht dem Modell seine Leistungsfähigkeit, verlangt aber gleichzeitig nach mächtigen Änderungsoperationen.

- *Dynamische Typänderung und Reklassifikation.* Objekte können zur Laufzeit, z.B. als Folge obiger Änderungsoperationen, neue Typen erhalten/verlieren oder müssen dynamisch umklassifiziert werden. Ein Classifier überwacht die Klassenzugehörigkeit von Objekten.

Objekte und Daten

Objekte werden von Daten unterschieden [Bee89]. Daten (Werte) sind Instanzen konkreter Datentypen (ganze Zahlen **integer**, reelle Zahlen **real**, Zeichenketten **string**, logische Werte **boolean**), während Objekte Instanzen abstrakter Objekttypen (AOT) sind.

Objekte können erzeugt und gelöscht werden und sind reine Abstraktionen
in dem Sinne, daß sie lediglich eine Objektidentität (OID) besitzten, darüber-
hinaus jedoch keine weitere Information beinhalten, sondern diese erst dadurch
erhalten, daß sie (über Funktionen) mit Werten oder anderen Objekten in Beziehung stehen. Sie können von mehreren Objekten gleichzeitig referenziert
werden (shared subobjects).

Funktionen

Funktionen modellieren die AOT-spezifischen, auf Objekte anwendbaren
Operationen. Sie bilden eine einheitliche Abstraktion der *seiteneffektfreien Zugriffsfunktionen* (Eigenschaften) und der *seiteneffektbehafteten Änderungsfunk-
tionen* (Methoden). Wir konzentrieren uns im folgenden auf Eigenschaften, die
weiter in *gespeicherte* und *abgeleitete* (berechnete) Zugriffsfunktionen unterteilt werden. Im zweiten Fall ist die Funktion durch eine Ableitungsvorschrift
in Form einer Anfrage der Sprache COOL (siehe nächsten Abschnitt 2.2) definiert.

Alle Funktionen sind grundsätzlich partiell, d.h. ihre Werte können undefiniert (ω) sein. Funktionen können durch Angabe einer inversen Funktion als
voneinander abgeleitet definiert werden. Betrachten wir als Beispiel die Definition folgender Funktionen (für eine graphische Darstellung sei auf Abbli-
dung 2.1 und 2.2 vorverwiesen):

> **define function** *höhe* : *gebäude* → **integer**;
> **define function** *hat elemente* : *stadt* → **set of** *kartenobjekt*
>   **inverse** *liegt_in*;
> **define function** *liegt_in* : *kartenobjekt* → *stadt*
>   **inverse** *hat_elemente*;
> **define function** *hotels* : *stadt* → **set of** *gebäude*
>   **as** o : **select**$[g \in hat\_elemente(o) \wedge typ(g) = \text{"hotel"}](g : Gebäude)$

Die Funktion *höhe* hat den Wertebereich **integer**. *hat_elemente* und *liegt_in*
sind mit abstrakten Wertebereichen und zugleich invers zueinander definiert.
Die Definition der Objekttypen *gebäude, stadt, kartenobjekt* kann erst später
erfolgen (siehe unten). *hotels* ist eine abgeleitete Funktion, deren Berechnungsvorschrift durch eine COOL-Anfrage (Selektion, siehe später) gegeben ist, die
zu jeder Stadt o diejenigen Gebäude g liefert, die Hotels dieser Stadt sind.

Typen und Typhierarchie

Datentypen werden von *abstrakten Objekttypen* unterschieden. Datentypen sind entweder *primitiv* (**integer, real, string, boolean**) oder *konstruiert* (Mengen und Funktionen). Primitive Datentypen und Objekttypen werden auch als *atomar* bezeichnet.

Objekttypen beschreiben durch eine Menge von anwendbaren Funktionen die gemeinsame Schnittstelle zu ihren Instanzen. Objekttypen stehen gegenseitig in einer Unter-/Obertyp-Beziehung, welche durch die Teilmengenbeziehung der auf die Instanzen eines Typs anwendbaren Funktionen gegeben ist: Ein Typ t_1 ist genau dann Untertyp von t_2 ($t_1 \preceq t_2$), wenn die anwendbaren Funktionen des Typs t_1 eine Obermenge derjenigen von t_2 ist (Vererbung, Typerweiterung). Dabei kann mehrfache Vererbung (multiple inheritance – ein Typ kann mehrere Obertypen haben) entstehen.

Der aktuelle Wertebereich (active domain) beschreibt die aktuelle Menge aller Instanzen dieses Typs. Jede Instanz eines Untertyps ist auch Instanz aller Obertypen (multiple instantiation).

Neben den Objekttypen, die explizit im Schema definiert sind, existieren implizit auch alle diejenigen Objekttypen, deren Schnittstelle sich aus einer beliebigen Kombination von definierten Funktionen beschreiben läßt. Solche Objekttypen sind in der Regel unbenannt und beschreiben zusammen mit den benannten Objekttypen einen Typverband (type lattice).

object ist der allgemeinste Objekttyp, auf dessen Instanzen nur die Prüfung von Gleichheit definiert ist. Der allgemeinste Typ überhaupt, der neben den Objekt- auch noch die Datentypen vereint, wird mit $\top$ (top), der speziellste Typ mit $\bot$ (bottom) bezeichnet. Betrachten wir als Beispiel zwei Objekttypen:

> **define type** *kartenobjekt* **isa object** $= name, liegt\_in, grundriß$;
> **define type** *gebäude* **isa** *kartenobjekt* $= höhe, hausnr, typ, adresse$

Der Objekttyp *kartenobjekt* ist als Untertyp vom allgemeinsten Objekttyp **object** definiert und stellt selbst einen Obertyp von *gebäude* dar. Die Schnittstelle zu allen Instanzen des Typs *kartenobjekt* besteht aus den Funktionen *name, liegt_in, grundriß*. Diese werden an den Untertypen *gebäude* vererbt und dort um die Funktionen *höhe, hausnr, typ, adresse* erweitert.

Klassen und Klassenhierarchie

Eine Klasse repräsentiert eine Objektmenge, die *Klassenausprägung* (extent), eines bestimmten, fest gebundenen *Instanzentyps* (member type). Instanzentypen sind immer abstrakte Objekttypen. Klassen sind polymorphe Objektmengen, d.h. die Elemente einer Klassenausprägung können unterschiedlichen Typs sein, solange sie mindestens Instanz des jeweiligen Instanzentyps sind

[ACO85, Bee89]. Über demselben Instanzentyp können mehrere Klassen definiert werden, weshalb ein Objekt auch gleichzeitig Mitglied mehrerer Klassenausprägungen sein kann.

Die Objektmenge einer Klasse kann durch ein *Klassenprädikat* (in Form einer COOL-Anfrage) eingeschränkt werden. Ist das Klassenprädikat eine hinreichende und notwendige Bedingung für die Klassenmitgliedschaft von Objekten, sprechen wir von einer **all**-Klasse, ist das Prädikat nur notwendige Voraussetzung, nennen wir dies eine **some**-Klasse.

Aus der Trennung von Klassen und Typen folgt eine separate Klassenhierarchie. Ein Klasse c_1 ist genau dann Unterklasse von c_2 ($c_1 \sqsubseteq c_2$), wenn der Instanzentyp von c_1 ein Untertyp des Instanzentyps von c_2 ist und die Klassenausprägung von c_1 in jedem DB-Zustand in der Klasse c_2 enthalten ist. Maßgebend ist dabei nicht die aktuelle Ausprägung, sondern die potentiell mögliche Ausprägung der Klassen, welche durch das Klassenprädikat gegeben ist. Aus diesen Bedingungen für Ober-/Unterklassen ergibt sich, daß jede Klassenausprägung auch die Objekte aller Unterklassen enthält. Die allgemeinste Klasse in der Hierarchie ist die Klasse **Objects** die mit Instanzentyp **object** definiert ist, und in deren Ausprägung alle Objekte der Datenbank enthalten sind. Betrachten wir beispielhaft die Definition einiger Klassen:

> **define class** *Städte* : *stadt* **some Objects**;
> **define class** *Sehensw* : *kartenobjekt* **some** *KartenObjekte*;
> **define class** *MioStädte* : *stadt* **all** *s* : *Städte* **where** *einw(s)* $> 10^6$;
> **define class** *SchöneStädte* : *stadt* **all** *s* : *Städte*
> $\qquad\qquad$ **where** *hat_elemente(s)* **intersect** *Sehensw* $\neq \emptyset$

Die Klasse *Städte* ist als Unterklasse von **Objects** und *Sehensw* als Unterklasse von *KartenObjekte* definiert. Beide Klassen haben kein Klassenprädikat. Als **all**-Klassen mit Prädikat in Form einer COOL-Anfrage sind *MioStädte* und *SchöneStädte* definiert. *MioStädte* sind daher alle *MioStädte* mit mehr als 10^6 Einwohner. *SchöneStädte* sind diejenigen Städte, die mindestens eine Sehenswürdigkeit aufweisen.

Variablen

Variablen sind temporäre, persistente Objektnamen. Sie werden in COCOON wie in Programmiersprachen verwendet und dienen insbesondere zur Objektreferenzierung. Sie müssen mit einem bestimmten Wertebereich deklariert werden. Im folgenden Beispiel sind zwei Variablen definiert:

> **define var** *rathaus* : *gebäude*;
> **define var** *Hauptstädte* : **set of** *stadt*

Der ersten Variablen kann ein Objekt vom Typ *gebäude*, oder allenfalls von einem Untertyp, zugewiesen werden. *Hauptstädte* ist eine mengenwertige Variable und kann später z.B. als Behälter für ein Anfrageergebnis verwendet werden.

2.1.2 Beispieldatenbank „GlobetrotterDB"

BEISPIEL 2: Die grundlegenden Konzepte COCOON's sollen an einem Beispiel zusammengefaßt werden. Dazu wird das Schema einer Objekt-Datenbank *GlobetrotterDB* zur Speicherung von Kartenobjekten wie Gebäude, Straßen, Plätze und Flüssen definiert.

Eine graphische Darstellung der Typhierarchie des Schemas zeigt Abbildung 2.1. Typen werden darin als Rechtecke gezeichnet, die, dargestellt durch dicke Pfeile von unten nach oben, in einer Typhierarchie stehen. Dünne Pfeile bezeichnen Funktionen, die mengenwertig sind, falls sie eine doppelte Pfeilspitze aufweisen. Die Klassenhierarchie ist in Abbildung 2.2 graphisch dargestellt. **some**-Klassen werden als Ellipsen und **all**-Klassen als abgerundete Rechtecke gezeichnet. Die Klassenhierarchie, gegeben durch die Unter-/Oberklassen, ist durch dicke Pfeile eingezeichnet.

Nachfolgend ist das Schema als Ganzes in COOL-Notation aufgeführt. Es wird hier eine abgekürzte Schreibweise verwendet, bei der Objekttypen zusammen mit den lokalen Funktionen in einer Anweisung definiert werden können.

> **define database** *GlobetrotterDB* **as**
>   **define type** *stadt* **isa object** =
>   *name, land* : **string**,
>   *einw* : **integer**,
>   *hat_elemente* : **set of** *kartenobjekt* **inverse** *liegt_in*,
>   *hotels* : **set of** *gebäude* **as**
>   **select**[$g \in hat\_elemente \land typ =$ "*hotel*"](g : *Gebäude*);
>   *hotels_pro_einw* : **integer**
>   **as** *count(hotels)/einw*,
>   **define type** *kartenobjekt* **isa object** =
>   *name* : **string**,
>   *liegt_in* : *stadt* **inverse** *hat_elemente*,
>   *grundriß* : **set of** *geometrie*;

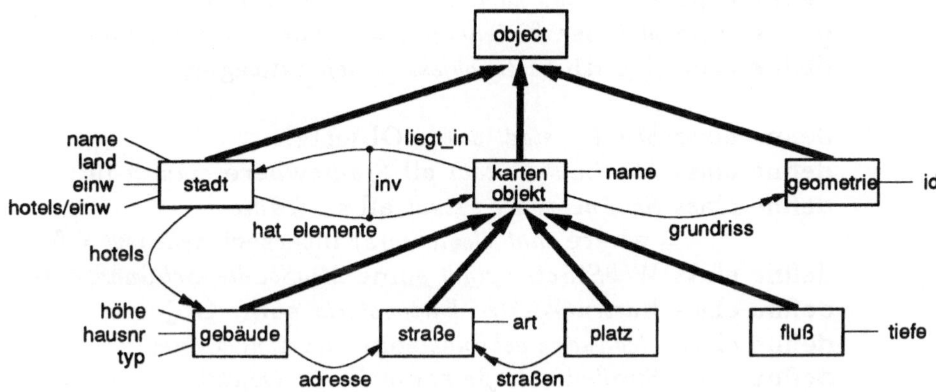

Abbildung 2.1: Typhierarchie der Objekt-Datenbank *GlobetrotterDB*

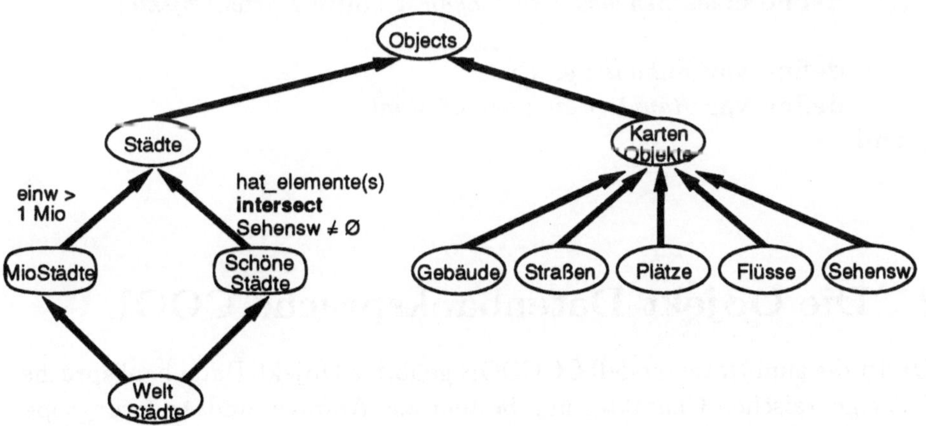

Abbildung 2.2: Klassenhierarchie der Objekt-Datenbank *GlobetrotterDB*

```
define type geometrie isa object  = id : integer;
define type gebäude isa kartenobjekt =
      höhe, hausnr : integer,
      typ : string,
      adresse : straße;
define type straße isa kartenobjekt = art : boolean;
define type platz isa kartenobjekt = straßen : set of straße;
define type fluß isa kartenobjekt = tiefe : integer;


define class Städte : stadt some Objects;
define class MioStädte : stadt all Städte where einw > 10^6;
define class SchöneStädte : stadt all s : Städte
                  where  hat_elemente(s) intersect Sehensw ≠ ∅;
define class WeltStädte : stadt some MioStädte, SchöneStädte;
define class KartenObjekte : kartenobjekt some Objects;
define class Gebäude : gebäude some KartenObjekte;
define class Straßen : straße some KartenObjekte;
define class Plätze : platz some KartenObjekte;
define class Flüsse : fluß some KartenObjekte;
define class Sehensw : kartenobjekt some KartenObjekte;


define var rathaus : gebäude;
define var Hauptstädte : set of stadt;
end.
```

$\diamond$

2.2   Die Objekt-Datenbanksprache COOL

COOL ist die zum Datenmodell COCOON gehörige Objekt-Datenbanksprache. Sie hat algebraischen Charakter und besteht aus Anfrage- und Änderungsoperationen [SS91] mit folgenden Haupteigenschaften:

- Die meisten Anfrage- und Änderungsoperationen haben eine *objekterhaltende Semantik*. Resultate objekterhaltender Operationen sind Teilmengen der bereits existierenden Datenbankobjekte. Im Gegensatz dazu stehen objektgenerierende Operationen, die als Resultate neue Objekte erzeugen, oder wertegenerierende Operationen, die nicht Objekte, sondern lediglich deren Werte leifern.

Somit sind Anfrageresultate in der Regel (Teil-) Mengen der bereits existierenden Datenbankobjekte und nicht etwa Kopien davon (Objektgenerierung) oder die Werte der Objekte (Wertegenerierung). Objekte können verändert werden, ohne daß dabei zwingend neue Objekte entstehen müssen.

- Die Anfrage- und Änderungsoperationen sind *generisch* und damit, im Gegensatz zu den AOT-spezifischen Funktionen, auf Objekte jeglichen Typs anwendbar.

- Die Operationen der Anfragesprache sind *mengenorientiert* und nehmen in der Regel sowohl als Eingabe wie auch als Ausgabe, Objektmengen. Damit sind Anfrageoperationen auf Klassenausprägungen, mengenwertige Funktionen, Anfrageresultate und Mengenvariablen anwendbar.

- Die Resultate der Anfrageoperationen sind (mit einer Ausnahme) *abgeschlossen*, d.h. im Datenmodell darstellbar. So lassen sich verschachtelte Anfragen und später Sichten formulieren. Zur Abgeschlossenheit gehört auch, daß Änderungsoperationen (modellinhärente) Integritätsbedingungen respektieren.

- Anfrageoperationen sind untereinander und mit Änderungsoperationen *orthogonal* kombinierbar. Damit lassen sich nicht triviale Anfragen formulieren und Sequenzen von Änderungsoperationen auswerten.

- COOL ist eine *typisierte* Sprache mit statischer Typprüfung. Um die Gültigkeit der Operationen auf die Objekte zur Compile-Zeit zu prüfen, wird der Instanzentyp der Argumentklasse oder -menge verwendet.

2.2.1 Algebraische Anfrageoperationen

COOL-Anfrageoperationen haben mit einer Ausnahme eine objekterhaltende Semantik [SÖ90, HS90, SS90b]. Objektgenerierende Operationen [AK89, ASL89, SZ89] werden als Änderungsoperationen betrachtet und können unter anderem zum Kopieren von Objekten sinnvoll sein. Auch wertegenerierende Operationen sind zumindest für Ausgabezwecke und für die Interoperabilität mit nicht objektorientierten Modellen und Systemen notwendig. COOL besitzt eine solche Operation, die Objekte in Wertetupel transformiert. Wir geben nachfolgend einen Überblick über die einzelnen Anfrageoperationen (vgl. auch [SLR$^+$92, HS91]).

Selektion

Die Selektion **select**[*bool-expr*](*set-expr*) liefert als Ergebnis die Menge jener Objekte, die das Selektionsprädikat *bool-expr* erfüllen. Als Voraussetzung muß das Selektionsprädikat auf den Objekten auswertbar sein (vgl. statische Typprüfung). Der Instanzentyp der Resultatmenge bleibt durch die Selektion unverändert, d.h. ist gleich wie der von *set-expr*.

Als Beispiel für eine (verschachtelte) Selektion kann die Klasse *SchöneStädte* alternativ auch als Selektion definiert werden:

$$\textbf{select}[\emptyset \neq \textbf{select}[s \in hat\_elemente(o)](s : Sehensw)](o : Städte)$$

Der Anfrage sucht nach allen Städten, für die es mindestens eine Sehenswürdigkeit gibt. Die existentielle Anfrage wird dabei durch Prüfung auf nicht leere Resultatmenge der inneren Selektion erreicht. Typprädikate können als Selektionskriterium verwendet werden:

$$\textbf{select}[gebäude(s)](s : Sehensw)$$

Diese Selektion wählt aus der Klasse der Sehenswürdigkeiten alle Objekt vom Typ *gebäude* aus.

Projektion

Die Projektion **project**$[f_1, \ldots, f_n]$(*set-expr*) verändert nur den Instanzentyp und nicht die Ausprägungsmenge. Der Resultattyp ist durch die Projektionsliste $f_1, \ldots, f_n$ gegeben. Die Projektion erzeugt einen Obertyp, da nun weniger Funktionen auf die Objekte anwendbar sind.

Die Projektion kann z.B. verwendet werden, um Eigenschaft (Funktionen) von Objekten zu verbergen:

$$\textbf{project}[name, land, hotels\_pro\_einw, hotels :: kartenobjekt](Städte)$$

Diese Anfrage projiziert von den Städten alle Funktionen außer *einw* dadurch, daß diese aus der Aufzählung der Funktionen weggelassen wird. Die von *einw* abgeleitete Funktion *hotels_pro_einw* ist trotzdem weiterhin anwendbar. Bei einer Projektion kann der Wertebereich von Funktionen generalisiert werden. So generalisiert obige Anfrage *hotels* zu *kartenobjekt*, einem Obertyp von *gebäude*.

Extension

Die Extension **extend**$[f_1 := expr_1, \ldots, f_n := expr_n](set\text{-}expr)$ erweitert den
Typ der *set-expr* um zusätzliche, abgeleitete Funktionen $f_i := expr_i$. Die
Ausprägungsmenge bleibt unverändert. Da auch die Extension eine Anfrageoperation ist, sind in der Extensionsliste nur abgeleitete Funktionen erlaubt,
die zusammen mit einer Berechnungsvorschrift $expr_i$ definiert werden. Diese
kann beliebige arithmetische, logische oder COOL-Ausdrücke enthalten.

Eine Extension ist folgende Anfrage, die jede Stadt um eine abgeleitete
Funktion *sehensw* erweitert, definiert als die Sehenswürdigkeiten, die in dieser
Stadt liegen:

$$\textbf{extend}[sehensw := \textbf{select}[o = liegt\_in(s)](s : Sehensw)](o : Städte)$$

Mengenoperationen

Die Operationen zur Vereinigung, Schnittbildung oder Differenz von Mengen
können wie gewohnt verwendet werden, da Klassen grundsätzlich Objektmengen sind. In einem Typverband braucht der Instanzentyp der verarbeitbaren
Eingabemengen nicht eingeschränkt zu werden.

Der Resultattyp einer Vereinigung ($set\text{-}expr_1$ **union** $set\text{-}expr_2$) ist der speziellste gemeinsame Obertyp der Instanzentypen der Eingabemengen, d.h. die
Schnittmenge der anwendbaren Funktionen. Die Ausprägungsmenge ist erwar-
tungsgemäß die Vereinigung der Eingabeobjekte. Die folgende Anfrage bildet
die Vereinigung der Straßen und Plätze:

$$\textit{Straßen} \ \textbf{union} \ \textit{Plätze}$$

Die anwendbaren Funktionen ergeben sich aus der Schnittmenge, d.h. den
Funktionen *name, liegt_in, grundriß*, die alle Objekte gemeinsam haben.

Der Resultattyp der Schnittmengenoperation ($set\text{-}expr_1$ **intersect** $set\text{-}expr_2$) ist der allgemeinste gemeinsame Untertyp, also die Vereinigung der
anwendbaren Funktionen aller Eingabeklassen. Die Ausprägung enthält die
Schnittmenge aller Eingabeobjekte. Folgende Anfrage sucht nach Millio-
nenstädten, die zugleich schön sind:

$$\textit{MioStädte} \ \textbf{intersect} \ \textit{SchöneStädte}$$

Die Differenzoperation ($set\text{-}expr_1$ **difference** $set\text{-}expr_2$) kann immer durch
eine Selektion ausgedrückt werden. Der Resultattyp entspricht dem Instanzentyp des ersten Argumentes, während die Ausprägung eine Teilmenge der ersten

Argumentmenge ist, nämlich diejenigen Objekte, die nicht auch in der zweiten Argumentmenge sind.

Die **pick**-Operation (**pick**(*set-expr*)) entnimmt einer einelementigen Menge dieses eine Objekt (set collapse). Wird **pick** auf eine Menge mit mehr als einem Objekt angewandt, ist das Resultat nicht deterministisch: es wird ein beliebiges Element zurückgeliefert.

Werteextraktion

Die Werteextraktion **extract**$[f_1, \ldots, f_n](set\text{-}expr)$ ist nicht objekterhaltend sondern wertegenerierend und auch nicht abgeschlossen. Sie erzeugt eine Tupelmenge (Relation), worin jede Funktion der Extraktionsliste einem Relationenattribut entspricht und jedes Objekt der Ausprägung durch ein Tupel dargestellt wird.

Der geschachtelte **extract**-Ausdruck

$$\textbf{extract}[name, land, \textbf{extract}[name, hausnr](hotels)](St\ddot{a}dte)$$

erzeugt eine NF2-Relation [Sch88a] mit der Struktur

$$St\ddot{a}dte(name, land, hotels(name, hausnr))$$

Dabei sind die Werte des Attributs *hotels* selbst wieder Relationen.

2.2.2   Generische Änderungsoperationen

Die übliche Art und Weise, wie in objektorientierten Systemen Änderungen an Objekten durchgeführt werden, sind AOT-spezifische Methoden, die vom Typimplementierer in einer prozeduralen (meist berechnungsvollständigen) Sprache programmiert werden.

Zur „sicheren" (integritätsbewahrenden und terminierenden) Realisierung solcher Methoden, aber auch zur direkten ad hoc Verwendung, extistieren in COOL generische Änderungsoperationen. Diese ersparen dem Programmierer die Implementierung von immer wieder denselben typ-unabhängigen Grundfunktionalitäten zur Objektänderung.

Die generischen COOL-Änderungsoperationen können in drei Gruppen eingeteilt werden: Zuweisungen, Operationen zur Objektevolution und Operationen zur Manipulation von Klassenausprägungen [LS92, LS93]. Zudem gibt es die Kontrollstrukturen Sequenz, Mengeniteration und Type-Guards.

Zuweisungen

Die Zuweisung weist einer Variable einen neuen Wert zu ($v := expr$) oder ändert einzelne Funktionswerte von Objekten (**set**$[f := expr](v)$). Die rechte Seite der Zuweisung kann einen Untertyp gegenüber der linken Seite enthalten (Polymorphie).

Das Rathaus von Ulm findet man beispielsweise in der Datenbank mit folgender Anfrage:

$$rathaus := \textbf{pick}(\textbf{select}[typ(g) = "rathaus"$$
$$\wedge\ name(liegt\_in(g)) = "Ulm"]$$
$$(g : Geb\ddot{a}ude))$$

Der folgende Ausdruck ändert dann die Höhe des eben selektierten Objektes:

$$\textbf{set}[h\ddot{o}he := ...](rathaus)$$

Objektevolution

Mit **create**$[t](v)$ wird eine neue Instanz vom Objekttyp t erzeugt und der Objektvariablen v, ebenfalls vom Typ t oder einem Obertyp davon, zugewiesen. Diese Operation erzeugt ein Objekt mit einer neuen OID. Der aktuelle Wertebereich des Typs t und derjenige aller Obertypen von t wird um das neue Objekt erweitert.

Folgende Anweisungen erzeugt ein neues Objekt vom Typ $flu\beta$:

$$\textbf{create}[flu\beta](donau)$$

Nachdem ein Objekt erzeugt worden ist, kann es zusätzliche Typen erhalten oder Typen verlieren. Mit der Operation **gain**$[t](v)$ erhält das Objekt in der Variable v dynamisch den neuen Typ t, sowie alle Obertypen von t. Die Operation verändert keine Werte von Variablen oder Funktionen, sondern initialisiert lediglich diejenigen Funktionen, die auf das Objekt v neu anwendbar sind, mit einem Nullwert (ω).

Die entgegengesetzte Operation **lose**$[t](v)$ löst die Instanz-Typ-Beziehung zwischen Objekt v und Typ t, wodurch v aus dem aktuellen Wertebereich von t und allen seinen Untertypen entfernt wird. Als Konsequenz sind alle lokalen Funktionen (siehe später) des Typs t und seiner Untertypen nicht mehr auf das Objekt v anwendbar.

Es läßt sich also aus der Straße *broadway* leicht stattdessen ein Gebäude machen. Das Objekt (OID) bleibt dabei unverändert:

$$\textbf{lose}[\textit{straße}](\textit{broadway});\ \textbf{gain}[\textit{gebäude}](\textit{broadway})$$

Als Spezialfall von **lose** ist die Operation $\textbf{delete}(v) \overset{\text{def}}{=} \textbf{lose}[\textit{object}](v)$ definiert, die das Objekt v dadurch ganz aus der Datenbank löscht, daß v seinen allgemeinsten Typ **object** verliert. Die Operation

$$\textbf{delete}(\textit{broadway})$$

zerstört somit das Objekt *broadway*.

Klassenausprägungen

Die Operation $\textbf{add}[v](c)$ fügt ein Objekt, repräsentiert durch die Variable v, in die Ausprägung der Klasse c ein. Aufgrund der Teilmengenbedingung von Ober- und Unterklassen wird v automatisch auch in alle Oberklassen von c eingefügt.

Die folgende Operation fügt z.B. *rathaus* in die Klasse der Sehenswürdigkeiten ein:

$$\textbf{add}[\textit{rathaus}](\textit{Sehensw})$$

Mit der Operation $\textbf{remove}[v](c)$ kann ein Objekt v wiederum aus der Ausprägung der Klasse oder Sicht c und allen Unterklassen von c entfernt werden. Die **remove**-Operation hat keinerlei Einfluß auf die Existenz von Objekten, sondern beeinflußt lediglich deren Klassenzugehörigkeit.

Die folgende **remove**-Anweisungen nimmt das Objekt *bahnhof* aus der Klasse Sehenswürdigkeiten heraus:

$$\textbf{remove}[\textit{bahnhof}](\textit{Sehensw})$$

Der Objekttyp von *bahnhof* bleibt dabei unverändert.

Sequenz und Iteration

Änderungsoperationen können (durch „;" getrennt) Instruktionssequenzen bilden. Der Iterator **apply** ist ein Operator höherer Ordnung [CKW89], mit dem sich (Sequenzen von) Operationen auf eine Objektmenge anwenden lassen:

$$\textbf{apply}[\ \textbf{add}[s](\textit{SchöneStadte})\ ](s : \textit{Hauptstädte})$$

Diese **apply**-Anweisung fügt alle Objekt aus der Variablen *Hauptstädte* in die Klasse *SchöneStadte* ein.

Type-Guard

Mit Hilfe eines Type-Guards kann die Ausführung von Operationen vom dynamischen Typ eines bestimmten Objektes abhängig gemacht werden. Die folgende Anfrage wendet das Selektionsprädikat $p(o)$ an, wenn das entsprechende Objekt o von Typ t ist, andernfalls wird $q(o)$ ausgeführt:

$$\textbf{select}[\textbf{guard}[t, p, q](o)](o : C)$$

2.3 Sichten und externe Schemata

Logische Datenunabhängigkeit, d.h. die Möglichkeit zur Definition externer Schemata, ist ein in Objekt-Datenbanksystemen vernachlässigtes Konzept [TS93a]. Es besteht zwar ein Konsens darüber, daß in Objekt-Datenbanken Sichten und externe Schemata – ähnlich wie in relationalen Systemen – definierbar sein sollen [Mot87, SJGP90, Wie86, SLW88, NS88, HZ90, Day89, AB91, Run92], lediglich fehlt ein gemeinsames Verständnis über deren Semantik.

Wir beschreiben in diesem Abschnitt logische Datenunabhängigkeit in CO-COON. Zuerst zeigen wir, wie durch einen algebraischen Anfrageausdruck Sichten als abgeleitete Klassen definiert werden [SLT91], um dann in einem zweiten Schritt zusammen mit Basisklassen ein Subschema zu bilden [TS93b].[1]

2.3.1 Objekt-Sichten

Objekt-Sichten sind *abgeleitete Klassen*, deren Instanzentyp und Ausprägung nicht explizit gegeben, sondern aus einer Anfrage berechnet sind.[2] Eine Sicht beschreibt somit eine spezialisierte Schnittstelle zu einem Teil der Mitgliedsobjekte einer Klasse, die dem Benutzer nur einen Ausschnitt der Objekt-Daten sichtbar macht.

Sichten werden analog zu relationalen Datenbanksystemen definiert als

> **define view** *ViewName* **as** *QueryExpr*

worin *QueryExpr* eine beliebige COOL-Anfrage sein kann, die eine Objektmenge liefert. Die in der Anfrage verwendeten Klassen nennen wir im folgen-

---

[1] N.B.: Die hier verwendete Terminologie unterscheidet sich von der in O_2: während O_2-Sichten unseren Subschemata entsprechen, gleichen unsere Sichten den abgeleiteten (berechneten) Klassen in O_2 [AB91].

[2] Wie gewohnt können Sichten aus Performance-Gründen materialisiert werden. Dies wollen wir aber vorläufig außer acht lassen und erst später in Kapitel 10 darauf eingehen.

den *Basisklassen* (auch wenn diese selbst wieder Sichten sein können) und deren Mitgliedsobjekte *Basisobjekte.*

Die Voraussetzung für diese Form von Sichten ist eine objekterhaltende Semantik der Anfrageoperationen. Damit sind die Objekte in einer Sicht „dieselben" Objekte wie die in den Basisklassen, und nicht Kopien davon (vgl. objektgenerierende Semantik). Objekterhaltung macht Sichten änderbar, indem Änderungen auf Objekten in Sichten identisch sind mit Änderungen auf deren Basisobjekten. Umgekehrt wird auch jede Änderung auf Basisobjekten unmittelbar in allen darüber definierten Sichten wirksam. Es entfallen damit die in relationalen Systemen bekannten Probleme bei der Änderung von Sichten, die durch werte-/objekterzeugende Anfragen (wie z.B. Verbundbildung) entstehen. Da Objekte durch werteunabhängige, transparente OIDs identifiziert werden, entfällt desweiteren auch das Problem der Identifizierung der Sichtentupel durch Schlüsselattribute.

Dieser Sichtenmechanismus unterscheidet sich von verwandten Ansätzen darin, daß keine speziellen syntaktischen Konstrukte zur Definition von Sichten verwendet werden, sondern lediglich auf die Möglichkeiten der COOL-Algebra zurückgegriffen wird.[3]

Eine weitere wichtige Unterscheidung ist die Einordnung der Sichten in das Datenbankschema, d.h. die Positionierung in der Typ- und Klassenhierarchie relativ zu den Basisklassen. Sichten werden damit zu vollwertigen Teilen des Datenbankschemas. An welcher Stelle Sichten eingeordnet werden müssen, ergibt sich aus der Anfrage. Eine

- *Selektionssicht* ist eine Unterklasse der Basisklasse, die nur eine Teilmenge der Basisobjekte enthält, jedoch denselben Instanzentyp hat.

- *Projektionssicht* ist, im Gegensatz zur Selektion, eine Oberklasse der Basisklasse, da die Mitgliedsobjekte unverändert bleiben, während die auf die Sicht anwendbaren Funktionen eine Teilmenge derjenigen der Basisklasse sind.

- *Erweiterungssicht* hat zusätzliche anwendbare Funktionen, bei gleichbleibender Objektmenge. Sie ist somit Oberklasse der Basisklasse.

- *Differenzsicht* ist eine Unterklasse des Minuenden und enthält alle Objekte, die nicht Mitglied des Subtrahenden sind. Der Resultattyp ist derjenige des Minuenden.

---

[3] Für einen ausführlichen Vergleich des hier verfolgten Ansatzes mit verwandten Arbeiten verweisen wir auf [SLT91].

- *Vereinigungssicht* enthält alle Objekte der Basisklassen und ihr Instanzentyp besteht aus der Schnittmenge aller Funktionen der Instanzentypen der Basisklassen. Somit ist eine Vereinigungssicht Oberklasse aller zu vereinigenden Basisklassen.

- *Schnittmengensicht* enthält nur diejenigen Objekte, die Mitglied aller Basisklassen sind. Der Instanzentyp besteht folglich aus der Vereinigung der Funktionen aller Basisklassen. Die Schnittmengensicht ist also Unterklasse aller Basisklassen.

Für diejenigen Sichten, die den Typ verändern (Projektion, Extension, Vereinigung, Schnittmenge), muß der neue Typ konsistent zu allen existierenden Typen eingeordnet werden, ohne dabei ein unmittelbarer Unter- oder Obertyp sein zu müssen. Da wir hier immer einen Typverband betrachten, ist diese Einordnung leicht zu bestimmen.

Sichten, die die Ausprägung verändern (Selektion, Differenz, Vereinigung, Schnittmenge), müssen in die Klassenhierarchie eingeordnet werden. Dazu muß die Implikation der Klassen-/Selektionsprädikate geprüft werden. Da dieses Problem im allgemeinen unentscheidbar ist [SS89] und wir die erlaubten Prädikate nicht einschränken wollen, verwenden wir hier einen unvollständigen Einordnungsalgorithmus, der nur eine eingeschränkte Art von Prädikatensubsumtion erkennen kann. Diese Methode ordnet alle Sichten zwar korrekt, aber nicht immer bestmöglich ein.

Natürlich ist auch die Definition von Sichten über komplexe, verschachtelte Anfragen und damit Sichten über Sichten möglich. Dadurch kann der Fall entstehen, daß eine Sicht Obertyp und gleichzeitig Unterklasse der Basisklassen ist. Durch die Trennung von Typen und Klassen bereitet dies allerdings keine weiteren Schwierigkeiten.

Sichten und deren Position im Schema betrachtet auch der Ansatz von [Ber92], der Sichten nicht direkt ins Schema einordnet, sondern in einer neuen Dimension, der *view derivation hierarchy*, „oberhalb" des Schemas positioniert. Der Nachteil dieses Ansatzes besteht darin, daß daraus kein Nutzen für die Typprüfung oder Anfrageoptimierung gezogen werden kann. In unserem Ansatz kann der Optimierer aus der direkten Einordnung von Sichten zusätzliche Informationen ableiten, die ihm eine bessere Optimierung von Anfragen auf Sichten erlauben.

BEISPIEL 2:   (Fortsetzung) Wir greifen hier nochmals die *GlobetrotterDB* als Beispiel auf und erweitern das Schema durch zwei Sichten:

define view *Städte'* **as project**[*name, land, hotels*](*Städte*);

define view *SehenwGebäude* **as** *Sehenw* **intersect** *Gebäude*

Sichten werden graphisch gleich wie **all**-Klassen als Rechtecke mit abgerundeten Ecken dargestellt. Dies ist ein Hinweis darauf, daß Sichten als **all**-Klassen verstanden werden können, die über eine Anfrage definiert sind. Abbildung 2.3 zeigt die Einordnung der Sichten in die Typ- und Klassenhierarchie, relativ zu deren Basisklassen. Zur Verdeutlichung sind auch die unbenannten Objekttypen, die eine durch Projektion etc. entstandene Menge von Funktionen repräsentieren, dargestellt.   ◇

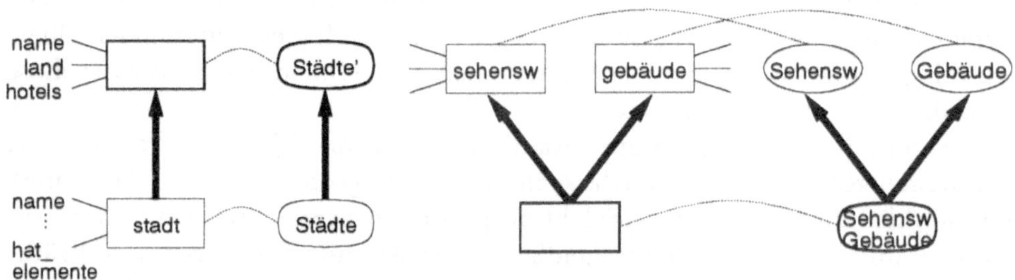

Abbildung 2.3: Objekt-Sichten, eingeordnet in die Typ- und Klassenhierarchie

2.3.2 Abgeschlossene Subschemata

Der zweite Schritt in Richtung logische Datenunabhängigkeit sind Subschemata. Durch Gruppierung einer ausgewählten Menge von Klassen und Sichten wird ein Subschema gebildet, so daß nur die darin enthaltenen Schemateile für den Anwender sichtbar sind. Die im Subschema bekannten und daher anwendbaren Funktionen leiten sich indirekt aus den Instanzentypen der Klassen/Sichten des Subschemas ab.

Die einzige Einschränkung in der Kombination von Klassen und Sichten zu einem Subschema ist die transitive Abgeschlossenheit bzgl. den Wertebereichen der Objekttypen. Diese verlangt, daß keine Funktion eines Typs im Subschema aus diesem herausführen darf. Nicht abgeschlossene Subschemata müssen vermieden werden, da in einem Programm sonst zur Laufzeit Typfehler auftreten können. Wir nehmen für die Betrachtung der Abgeschlossenheit an, daß die primitiven Wertetypen (**integer, real, string, boolean**) per Definition Teil jedes Subschemas sind, wodurch sich nur mehr die objektwertigen Funktionen als kritisch erweisen.

Im Gegensatz zu den Wertebereichen von Funktionen ist die Abgeschlossenheit der Ober-/Unterklassenhierarchie nicht erforderlich. Damit müssen Basisklassen von Klassen des Subschemas nicht zwingend auch Bestandteil des Subschemas sein.

BEISPIEL 2:   (Fortsetzung) Betrachten wir als Beispiel Abbildung 2.4. Subschema (a) besteht aus der Klasse *Kartenobjekte* und der Sicht

> **define view** *Städte'*
> **as project**[*name, hotels_pro_einw, hat_elemente*](*Stadt*)

Die im Subschema bekannten Funktionen ergeben sich (aus Klasse *Karten-Objekte*) als *name, liegt_in* und (aus Sicht *Städte'*) als *name, hotels_pro_einw, hat_elemente*. Da *liegt_in* den Wertebereich *stadt* (mit den Funktionen *hotels_pro_einw, land, einw, name*) hat und zwei Funktionen davon (*land* und *einw*) nicht Bestandteil des Subschemas sind, ist das Subschema nicht abgeschlossen.

Um ein abgeschlossenes Schema (b) zu erhalten, muß dieser Wertebereich durch eine Projektionssicht generalisiert werden:

> **define view** *Kartenobjekte'*
> **as project**[*name, liegt_in* :: [*name, hotels_pro_einw*]](*Kartenobjekte*)

Das abgeschlossene Subschema besteht nun aus den Klassen/Sichten *Städte'* und *Kartenobjekte'*.

◇

Für eine formale Definition von abgeschlossenen Subschemata verweisen wir auf [TS93b]. Dort werden ebenfalls Anwendungen und Einsatzgebiete von Subschemata in isolierten und kooperierenden ODBS diskutiert.

Die hier verwendete Technik zum Erzeugen eines abgeschlossenen Subschemas ist restriktiv, d.h. schränkt die Wertebereiche von Funktionen solange ein, bis diese innerhalb des Subschemas definiert sind. Einen anderen Ansatz verfolgt [Run92]. Ein Algorithmus macht ein beliebiges Subschema abgeschlossen, indem alle Wertebereiche von Funktionen rekursiv in das Subschema miteinbezogen werden. Dieses Verfahren ist zwar konstruktiv, aber oft problematisch, da Typen und Klassen wieder in das Subschema aufgenommen werden können, obwohl diese absichtlich ausgeschlossen wurden.

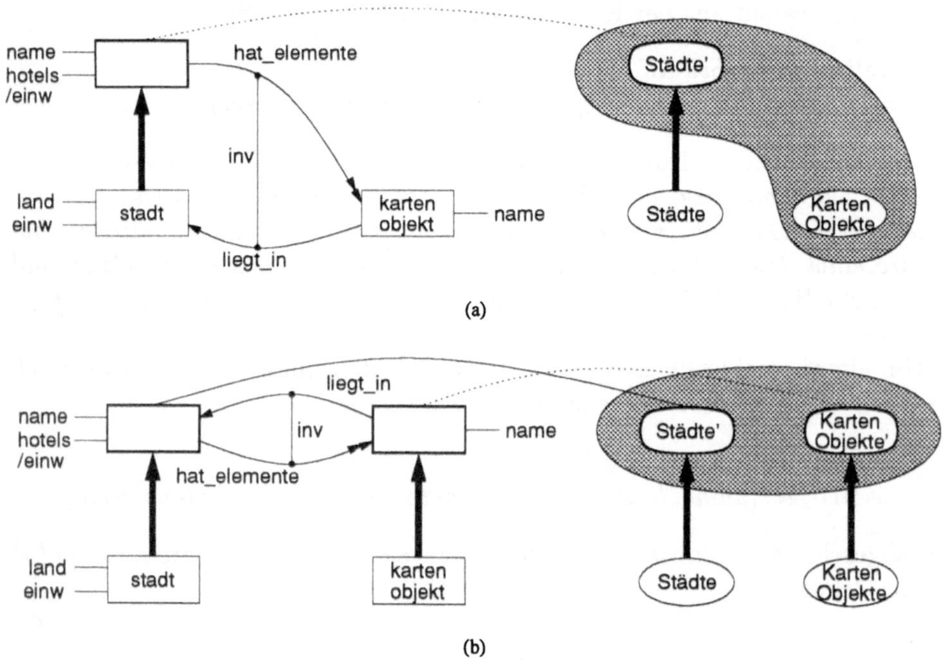

Abbildung 2.4: (a) Nicht abgeschlossenes und (b) abgeschlossenes Subschema

Kapitel 3

Modellierung und Anwendung der Metadatenbank

„A prime test: if the object database cannot represent and store its own schema, then it may fail on other applications as well."

[Bee93]

Datenbankschemata sind konzeptuelle Darstellungen – modelliert im Datenmodell – von Struktur (Syntax) und Semantik der Datenbankobjekte [ANS75, TK78] und spielen daher eine zentrale Rolle bei der Betrachtung von Evolution in Datenbanken.

In diesem Kapitel formalisieren wir zuerst *korrekte Datenbankschemata*. Dann leiten wir daraus die Modellierung der Metadatenbank ab, die wir später als Laufzeitrepräsentation von Schemata verwenden werden. Wir wollen insbesondere auch dynamische Aspekte, wie die Semantik von Anfrage- und Änderungsoperationen auf der Metadatenbank, mit einbeziehen. Dazu ordnen wir Datenbankobjekte drei verschiedenen Beschreibungsbenen zu.

3.1 Formale Definition von Datenbankschemata

Dem COCOON-Datenmodell liegt ein formales Rahmensystem zugrunde, das in der Absicht erstellt wurde, die Semantik des Modells und vorallem der Sprache COOL präzise beschreiben zu können [SLR+92]. In diesem Abschnitt leiten wir daraus die Formalisierung von Datenbankschemata ab. Dazu führen wir für alle Schemaobjekte Namen ein und beschreiben Metafunktionen, die Schemainformation repräsentieren. Wir definieren dann Signaturen, Datenbankzustand und Strukturregeln.

Signaturen

Wir gehen aus von einer unendlichen Menge $\mathcal{O}$ von Symbolen, die als Objektnamen (OIDs) verwendet werden. Wir definieren fünf Teilmengen $\mathcal{A}, \mathcal{F}, \mathcal{T}, \mathcal{C}, \mathcal{V} \subset \mathcal{O}$, die wir Variablen-, Funktions-, Objekttyp-, Klassen- und Sichtennamen nennen und die paarweise disjunkt sein sollen.

Auf der Menge der Variablennamen $\mathcal{A}$ und Funktionsnamen $\mathcal{F}$ sind die folgenden totalen Funktionen definiert:

$$ran \quad : \mathcal{A} \cup \mathcal{F} \to \mathcal{T} \cup \{"bool", "int", "real", "str"\}$$
$$setval : \mathcal{A} \cup \mathcal{F} \to \{true, false\} \quad .$$

Zu jeder Variablen $a \in \mathcal{A}$ oder Funktion $f \in \mathcal{F}$ liefert ran den Wertebereich (range) und $setval$ bezeichnet die Mengenwertigkeit (set valued) des Wertebereichs. Man beachte, daß Funktionen immer einstellig sind.

Definition 3.1 (Variablensignatur)   Das Tupel $< a, ran(a), setval(a) >$ heißt Signatur der Variable mit Namen a.

Auf den Funktionsnamen $\mathcal{F}$ ist zusätzlich die totale Funktion

$$dom : \mathcal{F} \to \mathcal{T}$$

definiert, die den Definitionsbereich (domain) liefert. Desweiteren gibt es zwei partielle Funktionen

$$inverse : \mathcal{F} \to \mathcal{F}$$
$$impl \quad : \mathcal{F} \to expression \quad .$$

inverse liefert zu einigen Funktionsnamen den Namen einer inversen Funktion und *impl* definiert eine Ableitungsvorschrift (implementation). Letztere ist in Form eines COOL-Anfrageausdruckes (*expression*) gegeben, d.h. im wesentlichen als eine nicht weiter interpretierte Zeichenkette (**string**), die vom Parser als gültige COOL-Anfrage akzeptiert wird (vgl. [SLR$^+$92], Anhang A). Für Funktion mit gespeicherten Werten gilt $impl(f) = \omega$, d.h. die Ableitungsvorschrift ist undefiniert.

Definition 3.2 (Funktionssignatur)   Das Tupel $< f,\ dom(f),\ ran(f),$ $setval(f),\ inverse(f),\ impl(f) >$ heißt Signatur der Funktion mit Namen f.

Auf der Menge $\mathcal{T}$ der Objekttypnamen sind die folgenden totalen Funktionen definiert:

$$supert : \mathcal{T} \rightarrow 2^{\mathcal{T}}$$
$$localf\ \ : \mathcal{T} \rightarrow 2^{\mathcal{F}}\ .$$

Zu jedem Typ mit Namen t liefert $supert$ die Menge der expliziten Obertypen von t und $localf$ bezeichnet die Menge der lokalen Funktionen von t.

Definition 3.3 (Typsignatur)   Das Tupel $< t, supert(t), localf(t) >$ heißt Signatur des Typs mit Namen t.

Typsignaturen definieren die *explizite Typhierarchie* des Datenbankschemas, die später auch für das Verständnis von Schemaänderungen wichtig ist. Das Typsystem der Sprache COOL basiert jedoch auf der *impliziten Typhierarchie*, für die nur die Menge $functs(t)$ der insgesamt auf einen Typ anwendbaren Funktionen ausschlaggebend ist. Diese errechnet sich rekursiv aus dem Typschema als Vereinigung der lokalen Funktionen mit allen Funktionen aller Obertypen

$$functs(t)\ =\ localf(t)\ \cup\ \bigcup_{t_i \in supert(t)}\ functs(t_i)\ . \tag{3.1}$$

Damit wird nun die Unter-/Obertypen-Relation $\preceq$ zwischen zwei Typen t_1, t_2 als Teilmengenbeziehung der auf die Typinstanzen anwendbaren Funktionen definiert

$$t_1 \preceq t_2\ \stackrel{\text{def}}{=}\ functs(t_1) \supseteq functs(t_2)\ . \tag{3.2}$$

Typnamen spielen für die Schemadefinition eine wichtige Rolle. Ansonsten müssen Objekttypen nicht zwingend einen Namen haben, sondern sind durch die Menge der anwendbaren Funktionen hinreichend definiert.

Die implizite Typhierarchie definiert eine partielle Ordnung, welche einen *Typverband* formuliert, in dem für jedes Paar von zwei Typen der speziellste gemeinsame Obertyp und der allgemeinste gemeinsame Untertyp jederzeit existiert. Diese Typen sind in der Regel unbenannt. In jedem Typverband existiert der allgemeinste Objekttyp **object** mit Typsignatur $< "object", \emptyset, \emptyset >$ und der speziellste $\perp$ mit Signatur $< "bottom", \mathcal{T}, \emptyset >$.

Auf der Menge $\mathcal{C}$ der Klassennamen sind die folgenden totalen Funktionen definiert:

$$mtype : \mathcal{C} \to \mathcal{T}$$
$$basec \ : \mathcal{C} \to 2^{\mathcal{C} \cup \mathcal{V}}$$
$$ctag \ \ : \mathcal{C} \to \{some, all\}$$
$$localp : \mathcal{C} \to bool\text{-}expression \ \ .$$

Wir nennen $mtype(c)$ den Instanzentyp der Klasse mit Namen c. $basec(c)$ liefert die Basisklassen von c, welche auch Sichten (siehe unten) sein können. $ctag(c)$ bezeichnet die **some-/all-**Verwendung der Klasse, während $localp(c)$ das lokale Klassifikationsprädikat in Form eines boole'schen COOL-Anfrageausdruckes ist (vgl. wiederum [SLR$^+$92], Anhang A).

Definition 3.4 (Klassensignatur)   Das Tupel $< c, mtype(c), basec(c), ctag(c), localp(c) >$ heißt Signatur der Klasse mit Namen c.

Sichten können als **all-**Klassen verstanden werden, deren Ausprägung und Instanzentyp aufgrund einer Anfrage definiert ist. Wir wollen hier Sichten von Klassen getrennt betrachten, da sich diese gerade in den Schemaänderungsmöglichkeiten stark unterscheiden.

Sei also $v \in \mathcal{V}$ ein Sichtenname, dann existiert eine totale Funktion

$$query : \mathcal{V} \to set\text{-}expression \ \ ,$$

die einen COOL-Anfrageausdruck (vgl. [SLR$^+$92], Anhang A) liefert, der die Sicht definiert. *set-expression* muß hier mengenwertig sein.

Definition 3.5 (Sichtensignatur)   Das Tupel $< v, query(v) >$ heißt Signatur der Sicht mit Namen v.

Die Klassensignatur gibt mit $localp(c)$ Auskunft über das lokale Klassifikationsprädikat, d.h. über die Bedingung, die ein Objekt, das in allen Basisklassen von c vorkommt, zusätzlich noch erfüllen muß, um in Klasse c zu sein.

In vielen Fällen ist allerdings ein global hinreichendes Prädikat notwendig, das für ein beliebiges Objekt aus der Datenbank bestimmt, ob dieses in einer vorgegebenen Klasse c enthalten ist. Dieses nennen wir $pred : \mathcal{C} \to (\textbf{object} \to \textbf{bool})$. Ist c eine **all-**Klasse, dann ergibt sich $pred(c)$ rekursiv aus der Konjunktion des lokalen Prädikates $localp(c)$ mit allen globalen Prädikaten aller Basisklassen von c

$$pred(c) \ \overset{\text{def}}{=} \ \lambda x.localp(c)(x) \wedge \bigwedge_{c_i \in basec(c)} pred(c_i)(x) \ . \qquad (3.3)$$

Ist c eine **some**-Klasse, dann ist das lokale Klassifikationsprädikat keine hinreichende Bedingung, so daß das globale Prädikat zusätzlich noch mit der Funktion $pmemb(c)$ konjunktiv verknüpft werden muß

$$pred(c) \stackrel{\text{def}}{=} \lambda x. x \in pmemb(c)(x) \wedge localp(c)(x) \wedge \bigwedge_{c_i \in basec(c)} pred(c_i)(x) \ . \qquad (3.4)$$

Bei der Funktion $pmemb(c)$ handelt es sich um die Menge potentieller Mitgliedsobjekte. *pmemb* wird von den Änderungsoperationen **add/remove** (siehe Abschnitt 2.1) verändert [SLR$^+$92]. Das globale Prädikat einer Sicht ist direkt aus der Anfrage ableitbar

$$pred(c) \stackrel{\text{def}}{=} \lambda x. x \in query \ . \qquad (3.5)$$

Klassensignaturen definieren über die Basisklassen eine *explizite Klassenhierarchie* untereinander. Diese wird zur Bildung des globalen Prädikates und zur Berechnung der Klassenausprägung verwendet. Die allgemeinste Klasse **Objects** mit Signatur $< \ "Objects", "object", \emptyset, all, \lambda x.true \ >$ bildet die Verankerung der Klassenhierarchie.

Zwischen Klassen ist eine partielle reflexive Ordnung ($\sqsubseteq$, *implizite Klassenhierarchie*) als Konjunktion der impliziten Unter-/Obertyp-Beziehung und der Implikation der globalen Prädikate definiert:

$$c_1 \sqsubseteq c_2 \stackrel{\text{def}}{=} mtype(c_1) \preceq mtype(c_2) \wedge pred(c_1) \Rightarrow pred(c_2) \ . \qquad (3.6)$$

Aus der Unentscheidbarkeit der Prädikatenimplikation (vgl. Subsumtion in KL-ONE [SS89]) folgt, daß Gleichung 3.6 im allgemeinen unentscheidbar ist. Da es sich bei den hier verwendeten globalen Prädikaten jedoch vor allem um Sequenzen konjunktiv verknüpfter lokaler Prädikate handelt, dürfte die Unter-/Oberklassen-Beziehung in diesem speziellen Fall schon dadurch oft feststellbar sein, daß das eine Prädikat syntaktisch im anderen enthalten ist.

Datenbankzustand

Während das Datenbankschema die Struktur der Datenbankobjekte beschreibt, werden die aktuellen Objektwerte durch den Datenbankzustand formalisiert. Der aktuelle Datenbankzustand ist eine Funktion σ, die wir aus [SLR$^+$92] übernehmen. Diese liefert

- zu jeder Variablen $a \in \mathcal{A}$ den aktuellen Wert $val(a) = \sigma(a)$;

- zu jeder gespeicherten Funktion $f \in \mathcal{F}$ die Werte aller möglichen Funktionsanwendungen $val(f) = \sigma(f)$, d.h. die Menge aller Paare $<$ Argument, Funktionswert $>$;

- zu jedem Objekttyp $t \in \mathcal{T}$ die Menge der aktuellen Instanzen (active domain) $adom(t) = \sigma(t)$;

- zu jeder **some**-Klasse $c \in \mathcal{C}$ die Menge der potentiellen Mitgliedsobjekte $pmemb(c) = \sigma(c)$.

Die Funktionen *val*, *adom* und *pmemb* sind aus dem Zustand σ abgeleitet und daher lediglich eine Schreibweise. Während jedoch σ eine Funktion des formalen Modells ist, sind *val*, *adom* und *pmemb* im Gegensatz hierzu an der COOL-Sprachschnittstelle verfügbar. Man beachte, daß abgeleitete Funktionen, **all**-Klassen und Sichten keinen eigenen Zustand haben, da es sich dabei um berechnete Konzepte handelt.

Strukturregeln

Bevor sich unter Verwendung von Signaturen nun Datenbankschemata definieren lassen, beschreiben wir eine Reihe von *Strukturregeln*, die ein korrektes COCOON-Schema formalisieren.

Einige Integritätsbedingungen wurden bereits erwähnt, so z.B. daß jedes Schemaelement durch einen eindeutigen Namen identifiziert ist[1] oder daß alle Metafunktionen (mit Ausnahme von *inverse* und *impl*) total sein sollen. Diese Bedingungen wollen wir als Strukturregeln SR1 und SR2 definieren:

[SR1]	Variablen, Funktionen, Typen, Klassen und Sichten haben eindeutige Namen.
[SR2]	*ran, setval, dom, supert, localf, mtype, basec, ctag, localp, query* sind totale Funktionen.

Hinzu kommt, daß falls eine *inverse*-Beziehung zwischen Funktionen gegeben ist, diese immer symmetrisch definiert sein muß, was wir in Strukturregel SR3 festhalten wollen:

[SR3] $\forall f \in \mathcal{F} : \exists f' \in \mathcal{F} : inverse(f) = f' \iff inverse(f') = f$.

---

[1] An der COCOON-Schnittstelle sind Funktionen mit gleichem Namen erlaubt, wenn diese unterschiedliche Definitionsbereiche haben. Wir können uns hier also vorstellen, daß nur die Identifikation einer Funktion durch $t.f$, mit Typname t und Funktionsname f, global eindeutig sein muß.

Jede Funktion ist lokale Funktion genau eines Objekttyps, welcher den Domain dieser Funktion bildet. Das ist Strukturregel SR4:

$$[\text{SR4}] \qquad \forall f \in \mathcal{F} : dom(f) = t \iff f \in localf(t) \ .$$

Damit die durch *supert* definierten expliziten Obertypen wie verlangt eine Hierarchie bilden, fordern wir, daß kein Typ Obertyp von sich selbst sein darf, d.h. nicht im transitiven Abschluß *supert** seiner eigenen Obertypenmenge vorkommt. Analoges gilt auch für die Relation *basec* der Basisklassen. So darf, damit die Basisklassenmenge eine Hierarchie bildet, keine Klasse im transitiven Abschluß *basec** von sich selbst vorhanden sein. Das sind Strukturregeln SR5 und SR6:

$$[\text{SR5}] \qquad \forall t \in \mathcal{T} : t \notin supert^*(t) \ .$$
$$[\text{SR6}] \qquad \forall c \in \mathcal{C} : c \notin basec^*(c) \ .$$

Die bei der Definition von abgeleiteten Funktionen, Klassen und Sichten angegebenen COOL-Ausdrücke müssen typrichtig sein. Die Ableitungsvorschrift von Funktionen (*impl*) muß auf dem Definitionsbereich der Funktion definiert sein und einen Wert aus dessen Wertebereich liefern. Das lokale Klassenprädikat (*localp*) muß auf dem Instanzentyp der Klasse definiert sein und den Wertebereich **boolean** haben. Die Anfrage einer Sichtendefinition (*query*) muß eine Objektmenge liefern. Es folgt Strukturregel SR7:

[SR7]   *impl, localp, query* müssen typrichtige COOL-Anfrageausdrücke sein.

Funktionen, die zur Definition anderer abgeleiteter Funktionen (*impl*), zur Definition von Klassenprädikaten (*localp*) oder zur Definition von Sichten (*query*) verwendet werden, müssen genau so existieren, wie Sichten und Klassen, die in Anfragen zur Sichtendefinition verwendet werden. Diese Bedingung wird verhaltensmäßige Korrektheit genannt und soll in SR8 festgehalten werden:

[SR8]   *impl, localp, query* müssen verhaltensmäßig korrekt sein.

SR7 und SR8 sind verwandte Strukturregeln. Während sich jedoch SR7 auf die Typrichtigkeit der Signatur von Funktionen bezieht, verlangt SR8 die Korrektheit der Implementierung. Die Unterscheidung dieser zwei Regeln hat pragmatische Hintergründe, so wird nämlich SR7 durch einen Typprüfer sichergestellt, während SR8 die Neuinterpretation oder Neukompilation der Funktionen verlangt. Verhaltensmäßige Korrektheit von Ausdrücken bedeutet also, daß diese von einem Parser als korrekt implementiert erkannt werden.

Es folgt die Definition korrekter Datenbankschemata:

Definition 3.6 (Datenbankschema)   Das Tupel $S = < A, F, T, C, V >$ mit Variablensignaturen A, Funktionssignaturen F, Typsignaturen T, Klassensignaturen C und Sichtensignaturen V ist ein korrektes Datenbankschema, wenn diese Signaturen die Strukturregeln SR1 – SR8 erfüllen.

3.2   Modellierung der Metadatenbank

In objektorientierten Systemen liegt es nahe, Variablen, Funktionen, Typen, Klassen oder Sichten selbst in der Rolle von Objekten auftreten zu lassen. Diese Objekte werden im Metaschema modelliert und in der Metadatenbank gespeichert. Die Objekte der Metadatenbank bilden dadurch eine Laufzeitrepräsentation der Schemainformation.

Modellierung in COOL

Die formale Definition von Datenbankschemata kann nun direkt verwendet werden, um die Metadatenbank so zu modellieren, daß sich damit COCOON-Schemata darstellen lassen. Wie zu erwarten, besteht das Metaschema aus Metafunktionen, Metatypen und Metaklassen, welche Variablen, Funktionen, Typen, Klassen und Sichten des Schemas repräsentieren.

Der Übergang von der formalen Schemadefinition zur Repräsentierung in der Metadatenbank wird erreicht, indem die Namen der Schemaobjekte nun als Objektnamen (OIDs) derselben verstanden werden. Dadurch wird jedes Schemaobjekt zum Objekt in der Metadatenbank. Zusätzlich erhält jedes Schemaobjekt einen externen Namen (*tname*, *fname*, *cname*), der bei der Schemadefinition explizit vergeben wird. Die übrigen Funktionen der Metadatenbank entsprechen den Funktionen der Formalisierung.

Das Schema der COCOON-Metadatenbank ist nachfolgend in COOL-Notation zusammengefaßt und in Abbildung 3.1 graphisch dargestellt. Die Zeilennummern in runden Klammern markieren Definitionen, die nachfolgend erklärt werden. In eckigen Klammern befinden sich Hinweise auf die entsprechende Strukturregel.

define database *COCOON-Meta-Database* **as**

(1)   **define type** *type* **isa object** =
                tname : **unique string not null**; $[SR1], [SR2]$
(2)   **define type** *obj-type* **isa** *t* : *type* =
                supert : **set of** *obj-type* **not null acyclic**, $[SR2], [SR5]$
                localf : **set of** *function* **not null**, $[SR2]$

(3)   **define type** *variable* **isa object** =
                fname : **unique string not null**, $[SR1], [SR2]$
                setval : **boolean not null**, $[SR2]$
                ran : *type* **not null**; $[SR2]$
(4)   **define type** *function* **isa** *f* : *variable* =
                dom : *obj-type* **not null** $[SR2]$
                    as pick(**select**$[f \in localf(t)](t : Obj\text{-}Types)$), $[SR4]$
                inverse : *function* **inverse** *inverse*, $[SR3]$
                impl : *expression*;

(5)   **define type** *collection* **isa object** =
                cname : **unique string not null**; $[SR1], [SR2]$
(6)   **define type** *class* **isa** *c* : *collection* =
                mtype : *obj-type* **not null**, $[SR2]$
                basec : **set of** *collection* **not null acyclic**, $[SR2], [SR6]$
                ctag : **boolean not null**, $[SR2]$
                localp : *bool-expression* **not null**; $[SR2]$
(7)   **define type** *view* **isa** *collection* =
                query : *set-expression* **not null**; $[SR2]$

(8)   **define class** *Types* : *type* **some Objects**;
(9)   **define class** *Obj-Types* : *obj-type* **some** *Types*;

(10)   **define class** *Variables* : *variable* **some Objects**;
(11)   **define class** *Functions* : *function* **some** *Variables*;

(12)   **define class** *Collections* : *collection* **some Objects**;
(13)   **define class** *Classes* : *class* **some** *Collections*;
(14)   **define class** *Views* : *view* **some** *Collections*;

end.

Das Metaschema enthält absichtlich nur die in dieser Arbeit verwendeten Teile. Weitere Aspekte, wie etwa Informationen über den physischen Entwurf oder zur Benutzerauthorisierung, fehlen daher.

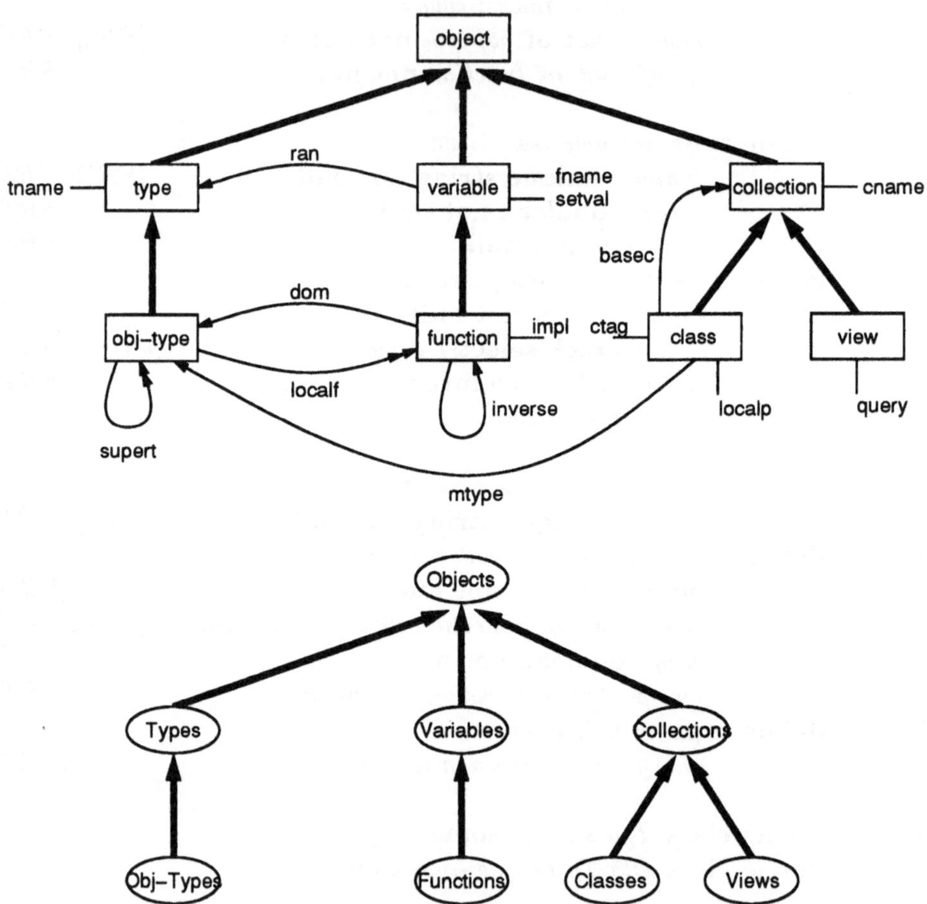

Abbildung 3.1: Das COCOON-Metaschema

Beschreibung der Metatypen, Metafunktionen und Metaklassen

(1) Die Instanzen (Objekte) des Metatyps *type* repräsentieren die vorgegebenen elementaren Datentypen (**boolean**, **integer**, **real**, **string**) sowie die benann-

ten Objekttypen (**object**, etc.). Unbenannte Objekttypen sowie konstruierte Typen werden in der Metadatenbank nicht durch Objekte dargestellt. (2) Als Untertyp von *type* ist *obj-type* modelliert, der genau die (benannten) Objekttypen repräsentiert. (3) Variablen wurden durch Instanzen des Metatyps *variable* dargestellt. (4) Funktionen werden durch Objekte des Typs *function* repräsentiert. Dies ist ein Untertyp von *variable*, was überraschen mag, sich jedoch daraus ergibt, daß Funktionen alle Eigenschaften von Variablen und noch einige zusätzlich haben. (5) Klassen und Sichten werden als Instanzen des Metatyps *collection* repräsentiert. *collection* hat zwei Untertypen, *class* und *view*. (6) Die Instanzen des Metatyps *class* stellen Klassen dar. (7) Sichten werden als Instanzen des Metatyps *view* dargestellt. (8) – (14) Das Metaschema beschreibt zu jedem Metatyp eine Metaklasse. Obwohl wir dies hier nicht verwendet haben, ist grundsätzlich auch die Definition von Metavariablen und Metasichten möglich und für manche Anwendung sinnvoll.

Betrachten wir die Modellierung der Strukturregeln:[2]

[SR1] Eindeutigkeit von Schemanamen: Wir verwenden dazu das Schlüsselwort **unique**. Die als **unique** definierten Funktionen (*tname*, *fname*, *cname*) müssen für alle Objekte, auf die die Funktion anwendbar und definiert (d.h. $\neq \omega$) ist, eindeutige Werte aufweisen.

[SR2] Totalität der Metafunktionen: Da Funktionen grundsätzlich partiell sind, verwenden wir im Metaschema das spezielle Schlüsselwort **not null**. Die mit **not null** definierten Funktionen sind total; sie dürfen keine undefinierten Werte (ω) aufweisen.

[SR3] Symmetrie der *inverse*-Beziehung: Wir modellieren die Metafunktion *inverse* selbst mit Hilfe des Schlüsselwortes **inverse** im Metaschema.

[SR4] Redundanz der Wertebereichsinformation von Funktionen: Wir modellieren die lokalen Funktionen eines Objekttyps mit der Metafunktion *localf*. Der Wertebereich *dom* (domain) einer Funktion wir im Metaschema aus *localf* abgeleitet.

[SR5], [SR6] Strukturregeln SR5 und SR6 werden durch das Schlüsselwort **acyclic** beschrieben. Strukturregel SR5 wird auf der Instanzenmenge von

---

[2] Obwohl **not null**, **unique** und **acyclic** nicht Teil des COCOON-Wortschatzes sind, verwenden wir diese im Metaschema, um Integritätsbedingungen für korrekte Datenbankschemata modellieren zu können.

Die generischen Änderungsoperationen sollten diese Integritätsbedingungen restriktiv handhaben, d.h. wenn bei End of transaction festgestellt wird, daß eine der Integritätsbedingungen verletzt ist, wird die Transaktion zurückgesetzt.

obj-type so definiert, daß *supert*(t) nicht zyklisch sein darf. Der Metatyp *class* stellt Strukturregel SR6 dadurch sicher, daß Funktion *basec* nicht zyklisch sein darf.

[SR7], [SR8] Verhaltensmäßige Konsistenz: Diese Strukturregeln werden im Metaschema nicht direkt modelliert. Stattdessen prüft ein COOL-Parser nach der Definition/Änderung von Ableitungsvorschriften, Klassenprädikaten oder Anfragen von Sichten, ob dies syntaktisch gültige und typrichtige COOL-Anfragen sind.

Namenskonvention der Metadatenbank

Alle Elemente des Datenbankschemas – Variablen, Funktionen, Typen, Klassen oder Sichten – werden durch Objekte in der Metadatenbank repräsentiert. Jedes dieser Objekte hat einen global eindeutigen Namen (*tname, fname, cname*).

Damit kann zu jedem Schemaelement, von dem der Name bekannt ist, das entsprechende Objekt mit demselben Namen in der Metadatenbank aufgefunden werden. O.B.d.A. können wir im folgenden daher annehmen, daß es für jedes Schemaelement eine Variable im Metaschema gibt, die gleich heißt und genau das Objekt mit diesem Namen enthält.

Wenn wir beispielsweise über die Klasse c sprechen, können wir davon ausgehen, daß es eine Variable mit diesem Namen gibt, die genau das Objekt der Metadatenbank enthält, das "c" heißt:

> **var** c : *class*;
> $c := $ **pick**(**select**[*cname* $=$ "c"](*Classes*))

3.3   Operationen auf der Metadatenbank

3.3.1   Drei Objekt-Beschreibungsebenen

Sei $\mathcal{O}$ wiederum die aktuelle Menge aller in einer Datenbank gespeicherten Objekte, dann läßt sich diese in drei paarweise disjunkte Teilmengen aufteilen:

- *Primärobjekte:* Datenbankobjekte, die primäre Benutzerdaten repräsentieren, also Daten, die zu speichern schlußendlich Absicht der Datenbank ist. Primärobjekte werden als Instanzen der Typen des Anwendungsschemas erzeugt.

  Beispiel: Alle Instanzen der Typen *gebäude, straße, ...* sind Datenobjekte. Dazu gehören unter anderem auch die Objekte *ulmerMünster* oder *alBustan*.

- *Sekundärobjekte:* Objekte, die das Anwendungsschema der Datenbank, also Variablen, Funktionen, Typen, Klassen und Sichten repräsentieren. Sekundärobjekte sind Instanzen von Metatypen, sind aber nicht fest vorgegeben, sondern hängen von der Datenbankanwendung ab.

  Beispiel: Ein Sekundärobjekt der Stadtplan-Datenbank wäre etwa *gebäude*, das den Typ *gebäude* repräsentiert und Instanz des Typs *type* ist; oder *Straßen*, das die Klasse *Straßen* darstellt und somit Instanz des Meta-Typs *class* ist.

- *Tertiärobjekte:* Objekte, die das Metaschema der Datenbank (Metafunktionen, Metatypen, Metaklassen) selbst beschreiben. Also im allgemeinen vordefinierte Objekte, die Instanzen derjenigen Metatypen sind, die sie repräsentieren. Die Menge der Tertiärobjekte ist unveränderlich, außer man ließe eine Erweiterung/Änderung des Metaschemas zu.

  Beispiel: Das Tertiärobjekt *type* steht für den Metatyp *type*, von dem es auch Instanz ist. Das Tertiärobjekt *Classes* ist Instanz des Metatyps *class* und repräsentiert die Metaklasse *Classes*, also die Klasse aller Klassen.

Der IRDS-Standard (Information Resource Dictionary System [IRDS88]) basiert auf der Idee, daß auf der einen Ebene die Information beschrieben und kontrolliert wird, die auf der nächst unteren Ebene gespeichert werden kann. Diesem Ansatz folgend, denken wir uns nun die Objektmengen auf drei unterschiedlichen Beschreibungsebenen (vgl. Abbildung 3.2): ganz unten die Ebene der Primärobjekte, in der Mitte die Ebene mit den Sekundärobjekten und zuoberst diejenige mit den Tertiärobjekten.

Primärobjekte der untersten Ebene sind Instanzen von Anwendungstypen, welche durch Sekundärobjekte der mittleren Ebene repräsentiert werden. Sekundärobjekte sind Instanzen von Metatypen. Diese sind selbst durch Tertiärobjekte der obersten Ebene dargestellt, welche wiederum Instanzen von Metatypen sind. Objekte der Primärebene sind Mitglieder von Klassen, die durch Objekte der mittleren Ebene repräsentiert werden. Diese sind wiederum Mitglieder von Metaklassen, welche durch Objekte der obersten Ebene dargestellt werden. Die *instance_of*-Beziehungen zwischen Objekten und Typen unterschiedlicher Ebenen sind in Abbildung 3.2 als unterbrochene Pfeile dargestellt, während die *member_of*-Beziehungen zwischen Objekten und Klassen als durchgezogene Pfeile sichtbar sind.

Im Gegensatz zum IRDS-System beschränken wir uns auf die Modellierung der zur Schemarepräsentation notwendigen Strukturen, denn noch mehr als die Modellierung der einzelnen Ebenen interessiert im folgenden die Verwendung der COOL-Operationen.

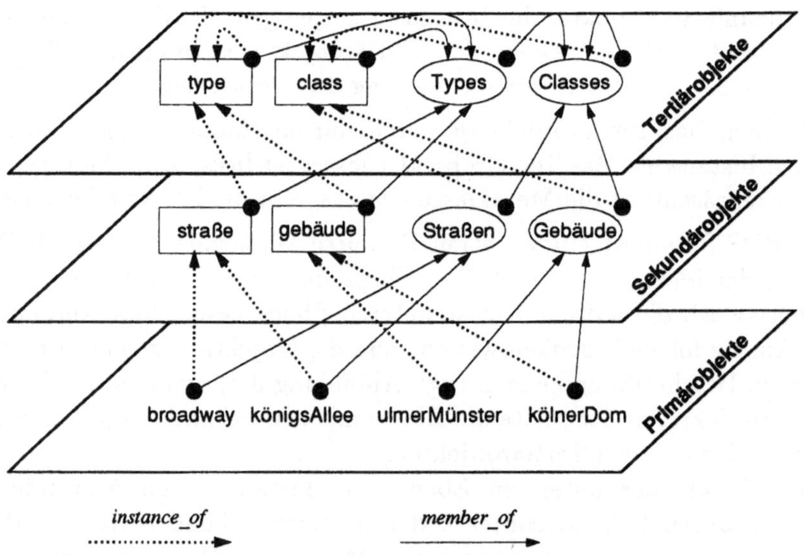

Abbildung 3.2: Drei Ebenen mit Primär-, Sekundär- und Tertiärobjekten

3.3.2   Operationen auf den drei Beschreibungsebenen

Ungeachtet dessen, daß Objekte aufgrund ihrer Rolle im ODBS in drei disjunkte Ebenen unterteilt werden, sind dies alles Objekte, auf die Anfrage- und Änderungsoperationen angewandt werden können. Je nachdem, ob Operationen auf Primär-, Sekundär-, oder Tertiärobjekte angewandt werden, ist der globale Anwendungskontext der Operationen jedoch unterschiedlich.

Anfrage- und Änderungsoperationen der Primärebene

dienen dem „üblichen" Lesen und Ändern von Primärdaten, wie in Abschnitt 2.2 bereits ausführlich beschrieben.

Anfrageoperationen der Sekundär- und Tertiärebene

liefern Schemaobjekte. Sekundärobjekte repräsentieren das Schema einer bestimmten Anwendung und bilden damit das Data Dictionary, was der Darstellung von Schemainformation durch Systemtabellen in relationalen Systemen entspricht. Anfragen an das Data Dictionary lassen sich mit den normalen Anfrageoperationen formulieren. Z.B. liefert

$$supert(straße)$$

alle Obertypen des Objekttyps *straße* oder

$$select[\neg ctag(c)](c : Classes)$$

sucht alle **some**-Klassen des Datenbankschemas und

$$extract[tname](Obj\text{-}Types)$$

extrahiert die Namen aller Objekttypen des Datenbankschemas.

Anfragen der Tertiärebene sind ein Spezialfall von Data Dictionary-Anfragen. Sie liefern eine Selbstbeschreibung des Datenmodells durch sich selbst repräsentierende Objekte. Z.B. erhält man durch die Anfrage

$$functs(class)$$

alle Funktionen des Metatyps *class* oder durch

$$select[type \in supert(t)](t : Types)$$

alle direkten Untertypen des Metatyps *type*.

Eine bekannte Anwendung von Datenmodellselbstbeschreibungen besteht darin, für unterschiedliche Datenmodelle konzeptuelle Datenbank-Entwurfswerkzeuge automatisch zu generieren [HM90].

Alle bisherigen Anfragen haben nur Objekte einer einzigen Ebene verwendet. In derselben Anfrage können jedoch auch Objekte mehrerer Ebenen miteinbezogen werden, so daß Übergänge zwischen Ebenen stattfinden. Dazu werden Metafunktionen verwendet, die von einer Ebene auf eine andere führen. Zwei solche Metafunktionen existieren als Bestandteil des formalen COCOON-Modells und sind somit nicht neu:

- aktueller Wertebereich eines Objekttyps (active domain):
$$adom \ : obj\text{-}type \rightarrow \textbf{set of object}$$
- aktuelle Ausprägung einer Klasse (extent):
$$extent : class \rightarrow \textbf{set of object}$$

Es lassen sich damit die folgenden zwei Anfragen formulieren, die vom Resultat her äquivalent sind:

$$Q := \textbf{select}[p](c) \qquad\qquad \begin{aligned} &\textbf{define var } v : class; \\ &v := \textbf{pick}(\textbf{select}[cname = \texttt{"}c\texttt{"}](Classes)); \\ &Q := \textbf{select}[p](extent(v)) \end{aligned}$$

Die erste Anfrage ist die gewohnte Formulierung einer Selektion mit Prädikat p auf eine Klasse c. In der zweiten Anfrage(sequenz) wird zuerst eine Variable vom Typ *class* definiert, der dann ein Schemaobjekt mit Namen c zugeordnet wird. Dieses Schemaobjekt erhält man durch ein Anfrage auf die Metadatenbank. Schließlich wird die Ebenenübergangsfunktion *extent* auf dieses Objekt angewandt, was eine Primärobjektmenge liefert, die nun durch das Selektionsprädikat p eingeschränkt werden kann.

Ein zweites Beispiel: sei V : **set of** *class* eine Menge von Objekten die Klassen repräsentieren, dann ist die folgende Anweisung nun ohne Ebenenübergang nicht mehr formulierbar:

$$\begin{aligned} &\textbf{define var } V : \textbf{set of } class; \\ &V := \textbf{select}[...](Classes); \\ &\textbf{apply}[\ Q := Q \ \textbf{union} \ \textbf{select}[p](extent(v))\ ](v : V) \end{aligned}$$

Diese Anfragesequenz weist zuerst durch Selektion der Metaklasse *Classes* der Variablen V Objekte zu, die alle Klassen repräsentieren. Anschließend wird durch Iteration über alle Klassen $v : V$ die Primärobjektmenge Q als Vereinigung aller Objekte aller Klassen v berechnet.

Sobald innerhalb einer Anfrage mehrere Ebenen gleichzeitig betrachtet werden, oder Übergänge zwischen den Ebenen stattfinden, erhält man Ausdrücke, in denen Schemaobjekte dynamisch (zur Laufzeit) eingesetzt werden. Die Existenz dieser Schemaobjekte ist damit nicht mehr statisch prüfbar. Man betrachte nochmals den Vergleich der zwei Selektionen: In der rechten Variante findet ein Ebenenübergang statt, der zum Sekundärobjekt v eine Menge von Primärobjekten $extent(v)$ liefert. Da der Wert der Variablen v dynamisch festgelegt wird, könnte beispielsweise eine Klasse mit Namen "c" gar nicht existieren ($v = \omega$). Dies würde in der linken Anfrage schon zur Compile-Zeit festgestellt.

Desweiteren wird diese Selektion vom COOL-Parser so gar nicht akzeptiert: Da $extent(v)$ eine Menge vom Typ **set of object** liefert und der Definitionsbereich des Prädikates p ein Obertyp davon sein muß, sind nur Prädikate mit Definitionsbereich **object** zulässig. Um zu umgehen, daß obige Anfrage statisch zurückgewiesen wird, müssen korrekterweise Typ-Guards verwendet werden:

$$Q := \textbf{select}[\textbf{guard}[t, p, undef](o)](o : extent(v))$$

mit t dem Wertebereich von p und $undef$: **object** $\rightarrow$ **object** einer Funktion, die die Konstante ω liefert. In dieser, nun korrekten Selektion, wird $p(o)$ angewandt, wenn o vom Typ t ist, ansonsten $undef(o) = \omega$.[3]

Eine mögliche Anwendung solcher Mixed-level Queries ergibt sich durch die Frage nach den aktuellen Rollen eines bestimmten Objektes [Bee93]. Diese Anfrage kann dann z.B. als Selektion formuliert werden, die alle Objekte liefert, die einen Objekttyp repräsentieren (Sekundärobjekte), in dessen Ausprägung o (Primärobjekt) enthalten ist:

$$\textbf{select}[o \in adom(t)](t : Obj\text{-}Types)$$

Vergleichbare Operationen zum Ebenenübergang gibt es auch im relationalen Modell RM/T [Cod79]. Eine Operation $denote$ liefert dort zum Relationennamen (z.B. aus dem Katalog) die Relation selbst, und $note$ gibt von einer Relation den Namen zurück.

Änderungsoperationen der Sekundärebene

realisieren Schemadefinition und Schemaänderung, da solche Operationen das Datenbankschema verändern. Z.B. ändert

---

[3] Wir werden im folgenden, wenn dynamische Anfragen verwendet werden, meist den Type-Guard weglassen.

$$\mathbf{set}[tname := "h\ddot{a}user"](geb\ddot{a}ude)$$

den Namen des Objekttyps *gebäude* und

$$\mathbf{delete}(geb\ddot{a}ude)$$

löscht gar den Objekttyp.

In den meisten Systemen werden Sekundärobjekte auf indirektem Weg über eine Schemadefinitionssprache (DDL) definiert, und Änderungen, wenn solche überhaupt zugelassen sind, erfolgen mit einer Schemaevolutionssprache. Eine Ausnahme bildet ConceptBase [Jeu92], ein deduktives objektorientiertes Datenbanksystem, in dem alle Informationen (Instanzen, Klassen, Metaklassen, deduktive Regeln, etc.) einheitlich als Objekte dargestellt werden. Alle Objekte können direkt geändert werden, auch solche, die das Schema repräsentieren.

DDL-Sprachen werden verwendet, da mit solchen Änderungen Seiteneffekte verbunden sind. Als Seiteneffekt der ersten Operation wäre zu erwähnen, daß diese nur erlaubt ist, falls nicht bereits ein anderer Typ mit demselben Namen vorhanden ist. Mit anderen Worten: es darf kein inkorrektes Datenbankschema erzeugt werden (vgl. Strukturregeln). Eine andere Form von Seiteneffekten beinhaltet die zweite Anweisung. Die Schwierigkeit hier ist die Gewährleistung der Fortpflanzung auf die Instanzenebene: was geschieht mit den Instanzen (Primärobjekte, z.B. ulmerMünster, kölnerDom) des gelöschten Typs gebäude.

Ein dritter Seiteneffekt sind Laufzeitfehler, denn erlaubt man die Veränderung eines Schemas, nachdem Programme damit kompiliert sind, kann deren Korrektheit nicht mehr garantiert werden. Wir bezeichnen Laufzeitfehler mit *n.a.* (not applicable), z.B. in folgender Anfrage:

$n := name(john)$	eine korrekte Anfrage.
$\mathbf{delete}(name)$	löscht die Funktion *name*.
$n := name(john) = n.a.$	erzeugt einen Laufzeitfehler.

Vergleichbare Möglichkeiten existieren insbesondere in Prolog. Man denke z.B. an die Prädikate `assert`,`retract` zur dynamischen Programmodifikation.

Änderungsoperationen der Tertiärebene

verändern die Definition des Datenmodells. Grundsätzlich treten dabei dieselben Effekte auf, wie bei der vorangehenden Verwendung zur Schemaevolution. Verschärft werden diese zusätzlich dadurch, daß solche Operationen das Modell selbst verändern. Betrachten wir beispielsweise die Änderungsoperation

set[*tname* := *"interface"*](*type*)

die den Namen des Objekttyps *type* ändert.

Heuer [Heu92] beschreibt als eine Standardanwendung von kontrollierten Änderungen der Tertiärebene die Definition von Klassenfunktionen, d.h. von Funktionen, die für alle Objekte in einer bestimmten Klasse immer denselben Wert haben (vgl. Smalltalk-Klassenvariablen). Bei dieser Technik werden auf der Metaebene spezielle Funktionen zum Metatyp *class* hinzudefiniert, deren Werte entlang der *member_of* Beziehung auf alle Objekte der Metaklasse *Classes* vererbt werden, die ja selbst (Anwender-) Klassen sind.

Der Ansatz von Göers und Heuer [GH91] verfolgt eine flexible Handhabung der Metaebene durch Einteilung der Metaklassen in systemdefinierte (implizite) und benutzerdefinierte (explizite) Metaklassen. Eine logische Konsequenz davon ist, daß im Metaschema dynamisch neue Metatypen und -Klassen zur Gruppierung von Anwenderklassen definierbar sein müssen.

Die Arbeit von Klas [Kla90] beschreibt ein offenes und erweiterbares Datenmodell, das, unter Verwendung der Technik der flexiblen Metaebene, mit neuen anwendungsorientierten Konzepten erweitert werden kann. Allgemein ist dadurch eine Erweiterung des Metaschemas durch den Benutzer denkbar, der spezialisierte Metatypen und Metaklassen hinzufügt.

3.4 Zusammenfassung und Diskussion

Die Metadatenbank spielt in ODBS eine zentrale Rolle als Laufzeitrepräsentation des Schemas. Die einheitliche Behandlung von Daten und Metadaten ist eines der grundlegenden Konzepte, die Evolutionsmöglichkeiten von Datenbanken begünstigen.

Mit Anfrageoperationen auf der Metadatenbank wird nicht nur eine Data dictionary-Funktionalität erreicht, sondern mit zusätzlichen Funktionen für Ebenenübergänge lassen sich auch komplexere Mixed level-Anfragen formulieren.

Im Teil II dieses Buches werden wir die Metadatenbank als Grundlage zur Datenbankanpassung verwenden, indem wir sie zur Realisierung von Schemevolution einsetzen. Weitere Verwendungen der Metadatenbank werden wir in Teil III aufzeigen. Wir werden sehen, daß die Metadatenbank auch eine der Grundlagen für die Integrierbarkeit von OBDS ist.

Teil II

Anpassung bestehender Informationssysteme

(Vertikale Evolution)

Kapitel 4

Informationskapazität als Grundlage von Schemaevolution

Zum Zeitpunkt einer Schemaevolution sind zwei Randbedingungen zu berücksichtigen:

1. Die Datenbasis ist bereits mit einer potentiell sehr großen Anzahl Objekte (Instanzen) bevölkert. Es stellt sich somit die Frage nach der Fortpflanzung der Schemaevolution auf Instanzen durch Reorganisation der Datenbasis.

2. Es existieren Anwendungsprogramme (Transaktionen) die unter Verwendung des aktuellen Schemas auf der Datenbank arbeiten. Nach einer Schemaevolution müssen diese Anwendungsprogramme auf die geänderte Datenbank migriert werden.

In diesem Kapitel betrachten wir datenmodellunabhängig Schemaänderung, Datenbasisreorganisation und Anwendungsmigration. Wir gehen aus vom Begriff der Informationskapazität von Objekt-Datenbanken und zeigen, daß dieser bei der Charakterisierung von Evolution eine zentrale Rolle spielt. Wir führen ein formales Modell ein, das uns erlaubt, aus einer Schemaevolution die Veränderung der Informationskapazität zu bestimmen und damit die Auswirkung auf Instanzen und Anwendungsprogramme zu kontrollieren.

Am Schluß des Kapitels fragen wir uns, bis zu welchem Grad denn nun Sichten, ein bereits bekanntes Konzept, verwendet werden können, um Schemaevolutionen zu formulieren.

4.1   Ein formales ODBS-Evolutionsmodell

Sei $\mathcal{S}_\mathcal{M}$ die Menge aller mit einem bestimmten Datenmodell $\mathcal{M}$ modellierbaren Schemata und hier im speziellen $\mathcal{S} = \mathcal{S}_{COCOON}$ die Menge aller COCOON-Schemata. Weiter sei $S \in \mathcal{S}$ ein ausgewähltes Schema einer Datenbankanwendung, also wie in Definition 3.6 eingeführt, ein Fünf-Tupel.

Die Objekte einer Datenbasis mit Schema S besitzen einen aktuellen Zustand σ (vgl. Abschnitt 3.1) und die Menge aller potentiell möglichen Zustände, die eine Datenbasis mit diesem Schema annehmen kann, wird durch das Schema S bestimmt.

Diese potentiellen Zustände einer Datenbank bezeichnen wir als *Informationskapazität* $\mathcal{DB}_S$ [Hul86, AH88] der Datenbank mit Schema S.

Eine Schemaänderung läßt sich wie folgt formal beschreiben:

Definition 4.1 (Schemaänderung)   Die Änderung des Schemas S in S' ist eine Funktion

$$\mu : \mathcal{S} \to \mathcal{S}, \quad \mu : S \mapsto S' = \mu(S) \ .$$

Da wir grundsätzlich davon ausgehen, daß Datenbanken bei der Schemaevolution bevölkert sind, und damit deren Zustand nicht leer ist, ist eine Schemaänderung im Normalfall begleitet von der Reorganisation der Datenbasis, d.h. einer Anpassung der Datenbankobjekte und deren Werte an das neue Schema. Diese beschreiben wir formal als:

Definition 4.2 (Datenbasisreorganisation)   Eine Reorganisation der Datenbasis mit Schema S und Zustand σ_S in eine Datenbasis mit neuem Zustand zum Schema S' ist eine totale Funktion

$$\rho_{S \mapsto S'} : \mathcal{DB}_S \to \mathcal{DB}_{S'}, \quad \rho_{S \mapsto S'} : \sigma_S \mapsto \sigma_{S'} = \rho_{S \mapsto S'}(\sigma_S) \ .$$

Eine Datenbasisreorganisation bildet damit einen Zustand der Kapazität zum Ausgangsschema in einen Zustand der Kapazität zum Zielschema ab. Man beachte, daß wenn das Schema unverändert bliebe ($S = S'$), die Reorganisation dann eine normale Datenbank-Update-Operation ist.

Es sei hier als Anmerkung vorweggenommen, daß es unterschiedliche Strategien zur Implementierung von Datenbankreorganisation gibt, z.B. unmittelbare

(eager), verzögerte (lazy) oder versionierte Fortpflanzung der Schemaänderung
auf die Datenbasis [TK89]. Welche dieser Strategien gewählt wird, ist eine Frage
der physischen Reorganisation und ist damit vorerst unwichtig, da konzeptuell
alle Methoden semantisch äquivalent sind. Wir nehmen also z.B. eager propagation an und verweisen auf Kapitel 10 für die vertiefte Behandlung dieses
Aspektes.

Zwischen Schemaänderung μ und Datenbankreorganisation ρ besteht
also eine direkte Abhängigkeit. Genau gesagt bestimmt die Schemaänderung den Definitions- und Wertebereich der Reorganisation. Die Reorgan-
sation wird damit nicht auf eine einzelne eingeschränkt, sondern zu jeder
Schemaänderung gibt es mehrere Möglichkeiten der Datenbankreorganisation
(vgl. Abbildung 4.1).

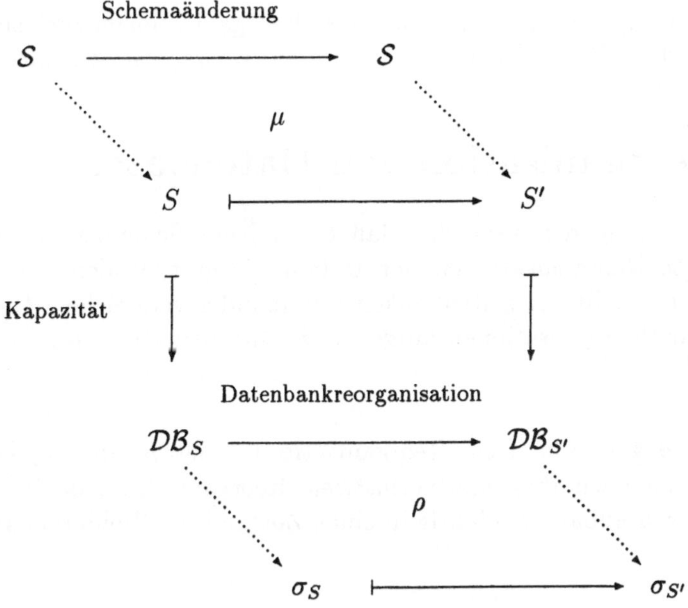

Abbildung 4.1: Schemaänderung und Datenbankreorganisation

Danach besteht jede Schemaevolution somit aus zwei Teilen, die beide deren
Semantik gleichermaßen mitbestimmen:

1. Die eigentliche *Änderung der Schemadaten* (μ), die Definitionen von Variablen, Funktionen, Typen, Klassen und Sichten ändert.

2. Die *Reorganisation der Datenbasis* (ρ), die Objekte und Werte der Datenbank reorganisiert, damit diese wieder dem Schema entsprechen.

Was schließlich zu folgender Definition führt:

Definition 4.3 (Schemaevolution)   Eine Schemaevolution wird bestimmt durch ein Tupel

$$< \mu : \mathcal{S} \to \mathcal{S}, \ \rho_{S \mapsto S'} : \mathcal{DB}_S \to \mathcal{DB}_{S'} > ,$$

mit Schemaänderung μ und Reorganisation ρ.

Wir werden im nächsten Abschnitt sehen, daß nicht alle zu einer Schemaänderung erlaubten und denkbaren Reorganisationen auch sinnvoll sind. Wir werden deshalb verschiedene Klassen von Reorganisation unterscheiden.

4.2   Reorganisation von Datenbasen

Unter Verwendung der Tatsache, daß es zu jeder Schemaänderung beliebig viele erlaubte Reorganisationen der Datenbasis gibt, wollen wir nun Kapazitäten unterschiedlicher Datenbanken miteinander vergleichen. Dazu charakterisieren wir Reorganisationen aufgrund der mathematischen Eigenschaft der Abbildung:[1]

Definition 4.4 (Verlustfreie Reorganisation)   Ist ρ eine *injektive* Abbildung, so nennen wir dies eine verlustfreie Reorganisation, da jeder Zustand der Ausgangsdatenbank eindeutig in einen Zustand der Zieldatenbank abgebildet wird.

Definition 4.5 (Vollständige Reorganisation)   Ist ρ eine *surjektive* Abbildung, so nennen wir dies eine vollständige Reorganisation, da jeder Zustand der Zieldatenbank aus einem Zustand der Ausgangsdatenbank erreicht werden kann.

---

[1] Eine Funktion $f : A \to B$ ist *total*, wenn sie für alle $a \in A$ definiert ist. f ist *injektiv*, falls $a_1 \neq a_2 \Rightarrow f(a_1) \neq f(a_2)$. f ist *surjektiv*, falls $f(A) = B$. Ist f injektiv und surjektiv, so ist sie *bijektiv*.

4.2.1 Strukturelle Dominanz und Äquivalenz

Als erstes leiten wir daraus die Begriff der strukturellen Dominanz und Äquivalenz ab. Seien dazu S, S' zwei Datenbankschemata:

Definition 4.6 (Strukturelle Dominanz)   Schema S' ist strukturell dominant gegenüber S, g.d.w. es eine *verlustfreie* Reorganisation $\rho : \mathcal{DB}_S \rightarrow \mathcal{DB}_{S'}$ gibt.

Definition 4.7 (Strukturelle Äquivalenz)   Schema S' ist strukturell äquivalent mit S, g.d.w. es eine gleichzeitig *verlustfreie* und *vollständige* Reorganisation $\rho : \mathcal{DB}_S \rightarrow \mathcal{DB}_{S'}$ gibt.

Strukturelle Dominanz und Äquivalenz vergleicht also Kapazitäten von Datenbanken. Um eine Idee zu bekommen, wann Schemata dominant oder äquivalent sind, betrachten wir den Begriff der Kapazität von einer informalen Seite. So stellt man fest, daß es in einem Schema im wesentlichen zwei Aspekte gibt, die dessen Kapazität bestimmen:

Zum einen ist es die Menge der auf Objekte anwendbaren Funktionen, denn je mehr Funktionen ein Schema definiert, desto mehr Unterscheidungsmerkmale für Objekte sind möglich und desto mehr potentielle Zustände hat die Datenbank. Von Bedeutung sind dabei allerdings nur die gespeicherten Funktionen, denn nur diese definieren zusätzliche Objektmerkmale, während abgeleitete Funktionen nur bestehende Merkmale unterschiedlich darstellen.

Zum andern definiert das Schema eine Menge von Integritätsbedingungen, die ihrerseits die potentiellen Funktionswerte wiederum einschränken. Damit gilt, je mehr Integritätsbedingungen ein Schema definiert oder je restriktiver diese wirken, desto geringer ist die Kapazität einer Datenbank. Wiederum ist Vorsicht geboten, da nur diejenigen Integritätsbedingungen maßgebend sind, die Datenbankzustände wirklich einschränken. Sichten sind beispielsweise keine Integritätsbedingungen, sondern stellen die Datenbasis lediglich auf eine andere Art und Weise dar.

BEISPIEL 3:   (Strukturelle Äquivalenz) Betrachten wir strukturelle Äquivalenz zwischen den Datenbanken in Abbildung 4.2. Diese unterscheiden sich darin, daß (i) in $DB1$ die Sicht *Twens* auf *Personen* und in $DB2$ auf *Arbeiter* definiert ist, und (ii) die Funktion *name* in $DB2$ mengenwertig ist.

In der Datenbank $DB2$ können Personen mehrere Namen haben. Da eine verlustfreie Abbildung der Personennamen aus $DB1$ in Personennamen in $DB2$ (aber nicht umgekehrt) existiert, ist $DB2$ strukturell dominant.

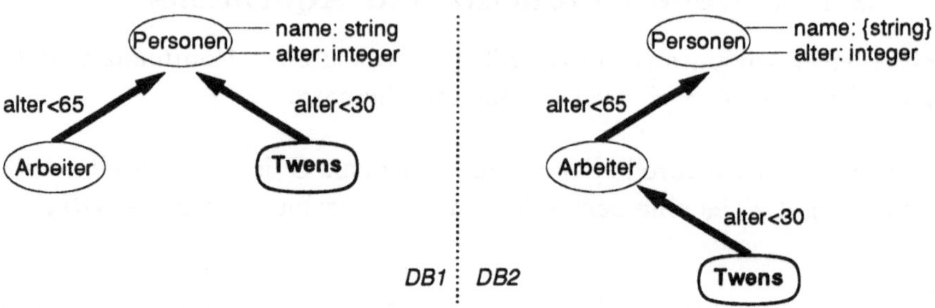

Abbildung 4.2: Strukturell äquivalent?

Betrachtet man nur die Unterschiede der Sicht *Twens*, dann wären die beiden Datenbanken strukturell äquivalent. Es handelt sich nämlich nur um unterschiedliche Sichten auf dieselbe Datenbank. Die Kapazität der Datenbanken bleibt bei der Definition oder Veränderung von Sichten in jedem Fall unverändert. $\diamond$

4.2.2   Einschränkung erlaubter Reorganisationen

Wir wissen nun, daß es zu jeder vorgegebenen Schemaänderung beliebig viele Reorganisationen gibt. Wie folgendes Beispiel illustriert, sind die meisten dieser Reorganisationen allerdings nicht von direktem praktischen Nutzen, da diese z.B. willkürlich Objekte löschen, neue Objekte erzeugen oder diese mit beliebigen Werten initialisieren.

BEISPIEL 4: Betrachten wir eine Schemaänderung μ, die ein beliebiges Schema S in ein minimales Schema S_{min} überführt, das aus einer einzigen Variablen **var** $v :$ **integer** besteht.

Nun definieren wir eine Reorganisation ρ, die alle möglichen Zustände der Datenbank mit Schema S durchnumeriert (z.B. in der Form einer Gödelnumerierung) und den Wert der Variablen v des minimalen Schemas mit dieser Zustandsnummer initialisiert, während alle anderen Werte/Objekte der Datenbank gelöscht werden. Nach Definition 4.6 ist S_{min} strukturell dominant, da diese Reorganisation verlustfrei ist. $\diamond$

Solche Reorganisationen stellen keinen intuitiven Zusammenhang zwischen dem ursprünglichen und dem geänderten Zustand dar, weshalb die in Frage kommenden, sinnvollen Reorganisationen genauer bezeichnet werden müssen. Dazu können unterschiedliche Klassen von erlaubten Reorganisationen unterschieden werden.

Eine erste Einschränkung besteht darin, daß grundsätzlich solche Reorganisationen verwendet werden sollen, die mit Hilfe von Anfrage- und Änderungsoperationen der Sprache COOL formulierbar sind. Dies ist, wie in der folgenden Abbildung im Überblick dargestellt, einer Teilmenge der berechnungsvollständigen Reorganisationen.

berechnungsvollständige
Reorganisationen

COOL-Reorganisationen

interne Reorganisationen

einfache Reorganisationen

COOL-Reorganisation sind damit uneingeschränkte Update-Operation auf der Datenbank. Sie können alle Änderungsoperationen (**create**, **delete**, **set**, **gain**, **lose**, **add**), alle Anfrageoperationen (**select**, **project**, **extend**, **union**, **intersect**, **difference**, **pick**), Funktionsanwendungen, Variablen, Konstanten (z.B. Nullwerte), sowie arithmetische Ausdrücke für numerische Berechnung und Zeichenkettenmanipulation enthalten.

Um Effekte, wie in Beispiel 4 beschrieben, zu vermeiden, definieren wir zusätzlich die folgende Unterklasse der COOL-Reorganisationen:

Definition 4.8 (Interne Reorganisation)   Eine Reorganisation heißt intern, wenn sie keine Objekte erzeugt oder löscht.

Eine interne Reorganisation ist damit eine eingeschränkte Update-Operation auf der Datenbank, bei der $\sigma(\mathbf{object})$ unverändert bleibt. Sie darf also keine **create** und **delete** Änderungsoperationen enthalten.

Eine weitere Einschränkung sind die einfachen Reorganisationen, die nicht nur keine Objekte, sondern auch keine Werte erfinden dürfen, auch nicht durch numerische Berechnung oder Zeichenkettenmanipulation. Diese Klasse spielt hier allerdings keine so zentrale Rolle, ist aber von großer theoretischer Bedeutung, wenn die Mächtigkeit von Sprachen verglichen werden [Hul86].

Die Herausforderung besteht also darin, zu einer gegebenen Schemaänderung eine interne Reorganisation zu finden, die verlustfrei und vollständig ist. Eine verlustfreie Reorganisation, die nicht intern ist, haben wir bereits in Beispiel 4 kennengelernt. Entsprechend existiert auch zu jeder Schemaänderung eine interne, nicht verlustfreie Reorganisation, die z.B. alle Daten mit Nullwerten initialisiert und nur noch die Objekte als solches bestehen läßt. Vollständige, interne Reorganisationen sind insofern von besonderer Bedeutung, als deren inverse Reorganisation (ρ^{-1}) total ist.

4.2.3 Kapazitätsveränderung durch Schemaevolution

Strukturelle Dominanz dient als Grundlage für die Diskussion der Semantik von Schemaänderungen. Da die Kapazität einer Datenbank durch dessen Schema bestimmt ist, können Schemaänderungen in Abhängigkeit davon klassifiziert werden, wie sie die Kapazität eines Schemas verändern.

Definition 4.9 (Kapazitätsveränderung)   Sei $\mu : S \mapsto S'$ eine Schemaänderung und $\rho_{S\mapsto S'} : \mathcal{DB}_S \to \mathcal{DB}_{S'}$ eine interne Reorganisation. Eine Schemaevolution $< \mu, \rho >$ ist

- *kapazitätserhaltend* (CP) g.d.w. ρ *bijektiv* ist;

- *kapazitätserweiternd* (CA) g.d.w. ρ *injektiv*, aber nicht *surjektiv* ist;

- *kapazitätsreduzierend* (CR) g.d.w. ρ *surjektiv*, aber nicht *injektiv* ist;

- *kapazitätsändernd* (CC), andernfalls.

Diese Klassifikation von Schemaevolution ist direkt abhängig von der Auswirkung der Datenbankreorganisation und nur indirekt von der eigentlichen Schemaänderung. Damit beschreibt das Prädikat CP, CR, CA oder CC die Auswirkung einer Schemaevolution auf existierende Instanzen in der Datenbank. Kapazitätsändernde (CC) Schemaevolution ist dadurch gekennzeichnet, daß man über die Auswirkung der Reorganisation nichts genaueres weiß, was im folgenden abschließenden Beispiel illustriert werden soll.

BEISPIEL 5:   Betrachten wir die Evolution in Abbildung 4.3, die eine Datenbank mit Schema $S1$ (in deutsch) in eine Datenbank mit Schema $S2$ (in englisch) überführt. Wir können zwei Feststellungen machen:

(i) Schemata $S1$ und $S2$ sind strukturell äquivalent, denn es existiert eine bijektive interne Reorganisation. Eine solche eineindeutige Reorganisation könnte z.B. jedes Objekt der Klasse *Personen* in ein Objekt der Klasse *Persons* überführen und dabei *nachname* mit *familyname* und *alter* mit *salary* gleichsetzen.

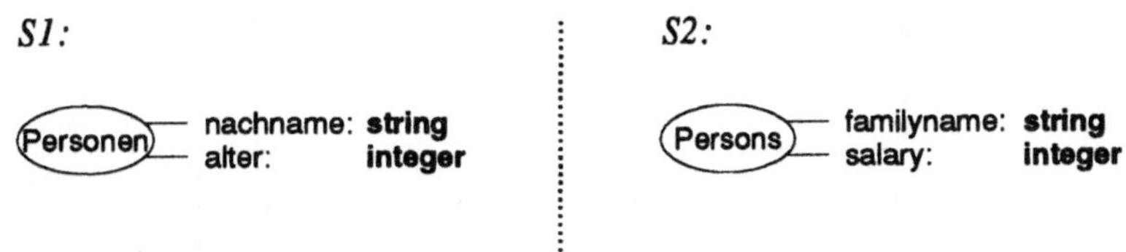

Abbildung 4.3: CC-Schemaevolution

(ii) Offensichtlich haben aber die Funktionen *alter* und *salary* semantisch nichts gemeinsam, so daß man eigentlich eine Reorganisation möchte, die zwar *nachname* in *familyname* reorganisiert, jedoch *salary* als neue Funktion betrachtet und daher mit Nullwerten initialisiert. Die *alter*-Werte gehen dabei verloren. Da diese Reorganisation weder verlustfrei (*alter*-Werte sind nicht mehr rekonstruierbar) noch vollständig (es werden nie *salary*-Werte $\neq \omega$ erzeugt) ist, beschreibt sie eine kapazitätsändernde (CC) Schemaevolution. Obwohl also $S1$ und $S2$ strukturell äquivalent sind, ist die ausgewählte Schemaevolution kapazitätsändernd. $\diamond$

4.3 Migration von Anwendungsprogrammen

Wie bereits erwähnt, sind Datenbanken zum Zeitpunkt der Evolution nicht nur bevölkert, sondern es existieren zusätzlich Anwendungsprogramme, die mit dem Schema dieser Datenbank arbeiten. Stellvertretend für diese Anwendungsprogramme denken wir uns im folgenden zwei Operationen: eine Anfrage Q und eine Änderung U. Betrachten wir dazu Abbildung 4.4, die eine Datenbank mit Schema S und Zustand σ darstellt.

Erfolgt nun eine Schemaevolution $< \mu : S \mapsto S', \rho : \sigma \mapsto \sigma' >$, so wird eine geänderte Datenbank erzeugt, auf der wiederum zwei Operationen Q' und U' definiert sind. Führt man nun die Operationen Q, U auf der neuen Datenbank mit geändertem Schema aus, erzeugt dies im allgemeinen einen Laufzeitfehler. Das gleiche würde geschehen, wenn man die Operationen Q', U' auf die Datenbank mit dem alten Schema ausführen würde.

Es gibt in diesem Szenario sodann zwei interessante Fragestellungen:

1. Können, nachdem die Schemaevolution durchgeführt wurde, die Operationen Q und U des ursprünglichen Schemas auf die geänderte Datenbank so umgeschrieben werden, daß sie nach wie vor dieselben Resultate

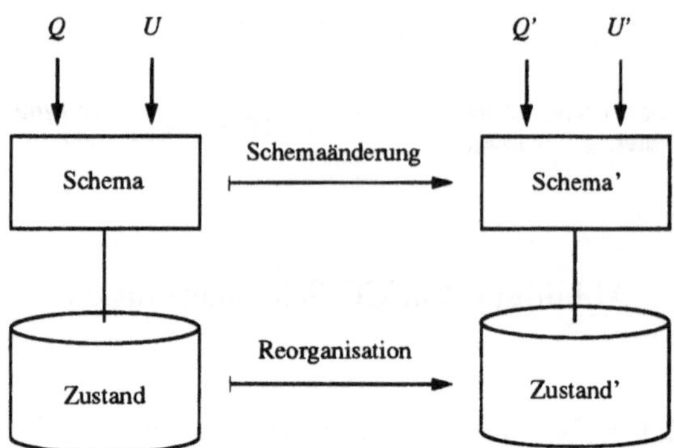

Abbildung 4.4: Migration von Anwendungsprogrammen

liefern? Damit wären die Anwendungen der Ausgangsdatenbank auf die neue Datenbank migrierbar und wir sprechen von einer kompensierbaren Schemaänderung.

2. Können Operationen Q' und U' auf der geänderten Datenbank eindeutig in Operationen auf das ursprüngliche Schema umgeschrieben werden, so daß die geplante Schemaevolution gar nicht ausgeführt werden muß, sondern lediglich so getan werden kann als ob? In diesem Fall sprechen wir von einer simulierbaren Schemaänderung.

BEISPIEL 6:   Wir betrachten in diesem Abschnitt als durchgehendes Beispiel die zwei Schemata S_1 und S_2, die bis auf den Typ der Variablen p identisch sind:

S_1 : **define type** *person* **isa object** $= name$: **string;**
     define var p : **set of** *person*;

S_2 : **define type** *person* **isa object** $= name$: **string;**
     define var p : *person*;

In Schema S_1 kann die Variable p eine Objektmenge aufnehmen, während sie in S_2 einwertig ist. Damit ist Schema S_1 strukturell dominant gegenüber S_2. Wir definieren zwei Schemaevolutionen $e_{1-2} = < \mu_{1-2}, \rho_{1-2} >$ bzw. $e_{2-1} = < \mu_{2-1}, \rho_{2-1} >$.

Schemaevolution e_{1-2}: Schemaänderung μ_{1-2} ändert $S_1 \mapsto S_2$. Als Reorganisation wird $\rho_{1-2} : p' := \mathbf{pick}(p)$ verwendet. Diese ist nicht verlustfrei, da aus der Objektmenge p ein Objekt ausgewählt wird, das den neuen a-Wert bildet. Damit ist e_{1-2} kapazitätsreduzierend (CR).

Schemaevolution e_{2-1}: Schemaänderung μ_{2-1} ändert $S_2 \mapsto S_1$. Als verlustfreie, nicht vollständige Reorganisation wird $\rho_{2-1} : p' := \{p\}$ verwendet. Damit ist e_{2-1} kapazitätserweiternd (CA). $\Diamond$

4.3.1 Kompensation von Schemaevolution

Wenn es für jedes Q und U eine Operationstransformation gibt, dann sind existierende Anwendungen auf die neue Datenbank mit geändertem Schema migrierbar. Aus einer anderen Sichtweise kann dann eine vollzogene Schemaevolution *kompensiert* werden.

Definition 4.10 (Kompensierbare Schemaevolution)   Eine Schemaevolution heißt kompensierbar, wenn jede Operation auf die ursprüngliche Datenbank in eine Operation auf die geänderte Datenbank umgeschrieben werden kann, die dasselbe Resultat liefert.

Ob eine solche Operationstransformation existiert, hängt direkt von der Reorganisation der Datenbank ρ, bzw. deren Umkehrabbildung ρ^{-1} ab. Sei σ wiederum der Datenbankzustand. Eine Schemaevolution ist danach kompensierbar, wenn für jedes Q, U der ursprünglichen Datenbank gilt

$$Q(\sigma) = Q(\rho^{-1}(\sigma')) \quad und \quad \overline{\sigma} = U(\sigma) \Longleftrightarrow \overline{\sigma'} = \rho(U(\rho^{-1}(\sigma'))) \ .$$

Kapazitätserhaltende Schemaevolutionen zeichnen sich durch bijektive Reorganisationen aus. Damit ist deren Umkehrabbildung ρ^{-1} selbst injektiv und total. Anfragen und Änderungen sind daher kompensierbar, denn es besteht eine eineindeutige Abbildung zwischen den Zuständen der Ausgangs- und Zieldatenbank.

Eigenschaft 4.1   *Jede kapazitätserhaltende (CP) Schemaevolution ist kompensierbar.*

Die Reorganisation ρ kapazitätsreduzierender Schemaevolution ist eine nicht injektive, jedoch surjektive Abbildung. Dadurch ist die Umkehrabbildung ρ^{-1} zwar total, aber selbst keine Funktion mehr. Anfragen und Änderungen sind nicht kompensierbar, denn bei der nicht verlustfreien Reorganisation gingen Werte verloren, die nicht mehr rekonstruierbar sind.

Eigenschaft 4.2   *Kapazitätsreduzierende (CR) Schemaevolutionen sind im allgemeinen nicht kompensierbar.*

Kapazitätserweiternde Schemaevolutionen zeichnen sich durch eine injektive, aber nicht surjektive Reorganisation ρ aus. Damit ist die Rückabbildung ρ^{-1} nicht total. Anfragen und Änderungen sind kompensierbar, da die Umkehrabbildung ρ^{-1} für die definierten Werte injektiv ist, und nur diejenigen sind für die zu kompensierenden Operationen relevant.

Eigenschaft 4.3   *Jede kapazitätserweiternde (CA) Schemaevolution ist kompensierbar.*

BEISPIEL 6:   (Fortsetzung) Evolution e_{1-2} ist CR. Daß diese nicht kompensierbar ist, zeigt sich am Beispiel der auf S_1 gültigen Änderungsoperation $p := \{o_1, \ldots, o_n\}$. Diese kann nicht in eine Operation auf S_2 transferiert werden, da hier p einwertig ist und damit keine Objektmenge aufnehmen kann.

Die Evolution e_{2-1} ist CA und damit kompensierbar. Änderungsoperationen auf die neue Datenbasis können in Operationen auf die alte transformiert werden. Dabei gibt es sogar mehrere Möglichkeiten. Die Änderung $p := o$ kann z.B. entweder in $p' := \{o\}$ oder in $\mathbf{add}[o](p')$ transformiert werden. $\Diamond$

4.3.2   Simulation von Schemaevolution

Wenn es für jedes Q' und U' eine Operationstransformation gibt, dann sind Anwendungen des neuen Schemas auf die ursprüngliche Datenbank migrierbar. Mit anderen Worten bedeutet dies, daß damit die Schemaänderung gar nicht ausgeführt werden muß, sondern bzgl. jeder Operation *simuliert* werden kann.

Definition 4.11 (Simulierbare Schemaevolution)   Eine Schemaevolution heißt simulierbar, wenn jede Operation auf die geänderte Datenbank in eine Operation auf die ursprüngliche Datenbank umgeschrieben werden kann, die dasselbe Resultate liefert.

Ob eine solche Operationstransformation existiert, hängt direkt von der Reorganisation der Datenbank ρ, bzw. deren Umkehrabbildung ρ^{-1} ab. Eine Schemaevolution ist danach simulierbar, wenn für jedes Q', U' der geänderten Datenbank gilt

$$Q'(\sigma') = Q'(\rho(\sigma)) \quad und \quad \overline{\sigma'} = U'(\sigma') \Longleftrightarrow \overline{\sigma} = \rho^{-1}(U'(\rho(\sigma))) \, .$$

Kapazitätserhaltende Schemaevolutionen zeichnen sich durch bijektive Reorganisationen aus. Damit ist deren Umkehrabbildung ρ^{-1} selbst injektiv und total. Anfragen und Änderungen sind daher simulierbar, denn es besteht eine eineindeutige Abbildung zwischen den Zuständen der Ausgangs- und Zieldatenbank.

Eigenschaft 4.4 *Jede kapazitätserhaltende (CP) Schemaevolution ist simulierbar.*

Kapazitätsreduzierende Schemaevolutionen zeichnen sich durch nicht injektive, aber surjektive Reorganisationen ρ aus. Anfragen sind simulierbar. Da die Reorganisation allerdings nicht verlustfrei ist, können mit Anfragen auf das Zielschema nicht alle Daten der Ausgangsdatenbasis erreicht werden. Dadurch, daß die Reorganisation surjektiv ist, ist die inverse Abbildung ρ^{-1} zwar total, aber selbst keine Funktion mehr. Es gilt daher, daß es mehrere mögliche Transformationen für Änderungsoperationen gibt.

Eigenschaft 4.5 *Jede kapazitätsreduzierende (CR) Schemaevolution ist simulierbar.*

Kapazitätserweiternde Schemaevolutionen zeichnen sich durch eine injektive, aber nicht surjektive Reorganisation ρ aus. Damit ist die Rückabbildung ρ^{-1} nicht total. Anfragen und Änderungen lassen sich nicht simulieren, denn da die Reorganisation nicht surjektiv ist, sind Zustände der Zieldatenbank nicht aus solchen der Ausgangsdatenbasis erreichbar. Für Änderungen gilt zusätzlich, daß es nicht zu jeder Änderungsoperation U' eine mögliche Transformation gibt, da die Umkehrabbildung nicht total ist.

Eigenschaft 4.6 *Kapazitätserweiternde (CA) Schemaevolutionen sind im allgemeinen nicht simulierbar.*

Beispiel 6: (Fortsetzung) Evolution e_{1-2} ist CR. Daß diese simulierbar ist, zeigt sich am Beispiel der auf S_2 gültigen Änderungsoperation $p := o$. Dies kann in eine Operation auf S_1 transformiert werden, da hier p Objektmengen aufnehmen kann, und damit z.B. auch die Menge mit genau dem Objekt o. Die Transformation ist auch hier wiederum nicht eindeutig.

Die Evolution e_{2-1} ist CA und damit nicht simulierbar. Die auf S_2 gültige Änderungsoperation $p := \{o_1, \ldots, o_n\}$ kann z.B. nicht auf die Datenbasis mit Schema S_1 transformiert werden. $\diamond$

4.3.3 Kompensation und Simulation durch Sichten

Wir haben gesehen, daß alle CP- und CR-Schemaevolutionen simulierbar und alle CP- und CA-Schemaevolutionen kompensierbar sind, d.h. die tatsächliche Ausführung kann umgangen bzw. rückgängig gemacht werden. Wir kennen bereits eine Technik, um so zu tun, als ob ein Schema geändert wurde, nämlich Sichten (vgl. Abschnitt 2.3). In diesem Abschnitt wollen wir deshalb untersuchen, in wieweit Sichten zur Kompensation und Simulation verwendet werden können.

Bzgl. Anfrageoperationen verhält sich eine Sicht gleich wie eine entsprechende Schemaänderung, wenn die Sichtendefinition genau der Reorganisation ρ der Schemaänderung entspricht.

Bzgl. Änderungsoperationen verhält sich die Sicht gleich wie eine entsprechende Schemaänderung, wenn die Transformation von Updates auf die Sicht in Updates auf darunterliegenden Basisklassen genau der Umkehrabbildung ρ^{-1} entspricht. Bislang kann die Umkehrabbildung ρ^{-1} mit dem bekannten Sichtenmechanismus im allgemeinen allerdings nicht definiert werden. Man betrachte dazu folgendes Beispiel:

BEISPIEL 7:   Eine Schemaevolution soll die zwei Klassen *Männer* und *Frauen* in eine Klasse *Personen* überführen, in der die Objekte durch ein Attribut *geschl* : **boolean** unterschieden werden. Wir beschreiben die Unterschiede, wenn diese Schemaänderung durch (a) Sichten, (b) simulierte Schemaevolution oder (c) effektiv vollzogene Schemaevolution durchgeführt wird.

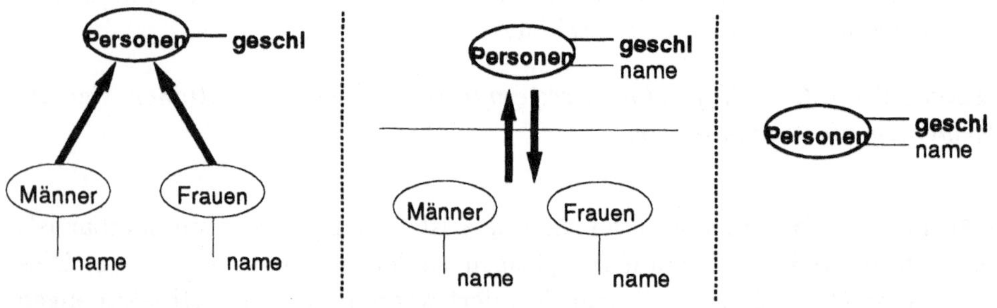

Abbildung 4.5: (a) Sichten, (b) simulierte -, (c) materialisierte Schemaänderung

Die Klasse *Personen* läßt sich leicht als **extend-union**-Sicht definieren, die genau der gewünschten Schemaänderung entspricht (vgl. Abbildung 4.5(a)):

define view *Personen*
as extend[*geschl* := (*o* ∈ *Männer*)](*Männer* **union** *Frauen*)

Die Transformation von Anfragen, wie z.B. **select**[*geschl*](*Personen*), ist dadurch implizit bekannt.

Jeder Versuch, das Attribut *geschl* direkt zu ändern, würde aber bereits vom Parser zurückgewiesen, da dies eine abgeleitete Funktion ist. Die Änderung muß indirekt erfolgen, über eine Umklassifizierung des entsprechenden Objektes von *Männer* in *Frauen* oder umgekehrt. Man beachte, daß diese indirekte Änderung genau der manuell nachvollzogenen Abbildung ρ^{-1} entspricht.   ◇

Der kritische Punkt bei der Verwendung von Sichten zur Schemaevolution sind also die Änderungsoperationen. Bislang sind wir immer davon ausgegangen, daß Änderungsoperationen auf Sichten in einer fest vordefinierten Art und Weise auf die darunterliegenden Basisklassen fortgepflanzt werden.

Um (CP- und CR-) Schemaevolutionen vollständig äquivalent simulieren zu können, muß der Sichtenmechansimus aus Abschnitt 2.3 um die Möglichkeit der optionalen Definition von *Update propagation rules* wie folgt erweitert werden:

define view *ViewName* **as** *QueryExpr* { **on** *UpdExpr* **do** *UpdExpr* }

Die Idee besteht darin, daß Regeln angegeben werden können, wie Änderungsoperationen auf Sichten in Änderungsoperationen auf die darunterliegenden Basisklassen fortgepflanzt werden können. Update propagation rules können somit auch als Möglichkeit zum Überschreiben der generiscchen Änderungsoperationen betrachtet werden.[2]

BEISPIEL 7: (Fortsetzung) Eine hinreichende Simulation der Schemaevolution unterscheidet sich von der obigen Sichtendefinition nun darin, daß auch die Rückabbildung ρ^{-1} des Zustandes in Form von Transformationen für Änderungsoperationen angegeben ist.

Für die Sprache COOL sind dazu Transformationen für die generischen Änderungsoperationen anzugeben (vgl. Abbildung 4.5(b)):

---

[2] Da COOL nicht berechnungsvollständig ist, brauchen wir für algorithmische Beschreibungen die Möglichkeit der Einbettung in eine imperative Programmiersprache. Wir verwenden dazu zwei Kontrollstrukturen mit einer Pascal-ähnlichen Syntax: FOREACH ... DO ... END und IF ... THEN ... ELSE ... END. Transformationsregeln für Update-Operationen sind ein erstes Beispiel für Berechungsvollständigkeit.

> **define view** *Personen*
> **as**   **extend**[*geschl* := ($o \in M\ddot{a}nner$)]($M\ddot{a}nner$ **union** *Frauen*)
> **on**   **set**[*geschl* := *x*](*o*)
>   **do** IF *x* THEN **add**[*o*]($M\ddot{a}nner$); **remove**[*o*](*Frauen*)
>   ELSE **add**[*o*](*Frauen*); **remove**[*o*]($M\ddot{a}nner$) END
> **on**   **add**[*o*](*Personen*)
>   **do** IF *geschl*(*o*) THEN **add**[*o*]($M\ddot{a}nner$)
>   ELSE **add**[*o*](*Frauen*) END
> **on**   **remove**[*o*](*Personen*)
>   **do** **remove**[*o*]($M\ddot{a}nner$); **remove**[*o*](*Frauen*);

Wird die Schemaevolution effektiv durchgeführt, so entspricht dies einer tatsächlichen Materialisierung (zumindest konzeptuell) der Reorganisation ρ (vgl. Abbildung 4.5(c)). Änderungen erfolgen von nun an auf die reorganisierte Datenbasis. Die Rücktransformation von Änderungsoperationen ist somit nicht notwendig. $\Diamond$

4.4   Zusammenfassung und Diskussion

Die Informationskapazität von Objekt-Datenbanken spielt die zentrale Rolle bei der Charakterisierung von Schemaevolution. Zum einen läßt sich damit bestimmen, ob eine Schemaänderung ein gegenüber dem Ausgangsschema strukturell dominantes oder gar äquivalentes Schema erzeugt; zum andern lassen sich Schemaevolutionen in die vier Klassen kapazitätserhaltend (CP), kapazitätsreduzierend (CR), kapazitätserweiternd (CA) oder kapazitätsändernd (CC) einordnen.

Kompensierbarkeit von Schemaevolutionen bedeutet, daß auf dem Ausgangsschema existierende Anwendungen auf die neue Datenbank mit geändertem Schema so migriert werden können, daß diese dieselben Resultate liefern. Simulierbarkeit von Schemaevolutionen bedeutet, daß die Reorganisationen der Datenbasis umgangen werden können, indem alle potentiellen Anwendungen auf das geänderte Schema so auf die Ausgangsdatenbank migrierbar sind, daß diese dieselben Resultate liefern. CP-Schemaevolution ist simulier- und kompensierbar, CR-Schemaevolution ist simulierbar, CA-Schemaevolution ist kompensierbar.

Sichten können in der bekannten Form bis zu einem gewissen Grad für die Simulation von Schemaänderungen verwendet werden. Bzgl. Anfragen ergeben sich im allgemeinen keine Probleme, da die Anfrage der Sichtendefinition genau der Reorganisation der Datenbasis entspricht. Bzgl. Änderungen ergeben sich Einschränkungen, da die Rückabbildung der Änderungsoperationen von den Sichten auf die unterliegenden Klassen im allgemeinen nicht bekannt ist. Simulation von Schemaänderung entspricht also einer View-Definition, erweitert um Transformationsregeln für die generischen Änderungsoperationen.

Unter Verwendung der Eigenschaften Simulierbarkeit und Kompensierbarkeit, läßt sich nun ein Algorithmus für „sanfte", monoton wachsende Schemaevolution definieren, mit dem (i) nie existierende Objekte/Werte (Zustände) verloren gehen und (ii) Anwendungsprogramme immer migriert werden können.

Algorithmus 4.1: Monoton wachsende Schemaevolution

INPUT   Schema S, Schemaevolution E.
OUTPUT   geändertes Schema S' (Coverschema), so daß
             (i) alle existierenden Objekte/Werte (Zustände) erhalten sind
             (ii) alle bestehenden Anwendungsprogramme migriert werden.
BEGIN
Die Schemaevolution E wird in eine Sequenz $e_1, \ldots, e_n$ von eindeutig CP-, CR- oder CA-Schemaänderungen zerlegt.

FOREACH e_i $(i = 1..n)$ DO
Ist e_i eine CR-Operation, so wird sie nicht wirklich durchgeführt, sondern nur simuliert. Bestehende Anwendungen der Ausgangsdatenbank laufen weiter, da das ursprüngliche Schema weiterhin verfügbar ist. Objekte/Werte gehen keine verloren, da bei der Simulation die Datenbasis unverändert bleibt.

Ist e_i eine CA-Operation wird sie wirklich vollzogen, d.h. die Reorganisation wird materialisiert. Die Schemaevolution wird anschließend kompensiert. Bestehende Anwendungen der Ausgangsdatenbank laufen weiter, da diese kompensiert werden. Objekte/Werte gehen keine verloren, denn die Reorganisation der Datenbasis bei CA-Operationen ist immer verlustfrei.

Ist e_i eine CP-Operation, kann sie alternativ entweder wie eine CR- oder wie eine CA-Operation behandelt werden.
END
END .

Obiger Algorithmus realisiert diese Strategie. Er erzeugt ein sog. Coverschema, wie es auch für die Behandlung von temporalen Anfragen in zeitversionierten Datenbanken vorgeschlagen wurde [DT87].

Damit dieser Algorithmus anwendbar ist, muß jede Schemaevolution in eine wohldefinierte Sequenz von Schemaänderungen zerlegbar sein. Wohldefiniert bedeutet, daß jede Schemaänderung eindeutig als CP, CR oder CA erkennbar ist und keine Schemaänderung die Kapazität der Datenbank unbestimmt (CC) verändert. In den folgenden Kapitel definieren wir genau diese Elementaroperationen und zeigen, wie Schemaevolutionen durch Zerlegung darauf abgebildet werden können.

Kapitel 5

Lokale Schemaänderung

Nachdem ein unabhängiges, formales Modell zur Untersuchung von Evolution in Datenbanksystemen eingeführt wurde, soll dies nun verwendet werden, um einen Satz von Elementaroperationen zur lokalen Schemaänderung zu formulieren. Die Realisierung dieser Operationen geschieht mit Hilfe kontrollierte Updates auf Objekte der Sekundär- und Tertiärebene. Um unerwünschte Seiteneffekte zu vermeiden, werden diese Updates zu atomaren Schemaänderungsoperationen zusammengefaßt.

Diese Elementaroperationen definieren oder ändern einzelne Variablen, Funktionen, Typen, Klassen oder Sichten. Später werden dann darauf höher entwickelte Ebenen mit komplexeren, globalen Datenbank-Restrukturierungen abgebildet.

5.1 Formale Eigenschaften

Das ODBS-Evolutionsmodell (Kapitel 4) gibt vor, daß jede Schemaevolution aus einer Schemaänderung und einer Datenbasisreorganisation zusammengesetzt ist (vgl. Abbildung 5.1).

Wir definieren nun einen Satz von Elementaroperationen zur lokalen Schemaänderungen, die entsprechend dieser Vorgabe wie folgt realisiert sind:

1. Die *Änderung der Schemadaten* ($\mu : S \mapsto S'$) wird durch COOL-Update-Operationen auf die Metadatenbank beschrieben, die die notwendigen Anpassungen der Schemainformation durchführen (vgl. Abschnitt 3.2 und [Tre91, TS92]). Die Auswirkung der Schemaänderung auf die Informationskapazität der Datenbank wird dahingehend diskutiert, ob die Schemaänderung ein dominantes oder äquivalentes Schema liefert.

Elementare Schemaänderung

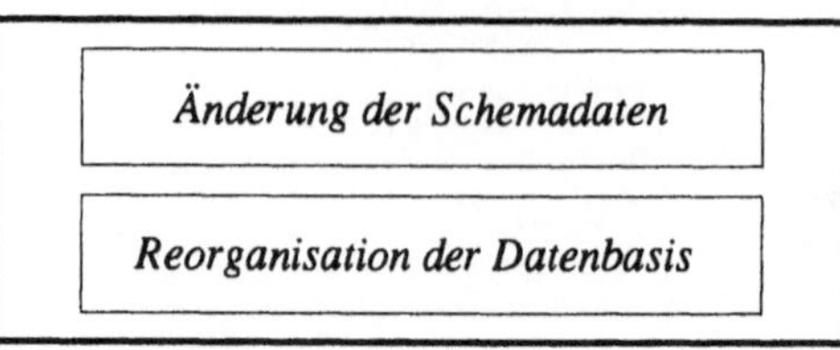

Abbildung 5.1: Aufbau elementarer Schemaänderungen

2. Für die *Reorganisation der Datenbasis* ($\rho : \sigma \mapsto \sigma'$) wird die Veränderung des Datenbankzustandes angegeben. Da Reorganisationen DB-Updates sind, kann dies mit Hilfe von COOL-Update-Operationen beschrieben werden. Die Reorganisation soll den erwähnten Bedingungen entsprechen. Abschließend wird dann festgehalten, ob die Elementaroperation als ganzes kapazitätserhaltend, -erweiternd oder -reduzierend ist.

Diese zwei Schritte zusammen sind atomar, d.h. sie werden vollständig oder gar nicht ausgeführt, was notwendig ist, um eine konsistente Schemadefinition gewährleisten zu können und um die erwähnten, unerwünschten Nebeneffekte auszuschließen.

Umfang und Art solcher Operationen werden naturgemäß direkt durch das betrachtete Datenmodell bestimmt. Trotzdem lassen sich datenmodellunabhängig formale Eigenschaften identifizieren, aus denen sich quantitative und qualitative Merkmale der Elementaroperationen ableiten lassen:

- *Lokalität der Operationen:* Die Auswirkung der Elementaroperationen soll lokal begrenzt sein, d.h. im wesentlichen nur ein Schemaobjekt betreffen. Das Schema wird also inkrementell verändert. Dies zeigt sich daran, daß nur eine Eigenschaft eines Schemaobjektes in der Metadatenbank verändert wird, z.B. der Name, der Wertebereich oder die Mengenwertigkeit etc. einer Funktion. Globale Schemarestrukturierungen sollen aus mehreren Elementaroperationen aufgebaut werden können.

- *Korrektheit der Operationen:* Die Elementaroperationen sollen korrekt sein: (i) Sie sollen bzgl. den Strukturregeln (vgl. Abschnitt 3.2) nur korrekte Schemata erzeugen. Dazu wird vorausgesetzt, daß die lokale Schemaänderung vor der Ausführung durch einen Parser (siehe später

Abschnitt 6.1.1) auf ihre Gültigkeit überprüft wurde, und somit sichergestellt ist, daß das geänderte Schema keine der Strukturregeln verletzen wird. (ii) Sie sollen bzgl. des geänderten Schemas nur korrekte Datenbankzustände hinterlassen. Zu diesem Zweck propagieren alle Elementaroperationen die Schemaänderung durch eine implizite Datenbasisreorganisation auf die Instanzenebene. Diese Fortpflanzung ist wohldefiniert und die Objekte/Werte werden nach Möglichkeit verlustfrei und vollständig reorganisiert. Gibt es mehrere verlustfreie Reorganisationen, so wird eine möglichst konstruktive bevorzugt. Die Identitätsabbildung ist die ideale Datenbasisreorganisation.

- *Veränderung der Informationskapazität:* Alle Elementaroperationen sollen die Informationskapazität der Datenbank eindeutig verändern, d.h. jede Operation soll entweder kapazitätserhaltend (CP), -erweiternd (CA) oder -reduzierend (CR) sein. Keine der Operationen soll diese nur unbestimmt (CC) verändern: Wenn das geänderte Schema äquivalent ist, soll die implizite Reorganisation bijektiv sein; wenn das geänderte Schema dominant ist, soll die implizite Reorganisation injektiv sein; wenn das ursprüngliche Schema dominant ist, soll die implizite Reorganisation surjektiv sein.

- *Minimalität des Operationssatzes:* Der Satz der Elementaroperationen soll in dem Sinne minimal sein, daß die Funktionalität keiner der Operationen durch eine Sequenz von anderen erreicht werden kann. Die Operationen sollen also unabhängig voneinander sein. Minimalität läßt sich leicht konstruktiv zeigen: Läßt man eine der Operationen weg, so werden die Evolutionsmöglichkeiten eingeschränkt.

- *Vollständigkeit des Operationssatzes:* Der Satz der Elementaroperationen soll vollständig sein. Da Datenbanken zum Zeitpunkt der Schemaevolution bevölkert sind, ist Vollständigkeit auf zwei Ebenen zu betrachten: (i) Auf der *Schemaebene* muß gelten, daß jede lokale Schemaänderung durch eine Grundoperation erreicht werden kann, so daß zusätzliche Operationen keine neuen Möglichkeiten eröffnen würden. Werden nur unbevölkerte Datenbanken betrachtet, so reichen dazu die Operationen aus Abschnitt 5.2 aus. (ii) Durch die Annahme, daß Datenbasen grundsätzlich Objekte enthalten, wird Vollständigkeit erst relevant. Beispielsweise entspricht dann die Änderung einer einwertigen Funktion in eine mengenwertige auf der *Instanzenebene* nicht mehr dem Löschen und Neudefinieren derselben Funktion.

Vollständigkeit läßt sich nur anhand eines Maßes zeigen, bzgl. dessen die Operationen vollständig sein sollen. Wir verwenden hier eine intuitive, informale Anforderung, nämlich daß mit den Operationen alle lokalen Schemaänderungen durchführbar sein sollen.

5.2 Elementaroperationen zur Schemadefinition

Wir definieren fünf elementare Grundoperationen *ACRE*, *FCRE*, *TCRE*, *CCRE* und *VCRE*, um dynamisch neue Variablen, Funktionen, Typen, Klassen und Sichten zu erzeugen.[1] Sozusagen als Nebenergebnis erhalten wir eine formale Semantik der COCOON-Schemadefinitionssprache (DDL).

ACRE (n : **string**, r : *type*, s : **boolean**)

erzeugt eine neue Variable des Datenbankschemas mit Namen n. Falls $s = false$, ist die Variable einwertig, andernfalls ist sie mengenwertig. In Abhängigkeit davon hat sie den Typ r oder **set of** r.

Die Variable wird in der Metadatenbank so eingetragen, daß ein neues Schemaobjekt a vom Metatyp *variable* erzeugt und dann in die Klasse *Variables* eingefügt wird. Die Werte *fname, ran, setval* des neuen Sekundärobjektes werden initialisiert:

$$\mu : \quad \mathbf{create}[variable](a);$$
$$\mathbf{add}[a](Variables);$$
$$\mathbf{set}[fname := n; ran := r; setval := s](a)$$

Der Zustand der neuen Variablen $val(a) = \sigma(a)$ ist von nun an definiert. Er wird bei der Definition mit ω oder $\emptyset$ initialisiert, jenachdem ob a ein- oder mengenwertig ist:

$$\rho : \quad a := \begin{cases} \emptyset & \text{, wenn } s \\ \omega & \text{, sonst} \end{cases}$$

FCRE (n : **string**, r : *type*, s : **boolean**, i : *function*, e : *expression*)

erzeugt dynamisch eine neue Funktion des Datenbankschemas mit Namen n. Der Wertebereich r muß bereits existieren und durch ein Objekt repräsentiert

---

[1] N.B.: Es gilt nach wie vor die Namenskonvention der Metadatenbank, daß es zu jedem Schemaobjekt eine Variable mit demselben Namen gibt, die genau dieses Objekt enthält.

sein. Der Wertebereich der Funktion ist r, falls $s = false$ ist, andernfalls ist er
set of r. f hat eine inverse Funktion, wenn $i \neq \omega$, und f ist nicht gespeichert,
sondern abgeleitet, falls eine Berechnungsvorschrift $e \neq \omega$ gegeben ist.

Die Funktion wird in der Metadatenbank so abgelegt, daß ein neues Sekundärobjekt f vom Metatyp *function* erzeugt und dann in die Klasse *Functions* eingefügt wird. Die Funktionswerte *fname, ran, setval, inverse, impl* werden initialisiert.

$$\mu : \quad \mathbf{create}[function](f);$$
$$\mathbf{add}[f](Functions);$$
$$\mathbf{set}[fname := n; ran := r; setval := s; inverse := i; impl := e](f)$$

Man beachte, daß der Definitionsbereich einer Funktion f im Metaschema nur
indirekt festgehalten wird, indem die Funktion f in die Menge der lokalen Funktionen eines Objekttyps d eingefügt wird. Dies erfolgt später bei der Definition
von d.

Falls f eine gespeicherte Funktion ist ($e = \omega$), wird ihr Zustand $val(f) =$
$\sigma(f)$ mit $\emptyset$ initialisiert. Andernfalls besitzt f keinen explizit gespeicherten Zustand, so daß $val(f)$ gar nicht anwendbar ist ($n.a.$):

$$\rho : \quad \begin{cases} f := \emptyset & , \text{wenn } e = \omega \\ val(f) = n.a. & , \text{sonst} \end{cases}$$

$TCRE\ (n : \mathbf{string},\ T : \mathbf{set\ of}\ obj\text{-}type,\ F : \mathbf{set\ of}\ function)$

erzeugt dynamisch einen neuen Objekttyp t mit Namen n, Obertypenmenge T
und lokaler Funktionsmenge F.

Die Typdefinition wird in der Metadatenbank abgelegt, indem ein neues
Objekt von Typ *obj-type* erzeugt und in die Klasse *Obj-Types* eingefügt wird.
Die Werte *tname, supert, localf* des Objekttyps werden direkt initialisiert:

$$\mu : \quad \mathbf{create}[obj\text{-}type](t);$$
$$\mathbf{add}[t](Obj\text{-}Types);$$
$$\mathbf{set}[tname := n; supert := T; localf := F](t)$$

Durch Definition des Objekttyps t werden nun auch alle Funktionen mit t
als Definitionsbereich anwendbar. Dazu wird für jede gespeicherte Funktion
$f \in F$ der Active domain $adom([f]) = \sigma([f])$ des entsprechenden Objekttyps
$[f]$ initialisiert:

$$\rho : \quad \forall f \in F, impl(f) = \omega : adom([f]) := \emptyset$$

Mit $[f]$ bezeichnen wir den unbenannten Objekttyp, auf den genau die Funktion f anwendbar ist.

Durch einen Anfrageausdruck abgeleitete Funktionen werden als Makros betrachtet und besitzen deshalb keinen gespeicherten Zustand.

$CCRE$ (n : **string**, t : *obj-type*, B : **set of** *class*, b : **boolean**,
$\qquad p$: *bool-expression*)

erzeugt dynamisch eine neue Klasse mit Namen n, Instanzentyp t, Basisklassen B, **some/all**-Klassifikationstag b und lokalem Klassifikationsprädikat p.

Die Schemainformation der neuen Klasse wird durch eine Folge von COOL-Anweisungen in die Metadatenbank aufgenommen, die ein Objekt vom Metatyp *class* erzeugt, in die Klasse *Classes* einfügt und die Werte *cname,mtype, basec, ctag, localp* initialisiert:

$$\mu : \quad \textbf{create}[class](c);$$
$$\textbf{add}[c](Classes);$$
$$\textbf{set}[cname := n; mtype := t;$$
$$basec := B; ctag := b; localp := p](c)$$

Falls es sich bei der neuen Klasse um eine **all**-Klasse handelt (Klassifikationstag $b = true$), bleibt die Instanzenebene unverändert, da die Ausprägung von **all**-Klassen vollständig ableitbar ist. In diesem Fall gibt es keinen explizit gespeicherten Zustand der Klasse, d.h. $pmemb(c)$ ist nicht anwendbar. Handelt es sich jedoch um eine **some**-Klasse, so muß deren Zustand, die Menge der potentiellen Objekte $pmemb(c) = \sigma(c)$, initialisiert werden:

$$\rho : \quad pmemb(c) := \begin{cases} \emptyset & \text{, wenn } \neg ctag \\ n.a. & \text{, sonst} \end{cases}$$

$VCRE$ (n : **string**, e : *set-expression*)

erzeugt dynamisch eine neue Sicht mit Namen n und Anfrageausdruck e. Dazu wird in der Metadatenbank ein neues Objekt vom Typ *view* erzeugt, in die Klasse *Views* eingefügt und initialisiert.

$$\mu : \quad \textbf{create}[view](v);$$
$$\textbf{add}[v](Views);$$
$$\textbf{set}[vname := n; query := e](c).$$

Der Zustand der Datenbank bleibt unverändert, da sich Sichten aus dem aktuellen Zustand vollständig ableiten lassen. Damit ist ρ die Identitätsabbildung.

Schlußendlich geben wir die fünf dazu inversen Grundoperationen *ADEL*, *FDEL*, *TDEL*, *CDEL* und *VDEL* zum Löschen der entsprechdenen Schemaobjekte an.

ADEL (a : *variable*)

löscht die Variable a. Die entsprechende Änderung der Metadatenbank besteht lediglich aus dem Löschen des Objektes a:

$$\mu : \ \mathbf{delete}(a)$$

Der Zustand der Datenbank ändert sich insofern, daß der Zustand der Variablen $val(a) = \sigma(a)$ nicht länger definiert ist:

$$\rho : \ val(a) = n.a.$$

FDEL (f : *function*)

löscht die Funktion f. Die entsprechende Änderung der Metadatenbank besteht aus dem Löschen des Funktionsobjektes. Dadurch wird die Funktion f automatisch aus der Menge der lokalen Funktionen eines Typs d entfernt:

$$\mu : \ \mathbf{delete}(f)$$

Wenn f eine gespeicherte Funktion ist, ändert sich der Zustand der Datenbank insofern, daß $val(f) = \sigma(f)$ nicht länger anwendbar ist. Ansonsten bleibt die Instanzenebene unverändert, da es gar nie einen solchen explizit gespeichterten Wert gegeben hat:

$$\rho : \ val(f) = n.a. \ \ , \ \text{wenn } impl \neq \omega$$

TDEL (t : *obj-type*)

löscht den Objekttyp t durch Löschen des Objektes t aus der Metadatenbank:

$$\mu : \ \mathbf{delete}(t)$$

Für alle Funktionen in $localf(t)$ ist damit deren Definitionsbereich nicht mehr definiert:

$$\rho : \ \forall f \in localf(t) : adom([f]) = n.a.$$

CDEL (*c* : *class*)

entfernt eine Klasse *c* durch Löschen des entsprechenden Objektes in der Metadatenbank:

$$\mu : \ \textbf{delete}(c)$$

Eine Anpassung des Zustandes ist nur notwendig, wenn es sich bei *c* um eine **some**-Klasse handelt, denn nur dann ist deren Zustand, die Menge der potentiellen Objekte $pmemb(c) = \sigma(c)$, undefiniert und damit $pmemb(c)$ nicht mehr anwendbar:

$$\rho : \ pmemb(c) = n.a. \ , \ \text{wenn } \neg ctag$$

VDEL (*v* : *view*)

löscht eine Sicht *v*, indem das entsprechende Objekt aus der Metadatenbank entfernt wird:

$$\mu : \ \textbf{delete}(v)$$

Wie schon bei **all**-Klassen ist auch hier keine Veränderung des Zustandes notwendig. Damit ist ρ wiederum die Identitätsabbildung.

5.3 Elementaroperationen zur Schemaänderung

Betrachtet man die DDL aus dem Blickwinkel der Datenbankevolution, so kann die Schemadefinition als Spezialfall einer Schemaänderung verstanden werden, die eine Datenbasis mit minimalem Schema, bestehend aus dem Typ **object** und der Klasse **Objects**, neu erstellt. Diesen Spezialfall der Schemaevolution wollen wir nun zu beliebigen Schemaänderungen verallgemeinern.

5.3.1 Änderung von Variablendefinitionen

In diesem Abschnitt gehen wir auf die Elementaroperationen zur Evolution von Variablendefinitionen ein. Im einzelnen gibt es solche Operationen zur Änderung des Variablennamens (*ANAME*), zum Setzen (*ASETV*) und Löschen (*ASINV*) der Mengenwertigkeit, sowie zum Generalisieren (*AGENR*) und Spezialisieren (*ASPECR*) des Wertebereiches.

ANAME (*a* : *variable*, *n* : **string**)

ändert den Namen der Variablen *a* auf *n*:

$$\mu: \ \mathbf{set}[fname := n](a)$$
$$\rho: \ id$$

Das geänderte Schema ist gegenüber dem alten Schema strukturell äquivalent. Als bijektive Reorganisation kann die Identitätsabbildung ($\rho = id: \ \sigma \mapsto \sigma$) verwendet werden. Mit anderen Worten, es ist keine Reorganisation notwendig. Diese Schemaänderung ist damit kapazitätserhaltend (CP).

ASETV (a : *variable*)

ändert eine einwertige Variable a mit Wertebereich t in eine mengenwertige Variable mit neuem Wertebereich **set of** t:

$$\mu: \ \mathbf{set}[setval := true](a)$$
$$\rho: \ a := \{a\}$$

Das geänderte Schema hat die Integritätsbedingung „a ist einwertig" weniger und ist damit strukturell dominant. Die Datenbankreorganisation ist injektiv, da der neue a-Wert als Menge mit dem alten a-Wert als einziges Element, bzw. mit $\emptyset$, falls a undefiniert war, gesetzt wird.[2] [3] Die Reorganisation ist nicht surjektiv, da niemals a-Werte mit mehr als einem Objekt erzeugt werden. Diese Schemaänderung ist dadurch kapazitätserweiternd (CA).

ASINV (a : *variable*)

überführt eine mengenwertige Variable a mit Wertebereich **set of** t in eine einwertige Variable mit neuem Wertebereich t:

$$\mu: \ \mathbf{set}[setval := false](a)$$
$$\rho: \ a := \mathbf{pick}(a)$$

Das geänderte Schema hat die Integritätsbedingung „a ist einwertig" mehr, womit das alte Schema strukturell dominant ist. Die Reorganisation ist nicht verlustfrei, da sie aus einer Menge von alten a-Werten einen beliebigen Wert auswählt und diesen zum neuen a-Wert setzt.[3] Diese Schemaänderung ist damit kapazitätsreduzierend (CR).

AGENR (a : *variable*, r : *type*)

generalisiert den Typ s der Variablen a, wobei der neue Typ r ein Obertyp des alten s sein muß ($r \succeq s$):

---

[2] Bei Zuweisungen ($y := x$) wird der Einfachheit halber angenommen, daß sich die rechte, lesende Seite (x) auf den alten Datenbankzustand mit dem alten Schema bezieht, während die linke, schreibende Seite (y) den neuen Zustand mit dem neuen Schema definiert.

[3] Man beachte, daß $\{\omega\} = \emptyset$ und $\mathbf{pick}(\emptyset) = \omega$.

$$\mu : \ \mathbf{set}[ran := r](a)$$
$$\rho : \ id$$

Das geänderte Schema hat die Integritätsbedingung $ran(a) \preceq s$ weniger und ist damit strukturell dominant. Als injektive Reorganisation kann die Identitätsfunktion verwendet werden. Eine **lose**-Operation ist nicht notwendig, da auch Objekte eines Untertyps von r a-Werte sein können. Diese Schemaänderung ist damit kapazitätserweiternd (CA).

ASPECR ($a : variable$, $s : type$)

spezialisiert den Typ r der Variablen a, wobei der neue Typ s ein Untertyp des alten r sein muß ($s \preceq r$):

$$\mu : \ \mathbf{set}[ran := s](a)$$
$$\rho : \ \begin{cases} \mathbf{gain}[s](a) & \text{, wenn } \neg setval(a) \\ \mathbf{apply}[\ \mathbf{gain}[s](a') \ ](a' : a) & \text{, sonst} \end{cases}$$

Das geänderte Schema hat die Integritätsbedingung $ran(a) \preceq s$ mehr, womit das alte Schema strukturell dominant ist. Die Reorganisation macht das Objekt (die Objekte) in der Variablen a zu einer Instanz des Typs s. Bei dieser Reorganisation gehen zwar keine Werte verloren, sie ist aber trotzdem nicht injektiv, da im neuen Zustand nicht mehr unterschieden werden kann, ob das Objekt (die Objekte) in a bereits Instanz des Typs s war oder nicht. Bei einer alternativen Reorganisation könnten nur diejenigen a-Werte erhalten bleiben, die bereits Instanz des Typs s sind; in den anderen Fällen würde der a-Wert auf undefiniert gesetzt werden. Die Schemaänderung ist mit beiden Reorganisationen kapazitätsreduzierend (CR).

Tabelle 5.1 faßt die Elementaroperationen dieses Abschnittes zusammen. Sie gibt einen Überblick über die Schemaänderungen und die daraus folgende strukturelle Dominanz, sowie über die allenfalls verlustfreien Reorganisationen.

5.3.2 Änderung von Funktionsdefinitionen

In diesem Abschnitt gehen wir auf die Elementaroperationen zur Evolution von Funktionsdefinitionen ein. Im einzelnen gibt es solche Operationen zur Änderung des Funktionsnamens (*FNAME*), zum Setzen (*FSETV*) und Löschen (*FSINV*) der Mengenwertigkeit, zum Generalisieren (*FGENR*) und Spezialisieren (*FSPECR*) des Wertebereiches, zum Spezialisieren (*FDOWN*) und Generalisieren (*FUP*) des Definitionsbereiches, zum Löschen (*FRELI*) und Setzen

Tabelle 5.1: Elementaroperationen zur Variablenevolution

Elementar-operation	Schemaänderung (μ) Dominanz	Reorganisation (ρ) Verlustfreiheit
$ANAME(a)$	keine Veränderung S, S' äquivalent	Identität bijektiv
$ASETV(a)$	$-card(a) = 1$ S' dominant	$a := \{a\}$ verlustfrei
$ASINV(a)$	$+card(a) = 1$ S dominant	$a := \mathbf{pick}(a)$ nicht verlustfrei
$AGENR(a, r)$	$-ran(a) \preceq s$ S' dominant	Identität verlustfrei
$ASPECR(a, s)$	$+ran(a) \preceq s$ S dominant	$\mathbf{gain}[s](a)$ [1] nicht verlustfrei

[1] entsprechend für mengenwertige a

($FSETI$) von invers-Integritätsbedingungen und zum Löschen ($FSTR$) und Setzen ($FCMP$) der Ableitungsvorschrift.

Diese Operationen sind sowohl auf gespeicherte, wie auch auf abgeleitete Funktionen anwendbar. Da jedoch abgeleitete Funktionen hinsichtlich Schemaevolution als Makros betrachtet werden, und daher keinen explizit gespeicherten Zustand aufweisen, bezieht sich die Diskussion der implizierten Reorganisation ausschließlich auf gespeicherte Funktionen. Abgeleitete Funktionen benötigen keine Reorganisation ($\rho = id$).

$FNAME$ (f : $function$, n : **string**)

ändert den Namen der Funktion f auf n:

$$\mu : \mathbf{set}[fname := n](f)$$
$$\rho : id$$

Das geänderte Schema ist gegenüber dem alten Schema strukturell äquivalent. Als bijektive Reorganisation kann die Identitätsfunktion verwendet werden, d.h. es ist keine Reorganisation notwendig. Diese Schemaänderung ist damit kapazitätserhaltend (CP).

$FSETV$ (f : $function$)

ändert eine einwertige Funktion f mit Wertebereich t in eine mengenwertige Funktion mit neuem Wertebereich **set of** t (vgl. Abbildung 5.2):

$$\mu : \quad \mathbf{set}[setval := true](f)$$
$$\rho : \quad \mathbf{apply}[\ \mathbf{set}[f := \{f(o)\}](o)\ ](o : adom([f]))$$

Das geänderte Schema hat die Integritätsbedingung „f ist einwertig" weniger
und ist damit strukturell dominant. Als injektive aber nicht surjektive Datenbankreorganisation verwenden wir eine Abbildung, die für jedes Objekt, auf
das die Funktion f anwendbar ist, den neuen f-Wert als Menge mit dem alten
f-Wert als einziges Element setzt.[4] Diese Schemaänderung ist damit kapazitätserweiternd (CA).

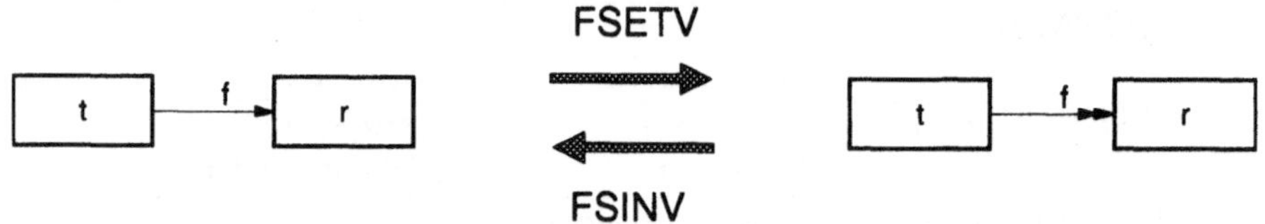

Abbildung 5.2: Ein-/Mengenwertigkeit einer Funktionen

FSINV (f : *function*)

überführt eine mengenwertige Funktion f mit Wertebereich **set of** t in eine
einwertige Funktion mit neuem Wertebereich t (vgl. Abbildung 5.2):

$$\mu : \quad \mathbf{set}[setval := false](f)$$
$$\rho : \quad \mathbf{apply}[\ \mathbf{set}[f := \mathbf{pick}(f(o))](o)\ ](o : adom([f]))$$

Das geänderte Schema hat die Integritätsbedingung „f ist einwertig" mehr,
womit das alte Schema strukturell dominant ist. Die Reorganisation ist nicht
verlustfrei, da sie aus einer Menge von f-Werten einen beliebigen Wert auswählt
und diesen zum neuen f-Wert setzt.[4] Diese Schemaänderung ist damit kapazitätsreduzierend (CR).

FGENR (f : *function*, r : *type*)

generalisiert den Typ s des Wertebereichs einer Funktion f zum Typ r, wobei der neue Wertebereich ein Obertyp des alten sein muß, d.h. $r \succeq s$ (vgl.
Abbildung 5.3):

---

[4] Man beachte, daß $\{\omega\} = \emptyset$ und $\mathbf{pick}(\emptyset) = \omega$.

$$\mu : \ \mathbf{set}[ran := r](f)$$
$$\rho : \ id$$

Das geänderte Schema hat die Integritätsbedingung $ran(f) \preceq s$ weniger und ist damit strukturell dominant. Als injektive Reorganisation kann die Identitätsfunktion verwendet werden, womit keine eigentliche Reorganisation notwendig ist. Diese Schemaänderung ist damit kapazitätserweiternd (CA).

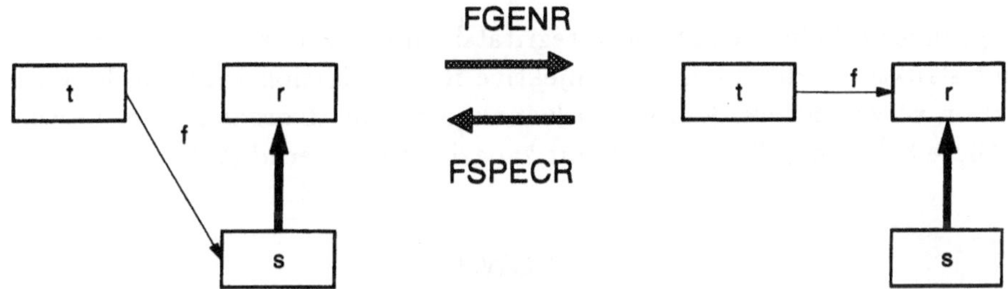

Abbildung 5.3: Generalisieren/Spezialisieren des Wertebereichs

FSPECR (f : *function*, s : *type*)

spezialisiert den Typ r des Wertebereiches einer Funktion f zum Typ s, wobei der neue Wertebereich ein Untertyp des alten sein muß, d.h. $s \preceq r$ (vgl. Abbildung 5.3):

$$\mu : \ \mathbf{set}[ran := s](f)$$
$$\rho : \ \begin{cases} \mathbf{apply}[\ \mathbf{gain}[s](f(o))\ ](o : adom([f])) & \text{,wenn } \neg setval(f) \\ \mathbf{apply}[\ \mathbf{apply}[\mathbf{gain}[s](o')](o' : f(o))\ ] & \\ \quad (o : adom([f])) & \text{,sonst} \end{cases}$$

Das geänderte Schema hat die Integritätsbedingung $ran(f) \preceq s$ mehr, womit das alte Schema strukturell dominant ist. Die Reorganisation macht den Wert (die Werte) der Funktion f zu einer Instanz des Typs s. Bei dieser Reorganisation gehen zwar keine Werte verloren, sie ist aber trotzdem nicht injektiv, da im neuen Zustand nicht mehr unterschieden werden kann, ob der Wert (die Werte) von f bereits Instanz des Typs s war oder nicht. Bei einer alternative Reorganisation könnten nur diejenigen f-Werte erhalten bleiben, die bereits Instanz des Typs s sind. In den anderen Fällen würde der Wert von f zu undefiniert gesetzt werden. Diese Schemaänderung ist mit beiden Reorganisationen kapazitätsreduzierend (CR).

FDOWN (*f* : *function*, *s* : *obj-type*)

entfernt die Funktion f aus der Menge der lokalen Funktionen des Typs t und
fügt sie zu den lokalen Funktionen des Typs s hinzu. Die Funktion f wird
danach nicht mehr an die anderen Untertypen von t vererbt. Sei $f \in localf(t)$
und $s \preceq t$ (vgl. Abbildung 5.4):

$$\mu : \textbf{remove}[f](localf(t)); \ \textbf{add}[f](localf(s))$$
$$\rho : id$$

Das geänderte Schema hat die Integritätsbedingung $t \preceq [f]$ weniger und ist
damit strukturell dominant. Als injektive Reorganisation kann die Identitätsfunktion verwendet werden, womit keine eigentliche Reorganisation notwendig
ist. Diese Schemaänderung ist damit kapazitätserweiternd (CA).

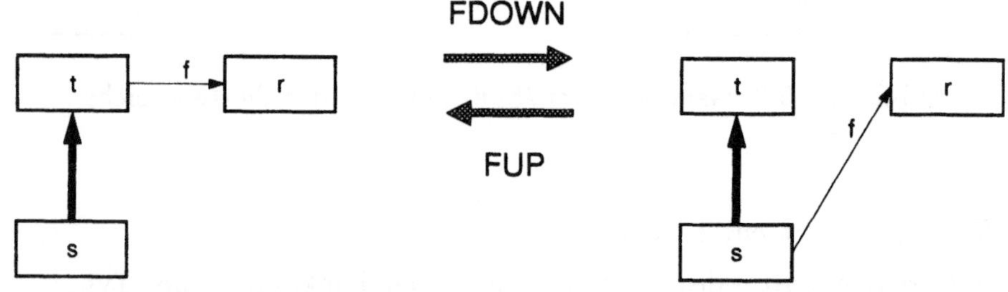

Abbildung 5.4: Spezialisieren/Generalisieren des Definitionsbereichs

FUP (*f* : *function*, *t* : *obj-type*)

entfernt die Funktion f aus der Menge der lokalen Funktionen des Typs s und
fügt sie zu den lokalen Funktionen des Typs t hinzu. Die Funktion f wird
danach zusätzlich an alle Untertypen von t vererbt. Sei $f \in localf(s)$ und $t \succeq s$
(vgl. Abbildung 5.4):

$$\mu : \textbf{remove}[f](localf(s)); \ \textbf{add}[f](localf(t))$$
$$\rho : \textbf{apply}[\ \textbf{gain}[f](o)\ ](o : adom(t))$$

Das geänderte Schema hat die Integritätsbedingung $t \preceq [f]$ mehr, wodurch das
alte Schema strukturell dominant ist. Als Reorganisation verwenden wir eine
nicht injektive Abbildung, die auf alle Objekte aus $adom(t)$ neu nun auch die
Funktion f anwendbar macht. Diese Reorganisation ist nicht verlustfrei, weil

danach nicht mehr unterschieden werden kann, ob ein Objekt schon Instanz des Typs $[f]$ war oder nicht. Die Schemaänderung ist kapazitätsreduzierend (CR).

FRELI $(f, g : function)$

löst eine existierende invers-Bedingung zwischen den Funktionen f und g auf. Sei also $inverse(f) = g$, $inverse(g) = f$ (vgl. Abbildung 5.5). Jede Funktion f kann eine inverse Funktion g haben, die dann selbst wieder f als Inverse haben muß:

$$\mu : \mathbf{set}[inverse := \omega](f); \ \mathbf{set}[inverse := \omega](g)$$
$$\rho : id$$

Das geänderte Schema hat die Integritätsbedingung „f, g müssen invers sein" weniger und ist damit strukturell dominant. Eine Reorganisation der Datenbasis ist nicht notwendig, da $\rho = id$ eine erlaubte injektive Abbildung ist. Diese Schemaänderung ist damit kapazitätserweiternd (CA).

Abbildung 5.5: Setzen/Aufheben der invers-Bedingung

FSETI $(f, g : function)$

setzt eine invers-Bedingung zwischen den Funktionen f und g. Sei $inverse(f) = \omega$, $inverse(g) = \omega$ (vgl. Abbildung 5.5):

$$\mu : \mathbf{set}[inverse := g](f); \ \mathbf{set}[inverse := f](g)$$
$$\rho : \mathbf{apply}[\ \mathbf{set}[f := \varphi(o)](o)\ ](o : adom([f]));$$
$$\mathbf{apply}[\ \mathbf{set}[g := \psi(o)](o)\ ](o : adom([g]))$$

mit

f, g einwertig:

$$\varphi(o) = \begin{cases} f(o) & \text{, wenn } o = g(f(o)) \\ \omega & \text{, sonst} \end{cases} \qquad \psi(o) = \begin{cases} g(o) & \text{, wenn } o = f(g(o)) \\ \omega & \text{, sonst} \end{cases}$$

f, g mengenwertig:

$$\varphi(o) = \{o' \in f(o) \mid o \in g(o')\} \qquad \psi(o) = \{o' \in g(o) \mid o \in f(o')\}$$

f einwertig, g mengenwertig:

$$\varphi(o) = \begin{cases} f(o) & \text{, wenn } o \in g(f(o)) \\ \omega & \text{, sonst} \end{cases} \qquad \psi(o) = \{o' \in g(o) \mid o = f(o')\}$$

f mengenwertig, g einwertig:

$$\varphi(o) = \{o' \in f(o) \mid o = g(o')\} \qquad \psi(o) = \begin{cases} g(o) & \text{, wenn } o = f(g(o)) \\ \omega & \text{, sonst} \end{cases}$$

Das geänderte Schema hat die Integritätsbedingung „f, g müssen invers sein"
mehr, womit das alte Schema strukturell dominant ist. Eine Reorganisation
ist notwendig, da Objekte der Datenbasis die neue Integritätsbedingung möglicherweise nicht erfüllen

Für einwertige Funktionen f, g setzt die Reorganisation bei solchen Objekten die f, g-Werte auf undefiniert, welche die Integritätsbedingung nicht erfüllen
(analog für mengenwertige Funktionen). ρ ist damit nicht verlustfrei und die
Schemaänderung ist kapazitätsreduzierend (CR).

FSTR (f : *function*)

ändert die abgeleitete Funktion f in eine gespeicherte Funktion. Sei also
$impl(f) \neq \omega$. Gespeicherte Funktionen sind im Metaschema durch undefinierte
(ω) Ableitungsvorschriften gekennzeichnet:

$$\mu : \mathbf{set}[impl := \omega](f)$$
$$\rho : \mathbf{apply}[\ \mathbf{set}[f := impl(o)](o)\ ](o : adom([f]))$$

Das geänderte Schema speichert f-Werte explizit und hat die Integritätsbedingung $f(o) = impl(o)$ weniger, wodurch es strukturell dominant ist. Als injektive
Reorganisation können entweder alle gespeicherten f-Werte auf undefiniert (ω)
gesetzt werden (vgl. *FCRE*), oder etwas konstruktiver, können diese mit dem
letzten abgeleiteten Wert initialisiert werden. Diese Reorganisation ist nicht
surjektiv, da niemals f-Werte mit $f(o) \neq impl(o)$ erzeugt werden. Somit ist
diese Schemaänderung kapazitätserweiternd (CA).

FCMP (f : *function*, e : *expression*)

ändert eine Funktion f mit gespeicherten Werten in eine Funktion, deren Werte durch den Ausdruck e abgeleitet werden. Sei also $impl(f) = \omega$:

> μ : **set**$[impl := e](f)$
> ρ : $val(f) = n.a.$

Das geänderte Schema berechnet die f-Werte implizit und hat damit die Integritätsbedingung $f(o) = e(o)$ mehr, wodurch das alte Schema strukturell dominant ist. Da abgeleitete Funktionen keinen explizit gespeicherten Zustand haben, löscht die Reorganisation den Zustand $val(f) = \sigma(f)$, so daß $val(f)$ von nun an nicht mehr anwendbar ist: Diese Reorganisation ist nicht verlustfrei. Die Schemaänderung ist damit kapazitätsreduzierend (CR).

Tabelle 5.2 faßt die Elementaroperationen dieses Abschnittes zusammen. Sie gibt einen Überblick über die Schemaänderungen und die daraus folgende strukturelle Dominanz, sowie über die allenfalls verlustfreien Reorganisationen.

5.3.3 Änderung von Typdefinitionen

In diesem Abschnitt beschreiben wir die Elementaroperationen zur Evolution von Typdefinitionen. Im einzelnen gibt es solche Operationen zum Ändern des Typnamens (*TNAME*), zum Hinzufügen (*TADDF*) und Entfernen (*TREMF*) von lokalen Funktionen und zum Hinzufügen (*TDOWN*) und Entfernen (TUP) von Obertypen.

TNAME (t : *obj-type*, n : **string**)

ändert den Namen des Typs t auf n:

> μ : **set**$[tname := n](t)$
> ρ : id

Das geänderte Schema ist gegenüber dem alten Schema strukturell äquivalent. Als bijektive Reorganisation kann die Identitätsfunktion verwendet werden. Somit ist keine Reorganisation notwendig. Diese Schemaänderung ist damit kapazitätserhaltend (CP).

TADDF (t : *obj-type*, f : *function*)

erweitert die Menge der lokal zum Typ t definierten Funktionen um die Funktion f (vgl. Abbildung 5.6). Die Funktion f muß zuerst mit *FCRE* erzeugt worden sein und darf nicht bereits Funktion eines Objekttyps sein, also $\not\exists t' : f \in localf(t')$:

Tabelle 5.2: Elementaroperationen zur Funktionsevolution

Elementar-operation	Schemaänderung (μ) Dominanz	Reorganisation (ρ) Verlustfreiheit
$FNAME(f)$	keine Veränderung S, S' äquivalent	Identität bijektiv
$FSETV(f)$	$-card(f) = 1$ S' dominant	$\mathbf{apply}[\mathbf{set}[f := \{f(o)\}](o)]$ $(o : adom([f]))$ verlustfrei
$FSINV(f)$	$+card(f) = 1$ S dominant	$\mathbf{apply}[\mathbf{set}[f := \mathbf{pick}(f(o))](o)]$ $(o : adom([f]))$ nicht verlustfrei
$FGENR(f, r)$	$-ran(f) \preceq s$ S' dominant	Identität verlustfrei
$FSPECR(f, s)$	$+ran(f) \preceq s$ S dominant	$\mathbf{apply}[\mathbf{gain}[s](f(o))]$ $(o : adom([f]))$ [1] nicht verlustfrei
$FDOWN(f, s)$	$-t \preceq [f]$ S' dominant	Identität verlustfrei
$FUP(f, t)$	$+t \preceq [f]$ S dominant	$\mathbf{apply}[\mathbf{gain}[f](o)](o : adom(t))$ nicht verlustfrei
$FRELI(f, g)$	$-inv(f, g)$ S' dominant	Identität verlustfrei
$FSETI(f, g)$	$+inv(f, g)$ S dominant	$\mathbf{apply}[\mathbf{set}[f := \varphi(o)](o)]$ $(o : adom([f]))$ [2] nicht verlustfrei
$FSTR(f)$	$-f = impl$ S' dominant	$\mathbf{apply}[\mathbf{set}[f := impl(o)](o)]$ $(o : adom([f]))$ verlustfrei
$FCMP(f, e)$	$+f = impl$ S dominant	$val(f) = n.a.$ nicht verlustfrei

[1] entsprechend für mengenwertige f

[2] entsprechend für g, bzw. mengenwertige f, g

$$\mu : \mathbf{add}[f](localf(t))$$
$$\rho : \mathbf{apply}[\ \mathbf{gain}[f](o)\ ](o : adom(t))$$

Da Funktionen erst dadurch, daß sie lokale Funktion eines Objekttyps sind, anwendbar werden, hat das geänderte Schema mehr anwendbare Funktionen und ist damit strukturell dominant. Als verlustfreie Reorganisation verwenden wir eine Abbildung, die auf alle Instanzen des Typs t auch die Funktion f anwendbar macht. Diese Schemaänderung ist damit kapazitätserweiternd (CA).

Diese Reorganisation ist nur für gespeicherte Funktionen notwendig, da abgeleitete Funktionen keinen expliziten Zustand besitzen ($\rho = id$).

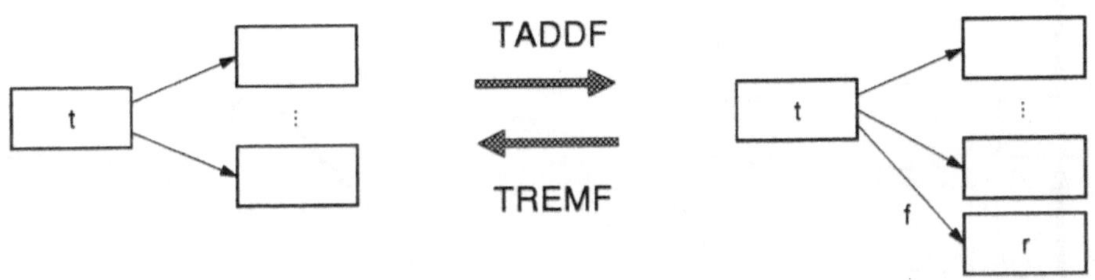

Abbildung 5.6: Hinzufügen/Entfernen einer lokalen Funktion

TREMF ($f : function$)

entfernt die Funktion f aus der Menge der zum Typ t lokal definierten Funktionen, sei also $f \in localf(t)$ (vgl. Abbildung 5.6):

$$\mu : \mathbf{remove}[f](localf(t))$$
$$\rho : adom([f]) = n.a.$$

Da Funktionen immer nur lokal zu einem Typ definiert sein können, hat das geänderte Schema weniger anwendbare Funktionen, womit das alte Schema strukturell dominant ist. Als Reorganisation verwenden wir eine Abbildung, die nicht injektiv ist, da sie die Objekte des Active domains des Typs $[f]$ auf undefiniert setzt.

Diese Reorganisation ist nur für gespeicherte Funktionen notwendig, da abgeleitete Funktionen keinen expliziten Zustand besitzen ($\rho = id$).

TUP ($t, s : obj$-$type$)

entfernt den Typ s aus der Menge der expliziten Obertypen von t. Die lokalen Funktionen $g_1, \ldots, g_i$ das Typs s werden danach nicht mehr an t vererbt. Sei also $t \prec s$ (vgl. Abbildung 5.7):

$$\mu :\ \mathbf{remove}[s](supert(t))$$
$$\rho :\ id$$

Das geänderte Schema hat die Integritätsbedingung $t \preceq s$ weniger und ist damit strukturell dominant. Die Identitätsfunktion $\rho = id$ ist eine gültige verlustfreie Abbildung, so daß es keine eigentliche Reorganisation benötigt. Damit ist diese Schemaänderung kapazitätserweiternd (CA).

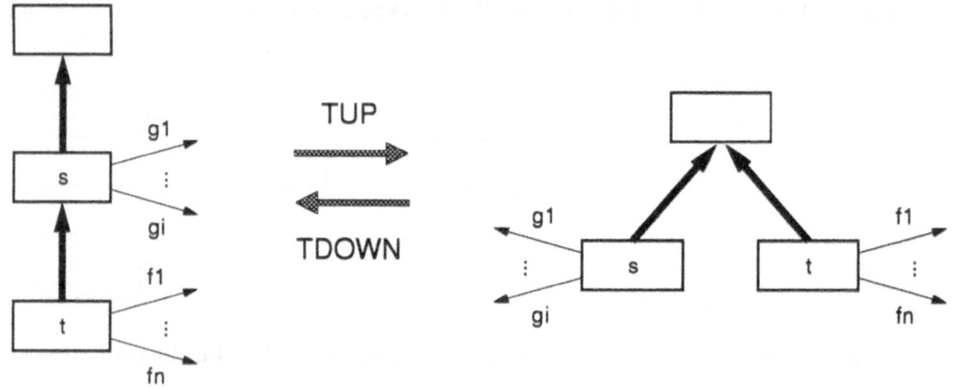

Abbildung 5.7: Entfernen/Hinzufügen eines Obertyps

TDOWN $(t, s : obj\text{-}type)$

fügt einen neuen expliziten Obertyp s zum Typ t hinzu. Die lokalen Funktionen $g_1, \ldots, g_i$ das Typs s werden zusätzlich an t vererbt. Sei also $t \npreceq s$ (vgl. Abbildung 5.7). Im Metaschema ist die Menge der expliziten Obertypen in der Funktion *supert* gespeichert:

$$\mu :\ \mathbf{add}[s](supert(t))$$
$$\rho :\ \mathbf{apply}[\ \mathbf{gain}[s](o)\ ](o : adom(t))$$

Das geänderte Schema hat die Integritätsbedingung $t \preceq s$ mehr, wodurch das alte Schema strukturell dominant ist. Die Reorganisation macht alle Instanzen des Typs t auf zu Instanzen von s. Diese Reorganisation ist nicht verlustfrei, da danach nicht mehr festgestellt werden kann, ob ein Objekt vor der Reorganisation bereits Instanz des Typs s war oder nicht. Eine alternative Reorganisation besteht darin, daß nur noch diejenigen Objekte Instanzen des Typs t sind, die auch schon vom Typ s sind. Die Schemaänderung ist mit beiden Reorganisationen kapazitätsreduzierend (CR).

Tabelle 5.3 faßt die Elementaroperationen dieses Abschnittes zusammen. Sie gibt einen Überblick über die Schemaänderungen und die daraus folgende strukturelle Dominanz,.sowie über die allenfalls verlustfreien Reorganisationen.

Tabelle 5.3: Elementaroperationen zur Typevolution

Elementar-operation	Schemaänderung (μ) Dominanz	Reorganisation (ρ) Verlustfreiheit
$TNAME(f)$	keine Veränderung S, S' äquivalent	Identität bijektiv
$TADDF(t, f)$	$+f$ S' dominant	$\mathbf{apply}[\mathbf{gain}[f](o)](o : adom(t))$ verlustfrei
$TREMF(f)$	$-f$ S dominant	$adom([f]) = n.a.$ nicht verlustfrei
$TUP(t, s)$	$-t \preceq s$ S' dominant	Identität verlustfrei
$TDOWN(t, s)$	$+t \preceq s$ S dominant	$\mathbf{apply}[\mathbf{gain}[s](o)](o : adom(t))$ nicht verlustfrei

5.3.4   Änderung von Klassendefinitionen

In diesem Abschnitt diskutieren wir die Elementaroperationen zur Evolution von Klassendefinitionen. Im einzelnen sind dies Operationen zur Änderung des Klassennamens ($CNAME$), des Instanzentyps ($CMTYPE$), der Basisklassen ($CBASES$), des lokalen Prädikates ($CLPRED$), sowie der **some-/all**-Verwendung ($CSOME/CALL$).

$CNAME$ ($c : class$, $n : $ **string**)

ändert den Namen der Klasse c zu n:

$$\mu : \mathbf{set}[cname := n](c)$$
$$\rho : id$$

Das geänderte Schema ist gegenüber dem alten Schema strukturell äquivalent. Als bijektive Reorganisation kann die Identitätsfunktion verwendet werden, d.h. mit anderen Worten, es ist keine Reorganisation notwendig. Diese Schemaänderung ist damit kapazitätserhaltend (CP).

$CMTYPE\ (c : class,\ t : obj\text{-}type)$

ändert den Instanzentyp der Klasse c auf t:

$$\mu :\ \mathbf{set}[mtype := t](c)$$
$$\rho :\ id$$

Das geänderte Schema ist gegenüber dem alten Schema strukturell äquivalent, da sich weder die anwendbaren Funktionen, noch die Integritätsbedingungen im Schema ändern. Es ändert sich lediglich die Berechnungsvorschrift der aktuellen Ausprägung der Klasse c auf

$$extent'(c) = \{o \in \sigma(t) \mid pred_c(o)\}$$

so daß sich diese nun aus dem active domain des Typs t berechnet. Die Identitätsabbildung ist somit eine gültige bijektive Reorganisation, womit diese Schemaänderung kapazitätserhaltend (CP) ist. Durch Änderung des Instanzentyps muß auch die implizite Klassenhierarchie neu berechnet werden.

$CBASES\ (c : class,\ B : \mathbf{set\ of}\ class)$

ändert die Menge der Basisklassen der Klasse c auf B (vgl. Abbildung 5.8):

$$\mu :\ \mathbf{set}[basec := B](c)$$
$$\rho :\ id$$

Das geänderte Schema ist gegenüber dem alten Schema strukturell äquivalent, da sich weder die anwendbaren Funktionen, noch die Integritätsbedingungen im Schema ändern. Da sich jedoch die Basisklassen $basec$ ändern, verändert sich das globale Prädikat $pred_c$, welches durch Konjunktion der lokalen Prädikate der Klassen aus B berechnet ist. Damit verändert sich die die Berechnungsvorschrift der aktuelle Ausprägung der Klasse c auf

$$extent'(c) = \{o \in \sigma(t) \mid pred_c(o)\}$$

Die Identitätsabbildung ist somit eine gültige bijektive Reorganisation, womit diese Schemaänderung kapazitätserhaltend (CP) ist. Durch Änderung der Basisklassen muß auch die implizite Klassenhierarchie vom Classifier neu berechnet werden.

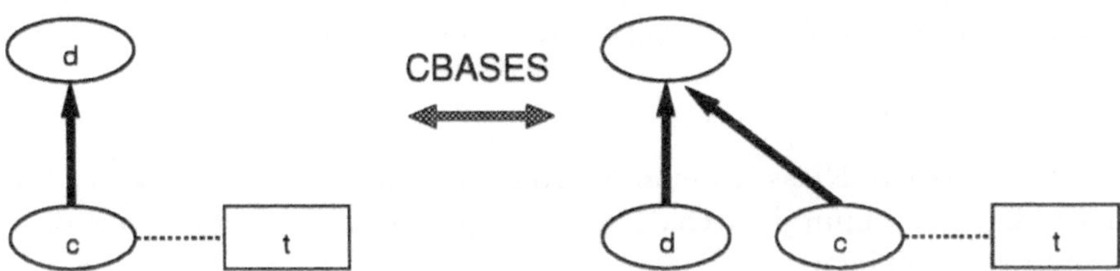

Abbildung 5.8: Ändern der Basisklassen

CLPRED (c : *class*, p : **object** $\rightarrow$ **boolean**)

ändert das lokale Prädikat der Klasse c auf das neue Prädikat p:

μ : **set**[$localp := p$](c)
ρ : id

Das geänderte Schema ist gegenüber dem alten Schema strukturell äquivalent,
da sich weder die anwendbaren Funktionen, noch die Integritätsbedingungen im
Schema ändern. Es ändert sich lediglich die Berechnungsvorschrift der aktuellen
Ausprägung der Klasse c auf

$$extent'(c) = \{o \in \sigma(t) \mid pred_c(o)\}$$

so daß nun das globale Prädikat $pred_c$ durch das neue lokale Prädikat p mit-
bestimmt wird. Die Identitätsabbildung ist somit eine gültige bijektive Reorganisation, womit diese Schemaänderung kapazitätserhaltend (CP) ist. Durch
Änderung des lokalen Klassenprädikates muß auch die implizite Klassenhierarchie vom Classifier neu berechnet werden.

CSOME (c : *class*)

überführt eine **all**-Klasse in eine **some**-Klasse, sei also $ctag(c) = all$. Die
Objekte in der Klasse c ergeben sich von nun an nicht mehr implizit aus
dem Klassenprädikat, sondern aus einer expliziten Einordnung durch Update-
Operationen:

μ : **set**[$ctag := some$](c)
ρ : **apply**[**add**[o](c)](o : c)

Das geänderte Schema verlangt nun einen explizit gespeicherten Zustand
$pmemb(c)$ für die Klasse c, wodurch es strukturell dominant ist. Die Reorganisation ist verlustfrei und initialisiert den Zustand der Klasse c, die Menge

pmemb der potentiellen Objekte, als die letzte Ausprägung der Klasse. Diese Schemaänderung ist dadurch kapazitätserweiternd (CA).

CALL $(c : class)$

ändert eine **some**-Klasse in eine **all**-Klasse, sei also $ctag(c) = some$. Von nun an ist die Klassenmitgliedschaft eines Objektes hinreichend durch das Klassenprädikat definiert:

$$\mu : \ \mathbf{set}[ctag := all](c)$$
$$\rho : \ pmemb(c) = n.a.$$

Das geänderte Schema hat für die Klasse c keinen explizit gespeicherten Zustand mehr, d.h. $pmemb(c) = n.a.$, wodurch das alte Schema strukturell dominant ist. Die Reorganisation ist nicht verlustfrei und setzt den Zustand der Klasse c, die Menge *pmemb* der potentiellen Objekte, auf undefiniert. Diese Schemaänderung ist dadurch kapazitätsreduzierend (CR).

Tabelle 5.4 faßt die Elementaroperationen dieses Abschnittes zusammen. Sie gibt einen Überblick über die Schemaänderungen und die daraus folgende strukturelle Dominanz, sowie über die allenfalls verlustfreien Reorganisationen.

Tabelle 5.4: Elementaroperationen zur Klassenevolution

Elementar- *operation*	*Schemaänderung (μ)* *Dominanz*	*Reorganisation (ρ)* *Verlustfreiheit*
$CNAME(c, n)$	keine Veränderung S, S' äquivalent	Identität bijektiv
$CMTYPE(c, t)$	keine Veränderung S, S' äquivalent	Identität bijektiv
$CBASES(c, B)$	keine Veränderung S, S' äquivalent	Identität bijektiv
$CLPRED(c, p)$	keine Veränderung S, S' äquivalent	Identität bijektiv
$CSOME(c)$	$-pmemb(c) = n.a.$ S' dominant	$\mathbf{apply}[\mathbf{add}[o](c)](o : c)$ verlustfrei
$CALL(c)$	$+pmemb(c) = n.a.$ S dominant	$pmemb(c) = n.a.$ nicht verlustfrei

5.3.5 Änderung von Sichtendefinitionen

Wir haben in Abschnitt 5.2 festgestellt, daß die Definition und das Löschen von
Sichten, als vollständig abgeleitete Information, immer kapazitätserhaltend ist.
Wir brauchen deshalb keine Elementaroperationen zur Evolution von Sichten-
definitionen (z.B. zum Ändern des Sichtennamens oder der Anfrage), da beide
Änderungen äquivalent sind mit dem Löschen (*VDEL*) der Sicht, gefolgt vom
erneuten Definieren der Sicht (*VCRE*) mit geändertem Namen bzw. geänderter
COOL-Anfrage.

5.4 Zusammenfassung und Diskussion

Dynamisches Erzeugen, Löschen oder Ändern von Schemaobjekten durch direkte Änderung der Metadatenbank beinhaltet Seiteneffekte, die wie folgt kontrolliert werden:

- *Inkonsistente Instanzen:* Direkte Änderungen des Metaschemas werden
  mit entsprechenden Reorganisationen der Datenbasis in atomare, elementare Grundoperationen eingeschlossen.

- *Inkorrekte Schemata:* Vor dem Ausführen von Schemaänderungen werden
  diese von einem Parser/Interpreter, den wir noch beschreiben werden,
  statisch auf Verträglichkeit mit dem Schema geprüft.

- *Laufzeitfehler:* Anwendungen, die ein geändertes Datenbankschema verwenden, müssen neu kompiliert werden, um festzustellen, ob diese noch
  mit dem Schema verträglich sind.

Tabelle 5.5 faßt die Elementaroperationen zum Definieren, Löschen und
Ändern von Variablen, Funktionen, Typen, Klassen und Sichten zusammen. Die
Fußnoten bedeuten: (1) abgeleitete Funktionen, (2) gespeicherte Funktionen,
(3) **all**–Klassen, (4) **some**-Klassen.

Diese Operationen erfüllen die zu Beginn des Kapitels aufgestellten formalen Eigenschaften: sie sind lokal, da jeweils nur ein Element der Metadatenbank
erzeugt/geändert wird; sie sind korrekt, da eine implizite DB-Reorganisation
die Schemaänderung propagiert; sie sind minimal, da keine Operation weggelassen werden darf; sie sind (lokal) vollständig, da jede Eigenschaft eines Schemaobjektes durch eine Elementaroperation geändert werden kann. Die DB-
Reorganisation ist zu jeder Schemaänderung so definiert, daß die Kapazitätsveränderung eindeutig CP, CR oder CA ist. Daraus ergibt sich das Bild, daß

Tabelle 5.5: Elementaroperationen zur Schemaevolution

	erhaltend	*kapazitäts-erweiternd*	*reduzierend*	*Beschreibung*
Variablen		ACRE		Variable erzeugen
			ADEL	Variable löschen
	ANAME			Variablenname ändern
		ASETV		Mengenwertigkeit setzen
			ASINV	Einwertigkeit setzen
		AGENR		Werteber. generalisieren
			ASPECR	Werteber. spezialisieren
Funktionen	FCRE[1]	FCRE[2]		Funktion erzeugen
	FDEL[1]		FDEL[2]	Funktion löschen
	FNAME			Funktionsname ändern
	FSETV[1]	FSETV[2]		Mengenwertigkeit setzen
	FSINV[1]		FSINV[2]	Einwertigkeit setzen
	FGENR[1]	FGENR[2]		Werteber. generalisieren
	FSPECR[1]		FSPECR[2]	Werteber. spezialisieren
	FDOWN[1]	FDOWN[2]		Def.-Ber. spezialisieren
	FUP[1]		FUP[2]	Def.-Ber. generalisieren
	FRELI[1]	FRELI[2]		Invers-Beziehung auflösen
	FSETI[1]		FSETI[2]	Invers-Beziehung setzen
		FSTR		Gespeicherte Funktion
			FCMP	Abgeleitete Funktion
Typen		TCRE		Typ erzeugen
			TDEL	Typ löschen
	TNAME			Typname ändern
	TADDF[1]	TADDF[2]		Lokale Funkt. hinzufügen
	TREMF[1]		TREMF[2]	Lokale Funkt. entfernen
		TUP		Obertyp entfernen
			TDOWN	Obertyp hinzufügen
Klassen	CCRE[3]	CCRE[4]		Klasse erzeugen
	CDEL[3]		CDEL[4]	Klasse löschen
	CNAME			Klassenname ändern
	CMTYPE			Instanzentyp ändern
	CBASES			Basisklassen ändern
	CLPRED			Lokales Prädikat ändern
		CSOME		Some-Verwendung setzen
			CALL	All-Verwendung setzen
Sichten	VCRE			Sicht erzeugen
	VDEL			Sicht löschen

es zu jeder Schemaänderung entweder eine CP-Operation oder ein Paar von CR/CA-Operationen gibt.

Andere Modelle, wie z.B. ORION oder O_2, die Datenbankschemata mit Hilfe von Graphen (DAGs) formalisieren, schlagen eine Taxonomie von Schemaänderungen in drei Gruppen vor: 1. Änderung eines Knoten, 2. Änderung einer Kante, und 3. Änderung eines Knoteninhalts. Während obige Elementaroperationen leicht einer solchen Systematik folgend eingeordnet werden können, kennt keines dieser Modelle die Auswirkung der Schemaänderungen auf die Informationskapazität.

Die Semantik der ORION- und O_2-Schemaänderungen wird zudem weitgehend informal auf der Basis von Schemainvarianten und Konfliktlösungsregeln diskutiert. Insbesondere steht kein formales Werkzeug zur Beschreibung der Auswirkung auf die Instanzenebene zur Verfügung. Im Gegensatz dazu sind die Elementaroperationen der Tabellen 5.5 formal definiert. Dazu haben wir von zwei fundamentalen COCOON-Mechanismen profitiert, die die notwendigen Voraussetzungen geschaffen haben:

1. Das Datenmodell unterstützt mehrfache Objekt-Typinstanziierung und Klassenmitgliedschaft. Es gibt Update-Operationen zur Manipulation von Typ- und Klassenausprägungen. Damit lassen sich Datenbankreorganisationen als einfache Updates formalisieren. Die Fortpflanzung einer Typänderung auf die Instanzenebene erfolgt beispielsweise einfach dadurch, daß die Objekte mit der **gain**-Operation zu Instanzen des neuen Typs gemacht werden.

2. Die Metadatenbank enthält eine Laufzeitrepräsentation der Schemas und ist durch „normale" generische Anfrage- und Änderungsoperationen manipulierbar. Wir können damit Änderungen der Schemadaten als Updates auf die Metadatenbank beschreiben.

Kapitel 6

Globale Datenbank-Restrukturierung

Die Elementaroperationen stellen die Funktionalität zur lokalen Schemaänderung bereit. Wir wollen diese Möglichkeiten nun weiterentwickeln und globale Datenbank-Restrukturierungen anstreben. Wiederum sollen keine speziellen Methoden definiert werden, sondern es soll auf die bestehenden Mechanismen aufgebaut werden.

In diesem Kapitel stellen wir eine Sprache zur globalen Datenbank-Restrukturierung vor, die aus vier generischen Schemaänderungen besteht, deren formale Semantik durch Abbildung auf Sequenzen von Elementaroperationen definiert ist. Es werden zusätzliche syntaktische Konstrukte eingeführt, die einerseits die Funktionalität erweitern, andererseits aber auch eine elegante Schreibweise ermöglichen.

Wir werden zeigen, wie diese Sprache zur Formulierung komplexer Restrukturierungen von Objekt-Datenbanken verwendet werden kann. Ein besonderes Augenmerk wollen wir dabei auf die globale Veränderung der Informationskapazität legen.

6.1   Die Schemaevolutionssprache (COOL-SML)

Die Elementaroperationen zur lokalen Schemaänderung stellen noch keine geeignete Benutzer-Schnittstelle dar. Sie bilden lediglich die Grundlage für eine höhere Ebene von Schemaänderungen, die dann als eigentliche Schemaevolutionssprache (SML – schema manipulation language) verstanden werden kann.

Die COOL-SML entsteht durch orthogonale Erweiterung der DDL. Die Semantik ist operational, durch Abbildung auf die Elementaroperationen, gegeben. Die COOL-SML hat im wesentlichen vier Aufgaben: (i) die Bereitstellung einer für den Benutzer/DBA geeigneten Schnittstelle zur deklarativen Beschreibung von Schemaevolution; (ii) die Überprüfung der Gültigkeit einer Schemaänderung im Kontext globaler Konsistenzbedingungen (Strukturregeln); (iii) die Übersetzung einer Schemaänderung in eine entsprechende Sequenz von Elementaroperationen; (iv) die Reoptimierung der impliziten Objekttyp- und Klassenhierarchie.

6.1.1 Generische Schemaänderungen

Die Schemaevolutionssprache besteht aus vier generischen Operationen: der bekannten DDL-Anweisung **define** und den drei neuen Anweisungen **redefine**, **rename** und **undefine**. Jede dieser Anweisungen kann auf Datenbanken oder Schemaobjekte (Variablen, Funktionen, Objekttypen, Klassen, Sichten) angewandt werden. Die vollständige Beschreibung der COOL-SML befindet sich in Anhang A. Hier soll trotzdem ein kurzer Überblick gegeben werden.

Die **define database**-Anweisung dient unverändert der Definition neuer Datenbanken. Auf sie können nur weitere **define**-Anweisungen zur Definition von Schemaobjekten folgen:

$$\textbf{define database } \textit{SchemaName}$$

$$\textbf{as } \{ \textbf{ define } \begin{bmatrix} \textbf{var} \\ \textbf{function} \\ \textbf{type} \\ \textbf{class} \\ \textbf{view} \end{bmatrix} \textit{ObjectName} \ldots \} \textbf{ end}$$

Die **redefine database**-Anweisung restrukturiert eine bestehende Datenbank. Eine darauffolgende **define**-Anweisung fügt neue Schemaobjekte zur Datenbank hinzu, während **redefine** oder **rename** Schemaobjekte ändert und **undefine** bestehende Schemaobjekte löscht:

$$\textbf{redefine database } \textit{SchemaName}$$

$$\textbf{as } \{ \begin{bmatrix} \textbf{define} \\ \textbf{redefine} \\ \textbf{rename} \\ \textbf{undefine} \end{bmatrix} \begin{bmatrix} \textbf{var} \\ \textbf{function} \\ \textbf{type} \\ \textbf{class} \\ \textbf{view} \end{bmatrix} \textit{ObjectName} \ldots \} \textbf{ end}$$

Die **undefine database** und **redefine database**-Anweisungen löschen Datenbanken bzw. ändern deren Namen:

$$\begin{bmatrix} \textbf{undefine} \\ \textbf{rename} \end{bmatrix} \textbf{database} \; \textit{SchemaName} \; \textbf{end}$$

Das Definieren (**define database**), Ändern (**redefine database**), Umbenennen (**rename database**) oder Löschen (**undefine database**) einer Datenbank wird insgesamt als *Transaktion* verstanden. Dabei wird der Transaktionsbegriff hier absichtlich verwendet, da solche Folgen von Schemaevolutionen die ACID-Eigenschaften erfüllen müssen, d.h. 1. atomar, also vollständig oder gar nicht ausgeführt werden, 2. nur konsistente Schemata, sowie mit den Schemata konsistente Datenbasen liefern, 3. immer isoliert von anderen Datenbanktransaktionen ablaufen, und 4. nach erfolgtem Abschluß die Dauerhaftigkeit der Schemaänderung garantieren.

Besteht die Transaktion also aus einer Sequenz von generischen Schemaänderungen, so sind Anfang und Ende implizit durch *BOT* (begin-of-transaction) und *EOT* (end-of-transaction) Anweisungen markiert:

> **(re)define database ... end**
> $\hookrightarrow BOT, \ldots, EOT$

Im folgenden gehen wir nun detailliert darauf ein, wie innerhalb solcher Transaktionen einzelne Schemaobjekte definiert, geändert oder gelöscht werden können. Wir werden zur Illustration auf zahlreiche aus der Literatur bekannte Beispiele zurückgreifen.

6.1.2   Abbildung auf Elementaroperationen

Die formale Semantik der SML ist durch Abbildung der generischen Schemaänderungen in Sequenzen von Elementaroperationen definiert. Die Abbildung ist durch einen *COOL-Parser/Interpreter* (P/I) realisiert und erfolgt im wesentlichen in drei Schritten:

1. Der Parser überprüft die syntaktische Korrektheit einer SML-Operation. Dann stellt er sicher, daß ein gültiges Schema erzeugt wird, indem er die Verträglichkeit der beabsichtigten Schemaänderung mit den Strukturregeln untersucht.

2. Der Interpreter übersetzt die generische SML-Operationen in eine Sequenz von Elementaroperationen, welche die Schemaänderung realisieren. Er führt diese Elementaroperationen aus, wodurch die Schemadaten geändert und die Datenbasis reorganisiert wird.

3. Der Schema-Classifier stellt fest, ob durch die Elementaroperationen die explizite Objekttyp- und Klassenhierarchie verändert wurde und damit allenfalls die impliziten Hierarchien reoptimiert werden müssen (siehe Abschnitt 6.1.3).

Es scheint wenig sinnvoll, einen SML-Compiler zu verwenden, der Schemaänderungen zuerst kompiliert und damit gewisse Prüfungen statisch vornimmt. Zwar könnte beim Kompilieren von SML-Anweisungen festgestellt werden, daß die beabsichtige Schemaänderung mit dem aktuellen Schema verträglich ist, allerdings muß dies kurz darauf, beim Ausführen der Anweisung, nicht mehr Gültigkeit haben. Es liegt also nahe, die statische Prüfung der SML-Operationen direkt mit deren Ausführung zu verbinden, was bei einem Interpreter geschieht und damit dem inkrementellen, dynamischen Charakter von Schemaänderungen näher kommt.

Eine Prolog-Implementierung des P/I wird später in Abschnitt 10.2 detailliert vorgestellt. Hier soll vorweg die grundsätzliche Funktionsweise anhand einiger Beispiele aufgezeigt werden.

Definition neuer und Erweiterung bestehender Schemaobjekte

define-Anweisungen werden vom P/I nach der Syntaxprüfung in die Elementaroperationen *ACRE, FCRE, TCRE, CCRE* oder *VCRE* abgebildet. Dadurch definieren oder erweitern sie eine Datenbank. Betrachten wir dazu Ausschnitte aus der *GlobetrotterDB* (Beispiel 2). Die Definition einer neuen Klasse wird direkt durch eine einzige Elementaroperation *CCRE* zum Erzeugen der Klasse realisiert:

> **define class** *Straßen* : *straße* **some** *KartenObjekte*;
> $\hookrightarrow$ *CCRE("Straßen",straße,{KartenObjekte},false)*

Andere Definitionen werden in Folgen von Elementaroperationen abgebildet. Wenn beispielsweise ein Objekttyp und gleichzeitig Funktionen definiert werden, generiert der P/I vor der *TCRE*-Operation zum Erzeugen des Objekttyps für jede Funktion eine *FCRE*-Anweisung:

> **define type** *straße* **isa** *kartenobjekt* = *name* : **string**, *art* : **boolean**;
> $\hookrightarrow$ *FCRE("name",string,false,ω,ω)*,
> *FCRE("art",boolean,false,ω,ω)*,
> *TCRE("straße",{kartenobjekt},{name,art})*

Die spätere Erweiterung eines bestehenden Objekttyps durch Hinzufügen einer neuen Funktion, wird in eine *FCRE*-Operation, gefolgt vom Hinzufügen der Funktion zum Objekttyp durch *TADDF* übersetzt:

define function *breite* : *straße* → **integer**;
  ↪ *FCRE("breite", integer, false, ω, ω)*,
    TADDF(straße,breite)

Veränderung bestehender Schemaobjekte

Um bestehende Schemaobjekte zu verändern, müssen diese mit der **redefine**-Anweisung unter demselben Namen nochmals definiert werden. Der P/I vergleicht die neue Definition mit der alten in der Metadatenbank, analysiert die Unterschiede und leitet daraus eine Sequenz elementarer Schemaänderungen ab. Die Funktion *hat_elemente* der *GlobetrotterDB* soll durch folgende **redefine**-Anweisung abgeändert werden:[1]

redefine function *hat_elemente* : *stadt* → *kartenobjekt*;
  ↪ *FSINV, FGENR, FRELI*

Aufgrund eines Vergleichs mit der bestehenden Definition stellt der P/I fest, daß die Mengenwertigkeit, der Wertebereich, sowie die invers-Funktion verändert wurden, und erzeugt die Elementaroperationen *FSINV, FGENR* und *FRELI*.

Eine zweite Anweisung soll die Klasse *WeltStädte* ändern. Der Vergleich mit der aktuellen Definition ergibt, daß Basisklassen, das lokale Prädikat und die **some** in eine **all**-Verwendung verändert wurden, was demzufolge in die drei Elementaroperationen *CBASES, CLPRED* und *CALL* abgebildet wird:

redefine class *WeltStädte* : *stadt* **all** *SchöneStädte*
             where *einw* > 10^6;
  ↪ *CBASES, CLPRED, CALL*

rename-Anweisungen ändern den Schemaobjektnamen. Für Namensänderungen gibt es eigene Operationen, da die Namen als Einstiegspunkt für alle Schemaänderungen dienen. Sie werden direkt in die entsprechende Basisoperation *ANAME, FNAME, TNAME, CNAME* oder VNAME übersetzt. Im Beispiel der *GlobetrotterDB* wird der Name des Typs *fluß* wie folgt in *gewässer* geändert und vom P/I übersetzt:

rename type *fluß* **to** *gewässer*;
  ↪ *TNAME*

undefine-Anweisungen löschen schließlich Schemaobjekte aus dem Datenbankschema. Sie werden in die Basisoperationen *ADEL, FDEL, TDEL, CDEL* oder *VDEL* übersetzt. Folgende Anweisung löscht die Variable *rathaus*:

---

[1] Wir lassen im folgenden die Parameter der Elementaroperationen weg.

undefine var *rathaus*;
    ↪ *ADEL*

Der P/I prüft vor der Übersetzung generischer SML-Anweisungen in Elementaroperationen eine allfällige Verletzung der Strukturregeln. Bei der Definition und Änderung von Schemaobjekten muß z.B. sichergestellt werden, daß der Name eindeutig ist, und die verwendeten Schemaobjekte in der verlangten Form existieren. Die Überprüfung von **rename**- oder **undefine**-Anweisungen besteht hauptsächlich darin, daß der P/I feststellt, ob die Namen dieser Schemaobjekte in Anfrageausdrücken vorkommen, d.h. in der Implementierung einer abgeleiteten Funktion, im lokalen Klassenprädikat oder im Anfrageausdruck einer Sicht. Ist dies der Fall, so wird die Schemaänderung zurückgewiesen, da ansonsten Laufzeitfehler auftreten würden (verhaltensmäßige Konsistenz). Aus der Implementierung in Abschnitt 10.2 wird ersichtlich, wann genau welche Konsistenzregel geprüft werden muß.

6.1.3   Der Schema-Classifier

In Abschnitt 3.1 haben wir die Unterscheidung zwischen expliziter und impliziter Objekttyp- und Klassenhierarchie eingeführt. Während die explizite Unter-/Obertypen- bzw. Unter-/Oberklassen-Beziehung durch die Schemadefinition gegeben und im Metaschema festgehalten wird, entsteht die implizite Hierarchie durch Anwenden eines *Schema-Classifiers*.

Die explizite Hierarchie ist nie falsch, höchstens nicht optimal. Wenn ein Classifier existiert, kann dieser verwendet werden, um eine genauere Hierarchie zu schaffen. Die Funktionsweise des Classifiers besteht also darin, daß dieser versucht das Schema hinsichtlich Unter-/Obertypen und Unter-/Oberklassen-Beziehungen zu optimieren.

Die implizite Unter-/Obertypen-Hierarchie ist durch Gleichung 3.2 gegeben. Der Classifier vergleicht also die auf einem Objekttypen definierten Funktionen und versucht Teilmengenbeziehungen auszunützen, um implizite Unter-/Obertypen zu bestimmen.

Die implizite Unter-/Oberklassen-Hierarchie (welche auch für Sichten gilt) ist durch Gleichung 3.6 gegeben. Der Classifier vergleicht hier die Instanzentypen von Klassen und Sichten sowie deren globale Prädikate und versucht daraus implizite Unter-/Oberklassen zu bestimmen.

Wie wir bereits im Abschnitt 2.3 über die Einordnung von Sichten festgehalten haben, beinhaltet die Feststellung von Unter-/Oberklassen-Beziehungen die Bestimmung von Prädikatenimplikation, einem im allgemeinen unentscheidbaren Problem. Da wir die erlaubten Prädikate nicht einschränken wollen, ist unser Classifier unvollständig in dem Sinne, daß er zwar nie eine falsche, aber nicht in jedem Fall die optimale Klassifikation findet.

Wurde also die explizite Objekttyp-/Klassenhierarchie von einem Classifier optimiert, so muß nach jeder Schemaevolution, die die expliziten Hierarchien verändert hat, der Classifier erneut eingesetzt werden, um die impliziten Hierarchien neu zu berechnen.

Im einzelnen muß der Classifier nach jeder Definition neuer Objekttypen, Klassen oder Sichten, der Änderung bestehender Funktionen, Objekttypen, Klassen oder Sichten und dem Löschen von Objekttypen, Klassen oder Sichten eingesetzt werden (siehe auch die Implementierung in Abschnitt 10.2).

6.2   Restrukturierung von Datenbanken

Die vier generischen Schemaänderungen stellen die Schnittstelle zu den Elementaroperationen zur lokalen Schemaänderung dar. Wir realisieren damit nun komplexe, globale Datenbank-Restrukturierungen. Als Ausgangspunkt dient die schon in Abschnitt 4.3 erkannte Möglichkeit, mit Sichten (sowie **all**-Klassen und abgeleiteten Funktionen) einige (CP und CR) Schemaänderungen zu simulieren:

BEISPIEL 8:   Eine Datenbank, in der Personen eine Adresse *adr* mit *plz, straße, ort* haben (Abb. 6.1, linke Seite), soll so restrukturiert werden, daß z.B. die Funktion *plz* direkt auf Personen anwendbar ist (rechte Seite der Abbildung).

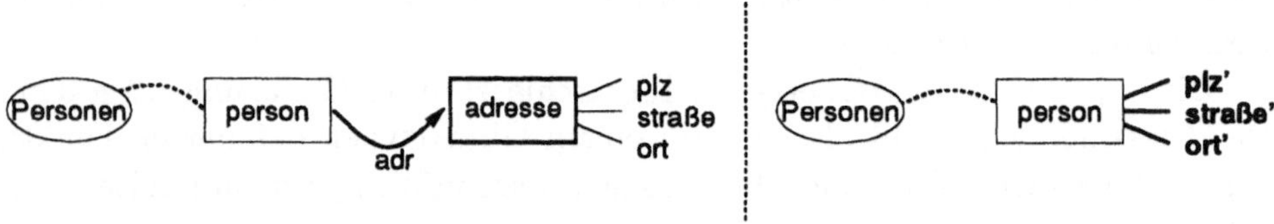

Abbildung 6.1: Restrukturierung durch Entnestung/Nestung

Um die gewünschte Restrukturierung zu simulieren, kann eine abgeleitete Funktion *plz'* definiert werden, die zu jeder Person *p* deren PLZ durch den Ableitungsausdruck *plz(adr(p))* liefert:

> **define function** plz' : $person \rightarrow$ **integer**
> **as** p: $plz(adr(p))$
> **on** **set**$[plz':= x](p)$ **do** **set**$[plz:= x](adr(p))$

Weil der COOL-Parser die direkte Änderung der abgeleiteten Funktionen plz'
verbietet, müssen diese in Updates des plz-Wertes von $adr(p)$ transformiert
werden. $\diamond$

Der konsequente nächste Schritt, von der Simulation einer Schemaevolution
durch Sichten hin zur globalen Datenbank-Restrukturierung, besteht nun darin,
die Anfrage, im Gegensatz zur Sichtendefinition, in Form eines „Snapshots"
(konzeptuell) zu *materialisieren*.

6.2.1 Initialisierungsausdrücke (Snapshots)

Wir führen dazu die Möglichkeit zur Initialisierung von Schemaobjekten durch
COOL-Anfragen ein. Syntaktisch geschieht dies mit einer Erweiterung der **define**-Anweisung der Schemadefinitionssprache (Anhang A) um einen optionalen
from-Teil:

$$\textbf{define} \begin{bmatrix} \textbf{var} \\ \textbf{function} \\ \textbf{type} \\ \textbf{class} \\ \textbf{view} \end{bmatrix} \textit{SchemaName} \ldots \textbf{ from } \textit{QueryExpr} \textbf{ end}$$

Wird bei der Definition eines Schemaobjektes ein **from**-Anfrageausdruck
QueryExpr angegeben, so leitet sich daraus sowohl der Instanzentyp des neuen
Schemaobjektes, wie auch dessen aktuelle Ausprägung ab. Solche „erweiterten" **define**-Anweisungen entsprechen den bekannten DDL-Statements, jedoch
gefolgt von der Initialisierung durch Update-Operationen („Snapshots"). Es
handelt sich somit lediglich um eine syntaktische Erweiterung.

Die erweiterte Variablendefinition beinhaltet die Zuweisung eines Aus-
druckes *expr* an die Variable v. Sei $expr : t$, dann gilt

> **define var** v $[: t']$ **from** $expr$
> $\equiv$ **define var** v : t'';
> $v := expr.$

Wird v mit einem expliziten Typ t' definiert, dann ist dies der Typ der Variablen
($t'' = t'$) und $t \preceq t'$ muß gelten. Ansonsten erhält v implizit den Typ des
Ausdrucks *expr*, also $t'' = t$.

Die erweiterte Funktionsdefinition beinhaltet die Initialisierung durch eine Funktion $fctExpr$. Sei $fctExpr : t_1 \rightarrow t_2$, dann gilt

> **define function** $f :\ t_1'\ [\rightarrow\ t_2']$ **from** $fctExpr$
> $\equiv$ **define function** $f :\ t_1'\ \rightarrow\ t''$;
> $\qquad f := fctExpr.$

Der Definitionsbereich t_1' für f muß zwingend angegeben werden und $t_1 \preceq t_1' \preceq$ **object** muß erfüllt sein. Wird f mit einem expliziten Wertebereich t_2' definiert, dann ist dies der Wertebereich der Funktion ($t'' = t_2'$) und $t_2 \preceq t_2'$ muß gelten. Ansonsten erhält f implizit den Wertebereich der Ausdrucks $fctExpr$, also $t'' = t_2$. Man beachte, daß die Angabe eines Initialisierungsausdruckes nur für gespeicherte Funktionen sinnvoll und damit erlaubt ist.

Die erweiterte Typdefinition beinhaltet die Initialisierung des Active domains durch eine Folge von **gain**-Operationen. Sei $setExpr : \{t'\}$ eine Objektmenge ($t' \preceq$ **object**), dann gilt

> **define type** t [**isa** $t_1, \ldots, t_m$] [$= f_1, \ldots, f_n$] **from** $setExpr$
> $\equiv$ **define type** $t :\ t''$;
> $\qquad$ **apply** [**gain**$[t](o)$]$(o : setExpr)$.

Wird t explizit als Untertyp von $t_1, \ldots, t_m$ und/oder mit lokalen Funktionen $f_1, \ldots, f_n$ definiert, dann leitet sich daraus der Typ von t ab ($t'' = t_1 \sqcap \ldots \sqcap t_m \sqcap [f_1, \ldots, f_n]$). Ansonsten erhält t implizit den Typ des Ausdrucks $setExpr$, also $t'' = t'$.

Die erweiterte Klassendefinition beinhaltet die Initialisierung der Menge der potentiellen Objekte $pmemb(c)$ durch eine Folge von **add**-Operationen. Sei $setExpr : \{t'\}$ ein Objektmenge ($t' \preceq$ **object**), dann gilt

> **define class** c [$: t$] [**some**|**all** $c_1, \ldots, c_n$] [**where** p] **from** $setExpr$
> $\equiv$ **define class** $c\ :\ t''\ \ldots$;
> $\qquad$ **apply** [**add**$[o](c)$]$(o : setExpr)$.

Wird c mit einem expliziten Instanzentyp t definiert, dann ist dies der Typ von c ($t'' = t$). Ansonsten erhält c implizit den Typ des Ausdrucks $setExpr$, also $t'' = t'$. Wird c mit einem expliziten Klassenprädikat p und/oder Basisklassen $c_1, \ldots, c_n$ definiert, dann wird so die Positionierung von c in der Klassenhierarchie festgelegt. Ansonsten errechnet sich diese implizit aus dem Ausdruck $setExpr$ (vgl. Sichten). Man beachte, daß die Angabe eines Initialisierungsausdruckes nur für **some**-Klassen sinnvoll ist, da nur diese eine Menge $pmemb$ und damit einen Zustand haben. Erweiterte Definitionsoperationen für **all**-Klassen oder Sichten sind nicht definiert.

Um den Unterschied zwischen „virtuellen Sichten" und „materialisierten Schemaevolutionen" zu zeigen, betrachten wir die Fortsetzung des einleitenden Beispiels:

BEISPIEL 8: (Fortsetzung) Die Datenbank-Restrukturierung kann nun durchgeführt werden. Eine neue gespeicherte Funktion plz' wird definiert und für jede Person p mit $plz(adr(p))$ initialisiert. Anschließend wird die alte plz Funktion gelöscht:

> **define function** plz' : $person$ → **integer**
> **from** p : $plz(adr(p))$;
> **undefine function** plz

Die Unterschiede der zwei Ansätze zeigen sich bei Änderungsoperationen. Während bei der Simulation zwei Personen p, p' mit $adr(p) = adr(p')$ keine unterschiedlichen plz'-Werte haben können, ist dies nun im zweiten Fall möglich. Man beachte, daß diese Schemaevolution genau deshalb kapazitätserweiternd (CA) ist.

Auch die Umkehrung der Restrukturierung, bei der die drei Attribute plz, $straße$, $stadt$ zu einem Objekt adr zusammengefaßt werden sollen, kann nun beschrieben werden. Für jedes $<plz',straße',stadt'>$-Tupel wird ein $adresse$-Objekt erzeugt. Dazu wird eine mengenwertige Variable R (d.h. eine Relation $R(plz',straße',stadt')$) definiert und mit einer entsprechenden **extract**-Operation initialisiert. **apply** iteriert über alle Tupel $t \in R$, erzeugt für jedes t ein Objekt o vom Typ $adresse$ und initialisiert dessen $plz, straße, stadt$-Werte mit den entsprechenden Werten des Tupels:

> **define var** R **from extract**$[plz',straße',stadt'](adom(person))$;
> **apply**[**create**$[adresse](o)$; **set**$[plz:= t.plz'; ...](o)$]$(t : R)$

Danach kann die Funktion adr definiert werden. Für jedes $p \in person$ wird $adr(p)$ dasjenige $adresse$-Objekten mit denselben $plz, straße, stadt$-Werten zugewiesen:

> **define function** adr : $person$ → $adresse$
> **from** p : **pick**(**select**$[plz = plz'(p) \wedge ...](adom(adresse)))$

Man beachte, daß die mit dieser Restrukturierung verbundene Reorganisation Objekte erzeugt und damit nicht mehr intern im Sinne von Definition 4.8 ist. Wir haben bereits früher darauf hingewiesen, daß auch nicht interne Reorganisationen durchaus sinnvoll sein können. Dies ist nun ein Beispiel dazu.   ◇

Es lassen sich nun beliebige Datenbank-Restrukturierungen durchführen, insbesondere natürlich auch die elementaren Schemaänderungen des vorangehenden Kapitels. Man beachte allerdings, daß die Formulierung von lokalen Schemaänderungen als Datenbank-Restrukturierungen nicht nur sehr umständlich ist, sondern die Bestimmung der Kapazitätsveränderung von DB-Restrukturierungen i.a. unentscheidbar ist, da durch den Initialisierungsausdruck eine beliebige Reorganisation definiert werden kann. Elementare Schemaänderungsoperationen bewirken im Gegensatz dazu eine implizite Reorganisation der Datenbasis, so daß die Kapazitätsveränderung wohldefiniert ist.

6.2.2 Parametrisierte SML-Anweisungen

Um generische (parametrisierte) Transaktionen definieren zu können, wird eine Syntax benötigt, in der Schemaobjektnamen durch Variablen bezeichnet werden können, so daß sich die aktuellen Parameter einer Transaktion an SML-Anweisungen übergeben lassen.

Die Notation $\langle s \rangle$, mit s einer Variablen vom Typ **string**, erlaubt genau diese Parametrisierung von SML-Anweisungen. Die Parameter werden dabei vorerst statisch, d.h. vom Parser beim Übersetzen in die Elementaroperationen durch deren Wert ersetzt.

BEISPIEL 9:   [Cat91, Joh93] Man betrachte die Restrukturierung einer durch endlich viele Funktionswerte dargestellten Objekteigenschaft in entsprechende Objekt-Klassen-Zugehörigkeiten. Als generische SML-Transaktion für boole'sche Funktionen F läßt sich eine solche Restrukturierung wie folgt deklarieren:

```
define transaction horizontal_partition[DB, F, A, B, C] as
redefine database ⟨DB⟩ as
    define class ⟨A⟩ some ⟨C⟩ from select[ ⟨F⟩ ]( ⟨C⟩ );
    define class ⟨B⟩ some ⟨C⟩ from select[ ¬⟨F⟩ ]( ⟨C⟩ );
    undefine function ⟨F⟩;
end.
```

DB muß einen Datenbanknamen, F einen Funktionsnamen und A, B, C Klassennamen enthalten. Diese Restrukturierung entspricht der horizontalen Partitionierung der Objekte einer Klasse C in Unterklassen A und B.

Sei nun, wie in Abbildung 6.2 dargestellt, eine Datenbank $PersDB$ mit einer Klasse $Personen$ und einer Funktion $geschl : person \rightarrow$ **boolean** gegeben, so

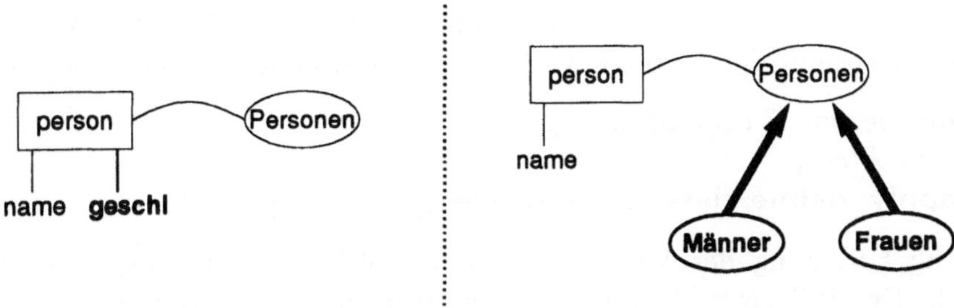

Abbildung 6.2: Restrukturierung durch horizontale Partitionierung

erzeugt die Anweisung

$$horizontal\_partition[\text{"}PersDB\text{"}, \text{"}geschl\text{"}, \text{"}M\ddot{a}nner\text{"}, \text{"}Frauen\text{"}, \text{"}Personen\text{"}]$$

zwei neue Klassen *Männer* und *Frauen*, initialisiert diese mit entsprechenden Objekten aus *Personen* und löscht schließlich die Funktion *geschl*.   ◇

Während die Parameter obiger SML-Anweisungen statisch gebunden werden, ist in vielen Fällen eine dynamische Ersetzung zur Laufzeit wünschenswert. Die syntaktischen Möglichkeiten, Schemaobjektnamen durch Variablen bezeichnen zu können, bleiben dieselben.

Man betrachte die folgende Definition einer Klasse c und deren Übersetzung in die Elementaroperation *CCRE*. c wird mit Objekten der Klasse d initialisiert, die eine vom Namen der Klasse abhängige Bedingung erfüllen. Der String "c" erscheint in der Anweisung sowohl als Name der zu erzeugenden Klasse, wie auch als Parameter in der Selektion:

define class c **from select**$[p = \text{"}c\text{"}](d)$
   $\hookrightarrow$ *CCRE*$(\text{"}c\text{"}, \textbf{object}, \emptyset, false)$

Sei nun s eine Variable vom Typ **string**, dann läßt sich eine Klasse definieren, deren Name sich aus dem Wert von s dynamisch ergibt:

define var s : **string**;
$s := \text{"}c\text{"}$;
define class $\langle s \rangle$ **from select**$[p = s](d)$
   $\hookrightarrow$ *CCRE*$(s, \textbf{object}, \emptyset, false)$

Noch einen Schritt weiter geht die folgende Anweisung, in der S eine Menge von Klassennamen bezeichnet. Durch die Kombination der SML-Anweisung mit dem Mengeniterator **apply** wird eine Menge von Schemaobjekten erzeugt:

> **define var** S : **set of string**;
> $S := \{"c_1", \ldots, "c_n"\}$;
> **apply**[**define class** $\langle s \rangle$ **from select**$[p = s](d)$]$(s : S)$

Statische Ersetzung der Variablen s ist in solchen Ausdrücken nicht mehr möglich. Der P/I setzt dynamisch jeden Wert der Laufvariablen $s \in S$ genau einmal in die SML-Anweisung (**define class** ...) ein, prüft deren Gültigkeit, übersetzt sie in Elementaroperationen und erzeugt eine Klasse mit diesem Namen.[2]

Man erhält dadurch Möglichkeiten, die mit denen von Dynamic SQL [DD93] vergleichbar sind. Die folgende Anweisung wäre beispielsweise denkbar:

> **define var** S : **set of string**;
> $S := \{"$**define class** c;$", \ldots, "$**select**$[p](c)$;$"\}$;
> **apply**[$\langle s \rangle$]$(s : S)$

Ausdrücke in dieser Allgemeinheit wollen wir hier aber nicht verwenden, sondern uns auf Variablen beschränken, die für Schemaobjektnamen stehen.

Dynamisch ersetzte Parameter in SML-Ausdrücken können zu Laufzeitfehlern führen. In der obigen Anweisung könnte beispielsweise innerhalb der **apply**-Anweisung versucht werden, eine Klasse mit ungültigem Namen zu erzeugen, was nicht statisch (vor der Ausführung der ganzen **apply**-Anweisung), sondern erst während der Ausführung festgestellt werden kann. Wir weisen aber darauf hin, daß dies ein Problem der dynamischen Schemaänderung im allgemeinen ist (vgl. auch Abschnitt 3.3).

Die Verwendung dynamisch ersetzter Variablen in **apply**-Anweisungen ist insbesondere in der Kombination mit Metadatenbank-Anfragen interessant, da dies neue Möglichkeiten zur DB-Restrukturierung ergibt [KLK91]. So kann nun eine Verallgemeinerung der Restrukturierung aus Beispiel 9 beschrieben werden, bei der das unterscheidende Attribut nicht mehr nur zwei Werte (wahr/falsch), sondern beliebig (endlich) viele haben kann.

---

[2] Syntaktisch könnten die Elementaroperationen *ACRE*, *FCRE*, *TCRE*, *CCRE* und *VCRE* innerhalb der Iteration auch direkt aufgerufen werden. Allerdings würde dann die Ebene der generischen Operationen umgangen werden, womit die Schemadefinition nicht auf Verletzung von Strukturregeln hin geprüft wird. Stattdessen verwenden wir wiederum eine Syntax, in der innerhalb der **define**-Anweisung die Verwendung von variablen Parametern möglich ist.

BEISPIEL 10: Es soll ein Schema mit der Klasse *Artikel* und einer veränderlichen, jedoch zu jedem Zeitpunkt definierten, endlichen Anzahl Unterklassen *Schrauben, Nägel, Bolzen, ...* in ein Schema mit einer Funktion *art* transformiert werden (vgl. Abbildung 6.3). Zu jedem Objekt *o* der Klasse *Artikel* soll die Funktion *art(o)* als Wert den Namen derjenigen Unterklasse haben, in der *o* enthalten ist. Der Wertebereich der Funktion *art* darf dabei natürlich nicht mehr auf wahr oder falsch beschränkt sein, sondern wird nun als **string** angegeben.

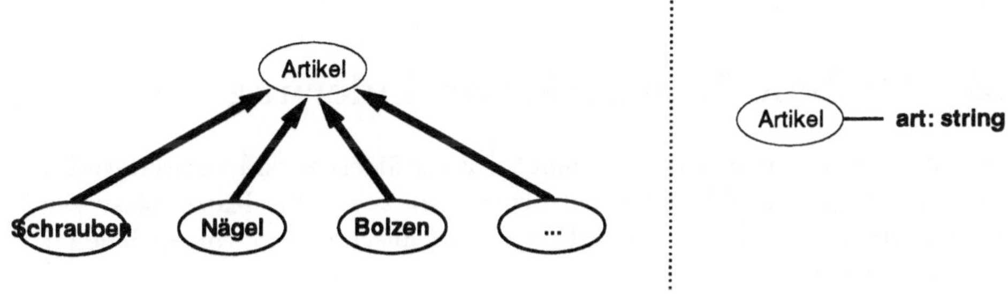

Abbildung 6.3: Dynamische horizontale Partitionierung

Die folgende Anfrage beschreibt die gewünschte Restrukturierung unter Verwendung der Metadatenbank:

> **define function** *art* : *artikel* → **string**
> **from** *o* :*cname*(**pick**(**select**[*o* ∈ *extent(c)*](*c* :*subclasses(Artikel)*)))

Für jedes Objekt *o* wird durch eine **pick-select**-Anfrage die Klasse bestimmt, in deren Ausprägung *o* enthalten ist. *art(o)* wird dann mit dem Namen, *cname*, dieser Klasse initialisiert.

Um die Umkehrabbildung zu formulieren, soll für jeden aktuellen Wert der Funktion *art* eine Unterklasse von *Artikel* erzeugt werden, die diesen Wert als Klassennamen hat. Gleichzeitig soll jede dieser Unterklassen mit denjenigen Artikeln *a* initialisiert werden, die den entsprechenden Wert *art(a)* haben:

> **apply**[**define class** ⟨*s*⟩ **some** *Artikel*
>   **from select**[*art(a)* = *s*](*a* : *Artikel*)]
>   (*s* : **map**[*art*](*Artikel*))

Obige **apply**-Anweisung beschreibt genau die gewünschte DB-Restrukturierung.[3] Sie erzeugt eine endliche Anzahl Klassen, da es zu jedem Zeitpunkt nur
endlich viele unterschiedliche Werte der Funktion *art* gibt.   ◇

Ein ähnliches Konzept, das eine Definition mehrerer Schemaobjekte gleichzeitig erlaubt, sind die Typschemata in OSQL [CL93]. Durch eine Deklaration
der Form *Type[Parameter]*, einer Art Template, wird für jeden möglichen Wert
von *Parameter* ein Typ definiert. Es können dabei unendlich viele Typen entstehen, wenn *Parameter* von einem unendlichen Wertebereich (z.B. integer)
abgeleitet ist.

6.3   Globale Kapazitätsveränderung

Elementare Schemaänderungen können kapazitätserhaltend, -erweiternd oder
-reduzierend sein. Im folgenden betrachten wir zuerst die Kapazitätsveränderung einzelner, generischer Operationen und anschließend von globalen DB-
Restrukturierungen.

Generische Schemaänderungen

Die Kapazitätsveränderung von generischen Schemaänderungen ist durch
die vom P/I generierten Elementaroperationen gegeben und damit immer
entscheidbar[4].

Eine generische Schemaänderung ist kapazitätserhaltend (CP), wenn diese
vom P/I ausschließlich in CP-Elementaroperationen (vgl. Tabelle 5.5) übersetzt
wird. Darunter fallen Definition und Löschen abgeleiteter Funktionen, von **all**-
Klassen und Sichten, das Umbenennen von Schemaobjekten, sowie die meisten
Änderungen (**redefine**) von Klassen und alle von Sichten.

Generische Schemaänderungen sind kapazitätserweiternd (CA), wenn diese
vom P/I ausschließlich in CA-Elementaroperationen oder in CA- und CP-
Operationen übersetzt werden. Neben der Definition neuer Schemaobjekte
(Schemaerweiterung) werden alle Anweisungen in CA-Basisoperationen übersetzt, die Integritätsbedingungen des Datenbankschemas aufheben.

---

[3] **map**$[f](s)$ liefert eine Menge, deren Elemente die Resultate der Anwendung der Funktion
f auf alle Elemente der Menge s sind. [SLR$^+$92]

[4] Gilt nicht für **define**-Anweisungen mit **from**-Ausdrücken, da deren implizite Reorganisation durch *query-expression* überschrieben wird.

Generische Schemaänderungen sind kapazitätsreduzierend (CR), wenn diese vom P/I ausschließlich in CR-Elementaroperationen oder in CR- und CP-Operationen übersetzt werden. Darunter fallen das Löschen von Variablen, gespeicherten Funktionen, Typen oder **some**-Klassen, sowie alle Anweisungen, die Integritätsbedingungen hinzudefinieren oder bestehende einschränken.

Alle anderen generischen Schemaänderungen, die nicht in eine der obigen Kategorien fallen, sind kapazitätsverändernd (CC), also Anweisungen, die vom P/I in gemischte Folgen von CA- und CR-Basisoperationen (evtl. zusätzlich noch CP-Operationen) übersetzt werden.

Die folgende Operation ändert beispielsweise die Funktion *hat_elemente*. Diese ist nun einwertig und hat einen allgemeineren Wertebereich. Zudem wurde die inverse-Integritätsbedingung aufgehoben .

> **redefine function** *hat_elemente : stadt* → **object**;
> $\hookrightarrow$ *FSINV, FGENR, FRELI*

Als Übersetzung generiert der P/I die Operationen *FSINV* (CR), sowie *FGENR* und *FRELI* (CA). Diese Schemaänderung ist als Ganzes somit CC.

Datenbank-Restrukturierungen

Die Definition der Kapazitätsveränderung durch Schemaevolution ist grundsätzlich auch für globale Datenbank-Restrukturierungen anwendbar. Die Bestimmung, ob eine solche Restrukturierung kapazitätserhaltend, -reduzierend, -erweiternd oder -verändernd ist, ist im allgemeinen jedoch unentscheidbar.

Zum einen besteht bei generischen Schemaänderungen bekanntlich die Möglichkeit, Initialisierungen durch **from**-Ausdrücke frei zu definieren, so daß auch wenn eine bijektive Reorganisation existieren würde, und damit die Schemata strukturell äquivalent sind, die Restrukturierung durch eine willkürliche Reorganisation überschreibbar ist, und damit kapazitätsverändernd sein kann. Zum andern muß die Transaktion immer als Ganzes – zusammengesetzt aus mehreren Teilschritten – betrachtet werden. Damit kann eine Restrukturierung insgesamt durchaus CP sein, obwohl einzelne Schritte davon CA und CR sind.

Betrachten wir eine Schemaevolutions-Transaktion, die eine neue Variable *A* aus einer bestehenden Variable *B* erzeugt und *B* dann löscht.

> **redefine database** *DB* **as**
>   **define var** *A* **from** *B*;
>   **undefine var** *B*;
> **end**.
> $\hookrightarrow$ *BOT, CCRE, CDEL, EOT*

Die erste Anweisung (Variablendefinition) ist bekanntlich CA, während die zweite (Löschen) CR ist. Da die Reorganisation (**from**-Anweisung) verlustfrei ist, wird lediglich B durch A ersetzt, womit die Transaktion gesamthaft CP ist, da sie der Umbenennung der Variablen B in A entspricht.

Wir wollen illustrieren, wie subtil Kapazitätsveränderung durch Schemarestrukturierung sein kann und betrachten dazu erneut Beispiel 9, diesmal allerdings die Rückabbildung, die zwei Klassen *Männer* and *Frauen* in eine Klasse *Personen* mit einem unterscheidenden Attribut *geschl* überführen soll.

BEISPIEL 9: (Fortsetzung) In der Ausgangsdatenbank $DB0$ sind Personen männlich oder weiblich, wenn sie genau in einer der Unterklassen *Männer* oder *Frauen* sind, sie haben kein Geschlecht, wenn sie in keiner der Unterklassen sind, oder sie haben beide Geschlechter, wenn sie in beiden Unterklassen sind (vgl. Abbildung 6.4).

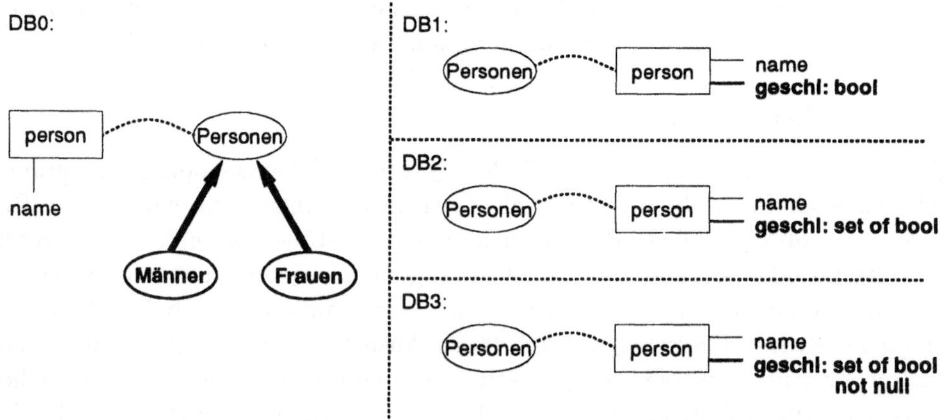

Abbildung 6.4: Kapazitätsveränderung durch globale Schemarestrukturierung

1. Versuch: Das Attribut *geschl* wird als logischer Wert modelliert. Diese Restrukturierung führt zu einem Schema $DB1$, gegenüber dem $DB0$ strukturell dominant ist, da Personen in $DB0$ beide oder kein Geschlecht haben können und in $DB1$ mindestens einer dieser Zustände nicht eindeutig darstellbar ist. Es gibt somit keine verlustfreie Reorganisation, womit die Restrukturierung $DB0 \mapsto DB1$ CR ist.

2. Versuch: Wir heben obige Einschränkung auf und modellieren *geschl* mengenwertig. Es resultiert Schema $DB2$, das nun allerdings strukturell dominant

ist, da in dieser Datenbank die Funktion *geschl* gar fünf Werte annehmen kann: ω, $\emptyset$, {*true*}, {*false*}, {*true,false*}. Da dies mehr Zustände sind als in $DB0$, ist die Restrukturierung $DB0 \mapsto DB2$ damit CA.

3. Versuch: Das boole'sche Attribut *geschl* wird mengenwertig und mit dem Zusatz „not null" modelliert. Das entstandene Schema $DB3$ ist nun endlich strukturell äquivalent, da auch in der neuen Datenbank nun Personen genau eines, keines oder beide Geschlechter haben können. Die Restrukturierung $DB0 \mapsto DB3$ ist CP. $\diamond$

6.4 Zusammenfassung und Diskussion

Die in diesem Kapitel sukzessive aufgebaute Schemaevolutionssprache (SML) bildet eine einheitliche Schnittstelle zur deklarativen Formulierung von lokalen Schemaänderungen, wie auch zur globalen DB-Restrukturierung. Als Grundlage dient die formale, datenmodellunabhängige Beschreibung von ODBS-Evolution aus Kapitel 4. Darauf aufbauend entsteht ein Satz von Elementaroperationen zur lokalen, inkrementellen Schemaänderung (Kapitel 5).

Die COOL-SML entsteht aus der DDL durch die folgenden orthogonalen Erweiterungen:

- *Generische Schemaänderungen:* Vier generische Schemadefinitions- und Schemaänderungsoperationen (**define, redefine, rename, undefine**) bilden eine Schnittstelle zu den Elementaroperationen. Die Semantik ist operational durch Abbildung der generischen Operationen in Sequenzen von Elementaroperationen gegeben. Diese ist durch einen P/I realisiert, der zuvor die syntaktische Korrektheit der Schemaänderung, sowie die Verträglichkeit mit den Strukturregeln überprüft.

- *Snapshots:* Neue Schemaobjekte können nicht nur explizit definiert, sondern auch als Transformation aus anderen Schemaobjekten entstehen. Dazu wird ein Initialisierungsausdruck (COOL-Anfrage) angegeben, aus dem sowohl die Ausprägung wie auch der Instanzentyp des neuen Schemaobjekts abgeleitet wird (**from**-Ausdrücke). Dies entspricht einer Alternative zum Sichten-Mechanismus, mit der ein neues Schemaobjekt als „Snapshot" definiert werden kann. Es handelt sich dabei lediglich um eine syntaktische Erweiterung.

- *Transaktionen:* Folgen generischer Schemaänderungen können zu (parametrisierten) Transaktionen zusammengefaßt werden, welche globale

Datenbank-Restrukturierungen beschreiben ((**re**)**define database** ...
end). Diese Prozeduren erfüllen die ACID-Eigenschaften von Transaktionen.

Unser Ansatz einer SML besteht also nicht darin, spezielle Methoden zur
Schemaevolution zu implementieren, sondern ausschließlich die bereits in
COCOON vorhandenen Mechanismen zu verwenden. Durch mehrfache Typ-
/Klassenmitgliedschaft von Objekten, sowie Update-Operationen zu deren dynamischen und objekterhaltenden Veränderung, reduzieren sich Datenbankreorganisationen zu gewöhnlichen Updates. In Kombination mit objekterhaltenden Anfrageoperationen lassen sich Datenbank-Restrukturierungen, ähnlich
wie bereits Sichten, als gewöhnliche Anfrageausdrücke formulieren, die anschließend nun materialisiert werden.

Um komplexe Datenbank-Restrukturierungen beschreiben zu können, benötigt eine SML die folgenden zwei Konzepte:

- *Metadatenbank-Anfragen:* Um Restrukturierungen zu formulieren, die
  vom aktuellen Datenbankschema abhängig sind, muß die Metadatenbank
  zur Laufzeit verfügbar sein und die Anfragesprache muß unverändert darauf angewandt werden können. Damit können zur Laufzeit Schemaobjekte in die Formulierung der Restrukturierungen miteinbezogen werden.
  Solche Anfragen sind syntaktisch daran erkennbar, daß Übergänge zwischen Ebenen stattfinden, z.B. durch die Metafunktionen *extend* oder
  adom (vgl. Abschnitt 3.3).

- *Dynamische Schemaerzeugung:* Um Schemaobjekte abhängig vom Resultat solcher Anfragen zu erzeugen, braucht man die Möglichkeit von SML-
  Anweisungen mit dynamischen Parametern. Solche Ausdrücke lassen nur
  noch bedingt eine statische Prüfung zu, erlauben aber die Formulierung
  komplexerer DB-Restrukturierungen. Dynamische Schemaerzeugung ist
  syntaktisch daran sichtbar, daß Schemaobjektnamen durch Variablen $\langle n \rangle$
  bezeichnet sind (vgl. Abschnitt 6.2.2).

Wir schließen dieses Kapitel mit einem Beispiel einer nun etwas komplexeren globalen Datenbank-Restrukturierung, die Metadatenbank-Anfragen mit
dynamischer Schemaerzeugung kombiniert:

BEISPIEL 10: [KLK91] Betrachten wir eine Börsendatenbank, die zu jeder
gehandelten Aktie den Tagesschlußpreis speichert. Das Schema enthält für jede
Aktie eine Klasse $aktie_1, \ldots, aktie_n$ mit jeweils zwei Attributen *datum* und *preis*
(Abbildung 6.5, linke Seite).

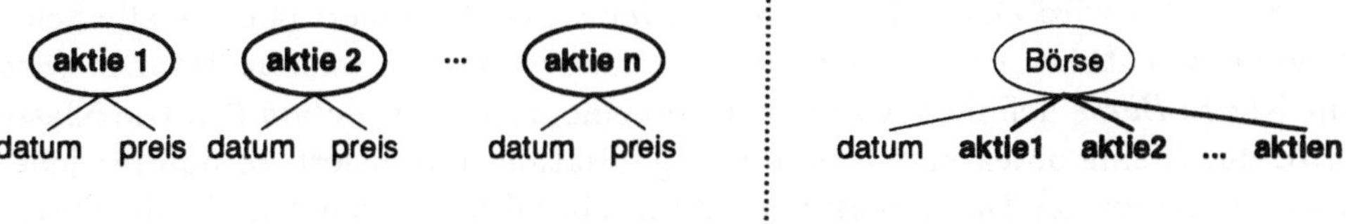

Abbildung 6.5: Dynamische Erzeugung von Funktionen

Diese Datenbank soll nun so restrukturiert werden, daß es nur noch eine Klasse *Börse* gibt, die jedoch zusätzlich zum Attribut *datum*, Funktionen $aktie_1, \ldots, aktie_n$ hat, die den jeweiligen Schlußpreis pro Aktie enthalten (Abbildung 6.5, rechte Seite):

> **redefine database** *BörsenDB;*
>
> (1)   **define var** *AktienKlassen* : **set of** *class*
>
> **from select**$[cname \in \{"aktie_1", \ldots, "aktie_n"\}](Classes)$;
>
> **define var** $o : [datum]$;
>
> (2)   **define class** *Börse* : $[datum]$;
>
> (3)   **apply**[**create**$[datum](o)$; **add**$[o](Börse)$;
>   **set**$[datum := datum(d)](o)$]
>   (d : **collapse**(**map**$[extent](AktienKlassen)$));
>
> **define var** E : **set of** *aktie*;
>
> **define var** n : **string**;
>
> (4)   **apply**[$E := extend(a)$; $n := cname(a)$;
>
> (5)   **undefine class** $\langle cname(a) \rangle$;
>
> (6)   **define function** $\langle cname(a) \rangle$: *börse* $\rightarrow$ **integer**
>   **from** $o : preis($**pick**(**select**$[datum = datum(o)](E)))$]
>   (a : *AktienKlassen*);
>
> **end**.

Die Ausgangsdatenbank enthält ein Objekt pro Aktie pro Datum, die Zieldatenbank nur noch ein Objekt pro Datum, also weniger Objekte. Da wir bislang keine Möglichkeit kennen, um Objekte zu „verschmelzen" (vgl. später Kapitel 7.1.2), führen wir eine objekterzeugende Restrukturierung durch, die neue

Objekte erzeugt.

Als erstes wird eine Hilfsvariable *AktienKlassen* definiert (1), die alle Schemaobjekte enthält, die Klassen $aktie_1, \ldots, aktie_n$ repräsentieren. Danach wird die Klasse *Börse* definiert, vorerst nur mit einem Attribut *datum* (2). Die Klasse wird durch eine objekterzeugende Reorganisation initialisiert, so daß für jedes Datum, das in der Datenbank vorkommt, ein Objekt erzeugt und mit diesem Datum initialisiert wird (3).[5] Nun können die Funktionen $aktie_1, \ldots, aktie_n$ durch dynamische Schemaerzeugung definiert und mit dem Tagesschlußpreis initialisiert werden. Für jedes Objekt a, das eine Klasse repräsentiert, wird die Ausprägung und der Name der Klasse in E bzw. n zwischengespeichert (4), die Klasse a gelöscht (5), und eine Funktion mit demselben Namen definiert und initialisiert (6). Die umständliche Vorgehensweise ergibt sich daraus, daß Funktionen und Klassen nicht gleichzeitig denselben Namen haben dürfen. ◇

---

[5] **collapse**(s) erzeugt eine Menge als Vereinigung aller Mengen, die Elemente der Menge s sind. [SLR$^+$92]

Teil III

Integration bestehender Informationssysteme

(Horizontale Evolution)

Kapitel 7

Multi-Datenbanksysteme

Eine Diskussion der evolutionären Weiterentwicklung von Objekt-Datenbanken kann sich keinesfalls nur auf die isolierte Betrachtung einzelner Informationssysteme beschränken. Vielmehr haben gerade jüngste Anforderungen gezeigt, daß die Fähigkeit zur Kooperation mit anderen Datenbanksystemen – wie im übrigen auch mit „Nicht-Datenbank"-Systemen – eine zentrale Bedeutung erhalten hat.

In diesem einleitenden Kapitel zum Problemkreis der horizontalen Evolution zwischen mehreren kooperierenden Objekt-Datenbanksystemen wollen wir die Grundlagen schaffen und die Idee der evolutionären Integration bestehender Informationssyteme erläutern.

7.1 Architektur föderierter Objekt-Datenbanken

Ein System, das mehrere autonome Datenbanken gemeinsam verwaltet, wird *Multi-Datenbanksystem (MDBS)* genannt [LMR90]. Dieser Begriff wird in der Literatur sowohl als Oberbegriff für mehrere Datenbanksysteme verwendet als auch als spezielle Bezeichnung der nicht integrierten, lokal autonomen Zusammenarbeit von Datenbanksystemen.

Ergänzend zur letzteren Bedeutung verwenden wir im folgenden den Begriff der *föderierten Objekt-Datenbanksysteme (FDBS)* [HM85, SL90]. Wir verstehen darunter den Zusammenschluß eigenständiger Komponenten-Datenbanksysteme (KDBS), in der Absicht, Operationen auf Objekten zu unterstützen, die von unterschiedlichen Komponentensystemen verwaltet werden, ohne dabei die lokale Autonomie der einzelnen KDBS vollständig aufzugeben.

Diese sehr allgemeine Verwendung von FDBS ist für die evolutionäre Integration von Objekt-Datenbanken nicht im vollen Umfang relevant, weshalb wir im weiteren die von uns betrachteten FDBS genauer einschränken wollen. Die Alternativen einer solchen Kooperation von Datenbanksystemen können anhand der drei Dimensionen Verteilung, Heterogenität und Autonomie beschrieben werden [OV91]:

- *Verteilung* bezieht sich auf die physische Verteilung der Daten über mehrere Knoten und ist damit eine Problemstellung des physischen Datenbankentwurfs (Entwurf des internen Schemas). Diese Art der Verteilung ist auf der logischen Ebene nicht sichtbar, weshalb sie hier vorerst keine Bedeutung hat. Unsere Betrachtungsweise von FDBS hat sowohl für verteilte, wie auch für nicht verteilte DBS Gültigkeit.

- *Heterogenität* kann in unterschiedlichen Formen auftreten: heterogene Hardware, Netzwerkprotokolle, Datenmodelle, Anfragesprachen, Transaktionsprotokolle oder Semantik der Modellierung. Wiederum betrachten wir FDBS auf einer logischen Ebene, so daß sich semantische Heterogenität, d.h. Unterschiede in der Modellierung, als zentrale Problematik ergibt. Datenmodellheterogenität betrachten wir dabei nur am Rande.

- *Autonomie* der Kontrolle beschreibt den Grad, bis zu welchem lokale Systeme individuell arbeiten können. In der Literatur findet man unterschiedliche Arten und Dimensionen lokaler Autonomie [DE89]. Für unsere Betrachtung der evolutionären Kooperation in FDBS haben zwei Arten lokaler Autonomie eine besonders wichtige Bedeutung:

  Ausführungsautonomie beschreibt die Freiheit eines KDBS, lokale Anfrage- und Änderungsoperationen ohne Wissen des FDBS auszuführen, und zu entscheiden, in welcher Reihenfolge diese und globale FDBS-Operationen ausgeführt werden.

  Entwurfsautonomie besteht darin, daß ein KDBS den modellierten Ausschnitt der realen Welt, sowie die Form der Darstellung im Schema selbst bestimmen kann. Darunter fällt auch die Autonomie eines KDBS, die interne Darstellung und Identifikation der Objekte (OIDs) selbst zu wählen.

  Das Spektrum der Autonomie reicht von vollständig isolierten KDBS mit entsprechend voller lokaler Autonomie bis hin zu logisch vollständig integrierten KDBS, die sämtliche lokale Autonomie an ein zentrales Verwaltungssystem abgegeben haben.[1]

---

[1] Diese zentrale Kontrolle kann dabei durchaus wieder verteilt implementiert sein, wie etwa

7.1.1   Die Referenz-Schemaarchitektur für FDBS

Die Referenz-Schemaarchitektur für FDBS erweitert die bekannte
ANSI/SPARC Drei-Ebenen-Architektur für zentrale Datenbanken auf
fünf Ebenen [SL90]:

- *lokale Schemata*, die konzeptuellen Schemata der Komponenten-Datenbanken;

- *Komponentenschemata*, die Übersetzung der lokalen Schemata in ein gemeinsames Datenmodell;

- *Exportschemata*, die Ausschnitte aus den Komponentenschemata, die in
  die Föderation eingebracht werden sollen;

- *föderierte Schemata*, die Integration von Exportschemata; und

- *externe Schemata*, spezielle Sichten auf die föderierten Schemata für eine
  bestimmte Anwenderklasse.

Abbildung 7.1 illustriert die Architektur eines FDBS. Die Darstellung kon-
zentriert sich auf KDBS mit *homogenem Datenmodell* und *homogener Daten-
banksprache*. Es wird somit angenommen, daß bereits eine Datenmodelltransformation aller Komponentenschemata in ein gemeinsames Modell stattgefun-
den hat. Die Unterscheidung von lokalen und Komponentenschemata ist somit
im folgenden irrelevant.

Das FDBS besteht aus einer Reihe von Komponenten-Datenbasen
$DB_1, DB_2, \ldots$ und einer lokalen Datenbasis DB_0. Die lokale[2] Datenbasis DB_0
enthält Metainformationen über die Föderation und nimmt damit die Rolle
eines *Föderationskataloges* (federation dictionary) ein. DB_0 enthält u.a. Angaben über den Ort der Verteilung der Objekte oder über das globale Schema. Sie
kann aber auch im Sinne einer weiteren Komponenten-Datenbasis „normale"
Primärobjekte enthalten.

Die Objekte jeder Komponente DB_i ($i = 1, 2, \ldots$) werden durch das jeweilige Komponentenschema modelliert und vom Komponentensystem $KDBS_i$
verwaltet. Die Objekte der lokalen DB_0 werden direkt von FDBS verwaltet.

Die Struktur der föderierten Datenbasis ist in Form eines globalen (föderierten) Schemas gegeben, in das Teile der Komponentenschemata oder ent-
sprechender Exportschema integriert sind. Globale Operationen werden vom

---

die verteilte Realisierung eines zentralen Kataloges in verteilten MDBS. Dennoch würde
man hier von logisch vollständig integrierten MDBS sprechen.

[2] „lokal" bedeutet hier lokal bezüglich des FDBS.

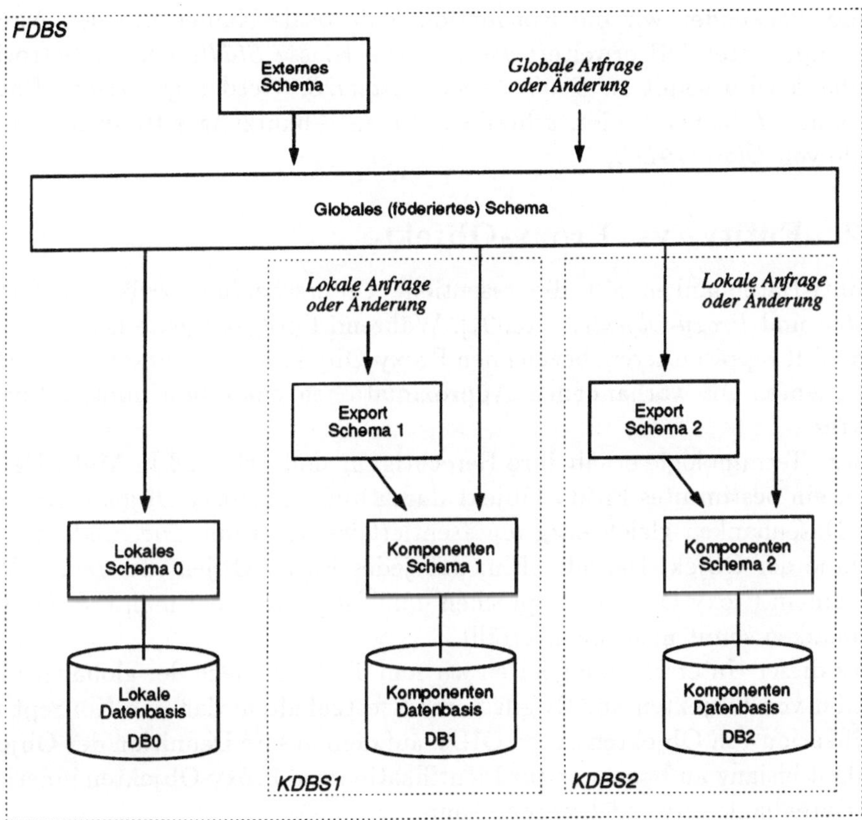

Abbildung 7.1: Schemata und Operationen in föderierten Objekt-Datenbanken

FDBS mit Hilfe des Föderationskataloges in lokale DB_i-Operationen transformiert und an das entsprechende $KDBS_i$ weitergeleitet. Für dieses ist die FDBS eine von möglicherweise vielen Anwendungen.

Namenskonvention

Damit die Namen von Schemaelementen auch im globalen Schema eindeutig sind, verwenden wir die Konvention, daß lokale Namen um den Namen der Komponenten-DB erweitert werden. Die Klasse *Städte* der Globetrotter-Datenbank wird somit zu *Städte@GlobetrotterDB*. Werden generische Datenbanknamen DB_i verwendet, schreiben wir als Abkürzung z.B. auch *Objects$_i$* anstelle von *Objects@DB$_i$*.

7.1.2   Entity- vs. Proxy-Objekte

In Multi-Datenbanken gilt die essentielle Unterscheidung zwischen *Entity-Objekten* und *Proxy-Objekten* [Ken91]. Während Entity-Objekte Entitäten der realen Welt repräsentieren, bezeichnen Proxy-Objekten die in unterschiedlichen Komponenten-DB vorhandenen Approximationen eines bestimmten Entity-Objektes.

Diese Terminologie erhält ihre Berechtigung dadurch, daß in Multi-Datenbanken ein bestimmtes Entity-Objekt durch mehrere Proxy-Objekte verschiedener Datenbanken gleichzeitig repräsentiert werden kann. Die fundamentale Annahme der Objekt-Datenbanken, daß jedes Entity-Objekt der realen Welt genau einem Proxy-Objekt entsprechen muß, ist im Kontext mehrerer Objekt-Datenbanken somit nicht mehr erfüllt.

Aus dieser Unterscheidung leiten wir nun die Frage nach der globalen Identifikation von Objekten ab. Es gilt vorerst festzuhalten, daß das Konzept der Identifikation von Objekten durch OIDs, auf dem unsere Definition der Objektgleichheit bislang aufbaut, nur zur Identifikation von Proxy-Objekten innerhalb einer Datenbank verwendet werden kann.[3]

Da wir grundsätzlich annehmen, daß die Wertebereiche der OIDs aller Objekt-Datenbanken paarweise disjunkt sind (vgl. auch Entwurfsautonomie), können zwei Proxy-Objekte nur dann identisch sein, wenn sie Objekte derselben Datenbank sind und in dieser Datenbank dieselbe OID haben. Daraus ergibt sich eine erste Definition von globaler Gleichheit zwischen Objekten:

---

[3] Es gibt auch den Begriff der *Gleichheit* von Objekten, der auf den Werten basiert, die mit einem Objekt verbunden sind. [SZ89] unterscheiden z.B. zwischen unterschiedlichen Arten von Gleichheit: shallow, deep und n-deep, so daß zwei Objekte gleich sein können und trotzdem nicht identisch sind.

Definition 7.1 (Globale Objektgleichheit) Die globale Objektgleichheit $(=_{gl})$ von Objekten o_1, o_2 aus mehreren Datenbanken ist definiert als

$$=_{gl} : \textbf{object} \times \textbf{object} \rightarrow \textbf{boolean}$$
$$o_1 =_{gl} o_2 \iff \exists i : object_i(o_1) \wedge object_i(o_2) \wedge o_1 =_i o_2 \ .$$

Die Schreibweise $object_i(o)$ ist als Typprädikat zu lesen (vgl. Abschnitt 2.2), das wahr ist, wenn o eine Instanz des Typs $\textbf{object}_i$ und damit ein Objekt aus der Datenbank DB_i ist.

In Multi-Datenbanken tritt nun der Fall auf, daß ein Entity-Objekt durch mehrere Proxy-Objekte in unterschiedlichen KDBS repräsentiert ist. Damit können Proxy-Objekte dasselbe Entity-Objekt repräsentieren, obwohl sie aus der Sicht der globalen Datenbank unterschiedliche OIDs haben.

Wir führen hier einen zusätzlichen Begriff ein: wir sagen, daß zwei Proxy-Objekte *dasselbe* („the same") sind, wenn sie dasselbe Entity-Objekt in unterschiedlichen Datenbanken repräsentieren. Unter Verwendung der obigen Definition von globaler Objektgleichheit können also zwei Objekte unterschiedlicher Datenbanken, die dasselbe sind, nie gleich sein. Es wird daher eine Aufgabe der Datenbankintegration sein, solche Proxy-Objekte zu integrieren.

7.2 Der Datenbank-Integrationsprozeß

Datenbankintegration geht aus von einer Menge von KDBS mit lokalen Schemata, lokalen Ausprägungen (Daten/Objekten), sowie lokalen Anwendungen (Anfragen/ Transaktionen) und erzeugt eine Architektur mit den erwähnten fünf Schemaebenen. Der Prozeß der Integration von KDBS in ein FDBS beinhaltet also die Definition der fünf Schemaschichten, sowie der Abbildung von Daten/Objekten und Operationen zwischen den Schichten (eine ausführliche Diskussion von Transformationsprozessoren für die Abbildung einer Schemaebene auf die andere wird in [TS93b] geführt).

Datenbankintegration erzeugt vor allem ein globales Schema mit Abbildungen von globalen Daten/Objekten auf lokale Datenbanken, sowie Abbildungen von globalen Anfragen/ Transaktionen auf lokale Datenbanksysteme und beinhaltet daher sowohl die Integration der Schemata wie auch von Objekten.

7.2.1 Schemaintegration

Schemaintegration kann als Prozeß betrachtet werden, der aus vier Phasen besteht [BLN86, SPD92]:

- *Vorintegration (preintegration, comparison):* In der ersten Phase wird die Integrationsstrategie festgelegt. Diese definiert die Reihenfolge in der die Schemata bearbeitet werden. Dazu werden die zu integrierenden Schemata verglichen, um Gemeinsamkeiten sowie Unterschiede in der Modellierung festzustellen. Gemeinsamkeiten werden als Inter-Schema-Korrespondenzen festgehalten, während Unterschiede als Konflikte identifiziert werden.

- *Konfliktlösung (conforming):* In der zweiten Phase werden die Konflikte analysiert und soweit als möglich eliminiert. Damit sollen die Komponentenschemata für die spätere Vereinigung kompatibel werden. Die potentiellen Konflikte sind abhängig vom betrachteten Datenmodell. [SPD92] klassifiziert Inter-DB-Konflikte in semantische, deskriptive, strukturelle und Datenmodell-Konflikte. Letztere können hier nicht auftreten, da wir nur ein homogenes Datenmodell betrachten.[4]

- *Vereinigung (merging):* In der dritten Phase werden aufgrund von Gemeinsamkeiten Teile der Komponentenschemata überlagert und damit integriert.

- *Restrukturierung (restructuring):* In der vierten Phase wird das vereinigte Schema analysiert und wenn nötig restrukturiert. Damit soll das integrierte Schema qualitative Kriterien wie Vollständigkeit, Minimalität und Lesbarkeit erreichen.[5]

Unser Anliegen besteht nicht darin, eine weitere Integrationsmethodik zu evaluieren. Vielmehr interessiert uns die Integration als konsequenter nächster Schritt der Datenbankevolution, und somit insbesondere, welche Evolutionsmechanismen und -techniken zur Datenbankintegration angewandt werden können.

7.2.2 Integration von Proxy-Objekten

Objektintegration (object unification) verlangt ein Konzept, um lokale Proxy-Objekte, die global dasselbe darstellen, logisch miteinander in Verbindung zu bringen. Sei ein Objekt o_i aus Datenbank DB_i gegeben, dann suchen wir die

---

[4] Weitere Klassifikationen von Inter-DB-Konflikten findet man in [BLN86]. [KCGS93] beschreiben zusätzlich eine Aufzählung und Klassifikation von Konfliktlösungstechniken am Beispiel des UniSQL/M Systems (Grundlage ist das Datenmodell ORION).

[5] „If conformation is an art form, restructuring is a black art." [OV91]

Antwort auf die Frage: „Welches ist das Proxy-Objekt o_j (wenn es ein solches gibt) in einer anderen Datenbank DB_j, welches dasselbe wie o_i ist?"

OIDs sind lediglich eine interne Technik zur Manipulation von Proxy-Objekten und können nicht zur Identifikation von Entity-Objekten verwendet werden [Bee93, BT92]. Letztere lassen sich ausschließlich mittels charakterisierenden Werten identifizieren, welche den aus relationalen Systemen bekannten Identifikationsschlüsseln entsprechen. Es versteht sich, daß solche, die Entity-Objekte charakterisierenden Werte, in der Objekt-Datenbank als Daten der Proxy-Objekte abgelegt sein müssen, da ansonsten keine Möglichkeit besteht, die Proxy-Objekte zu identifizieren.[6] Da jedes Datenbanksystem irgendeine Form von Anfragesprache hat, um eine bestimmte Resultatmenge von Objekten zu bezeichnen (sei es SQL, C++ oder eine algebraische Sprache wie COOL), können wir in einem ersten Schritt diese Anfrageausdrücke verwenden, um dieselben Proxy-Objekte durch Selektion von Objekten mit denselben charakterisierenden Werten zu bestimmen.

Nehmen wir an, zwei Proxy-Objekte o_i aus DB_i und o_j aus DB_j seien als dasselbe Entity-Objekt identifiziert. Es bleibt immer noch die Frage, wie sich nun diese zwei Objekte integrieren lassen, damit sie vom föderierten Datenbanksystem (z.B. bei Anfragen und Änderungen) auch als dasselbe behandelt werden. Betrachten wir die folgenden Ansätze:

- *Objekterzeugende Integration:* Es wird ein neues globales Objekt o_g als Kopie von o_i und o_j erzeugt. Das FDBS arbeitet mit dem globalen Objekt, während in den KDBS weiterhin nur o_i bzw. o_j bekannt sind. Dies ist eine Update-Operation. Es stellt sich die Frage, was mit Verweisen auf die Objekte o_i und o_j geschieht. Aus der Sicht des FDBS müssen diese nun auf das neue Objekt o_g zeigen. Alternativ können o_i und o_j auch gelöscht und durch das integrierte Objekt ersetzt werden. Wiederum müssen alle Referenzen neu auf o_g zeigen. Weiter entsteht das Problem, daß ein globales Objekt in mehreren lokalen Datenbanken abgelegt werden muß. Damit ist unklar, welche OID aus welcher KDBS das Objekt o_g erhält.

- *Objektintegrierende Integration:* Das eine Objekt o_i wird in das andere o_j überführt. Dies ist ein Spezialfall des vorangehenden Ansatzes und führt zu denselben Problemen mit Referenzen und OID-Lokalität. Zudem ist diese Lösung nicht symmetrisch, sondern wählt eines der Proxy-Objekte

---

[6] Die charakterisierenden Werte können hier, anders als in relationalen DBS, auch über komplexe Beziehungen zu anderen Objekten erreicht werden (z.B. Pfadausdrücke). D.h. Objekte werden über ihren „Kontext" logisch identifiziert.

als ausgezeichnetes Objekt aus. Diese Lösung wird für O*SQL vorgeschlagen [Lit92].

- *Werteerzeugende Integration:* Es wird ein Tupel (eine Liste) $< o_i, o_j >$ mit den OIDs der zu integrierenden Objekten erzeugt. Dieser Ansatz ist nicht abgeschlossen, da die Integration nicht mehr Objekte, sondern Tupel (Werte) erzeugt. Diese sind nur mit Werteoperationen weiter zu verarbeiten.

- *Objekterhaltende Integration:* Es werden weder neue Objekte noch Werte erzeugt, sondern die bestehenden Objekte werden miteinander durch Funktionen in Beziehung gesetzt. Dies ist keine Update-Operation, sondern eine Art objekterhaltender Join. Diese Funktionen haben eine spezielle Semantik (the same) und definieren eine globale FDBS-Integritätsbedingung.

same-Funktionen

Wir verfolgenden den letzten Ansatz weiter, da bei diesem die Vorteile klar überwiegen und diese Idee zudem der objekterhaltenden Semantik der COOL-Anfrageoperationen entspricht.

Formal gesehen definieren wir *partielle, injektive, einwertige Funktionen,* die im folgenden immer $same_{i,j}$ heißen sollen,

$$\textbf{define function } same_{i,j} : \textbf{object}_i \rightarrow \textbf{object}_j$$

mit Definitionsbereich $\textbf{object}_i$ aus Datenbank DB_i und Wertebereich $\textbf{object}_j$ aus DB_j. Diese Funktionen sind durch eine COOL-Anfrage gegeben, die zu jedem Objekt der Datenbank DB_i dasselbe Objekt (wenn ein solches existiert) aus DB_j liefert.

Unter Verwendung dieser *same*-Funktionen kann jetzt die Definition globaler Objektgleichheit so erweitert werden, daß auch Proxy-Objekte unterschiedlicher Datenbanken dasselbe sein können.

Definition 7.2 (Globale Objektgleichheit – erweitert)   Die globale Objektgleichheit $(=_{gl})$ von Objekten o_1, o_2 aus mehreren Datenbanken ist definiert als

$$=_{gl} : \textbf{object} \times \textbf{object} \rightarrow \textbf{boolean}$$
$$o_1 =_{gl} o_2 \iff (\exists i : object_i(o_1) \wedge object_i(o_2) \wedge o_1 =_i o_2)$$
$$\vee (\exists same_{i,j} : \textbf{object}_i \rightarrow \textbf{object}_j :$$
$$object_i(o_1) \wedge object_j(o_2) \wedge o_2 =_j same_{i,j}(o_1)) \ .$$

Wie in Abbildung 7.2 illustriert, sind von nun an also zwei Proxy-Objekte gleich, wenn sie aus derselben Datenbank stammen und darin dieselbe OID haben, oder sie vom Benutzer (DBA) mittels *same*-Funktionen als dasselbe definiert wurden.

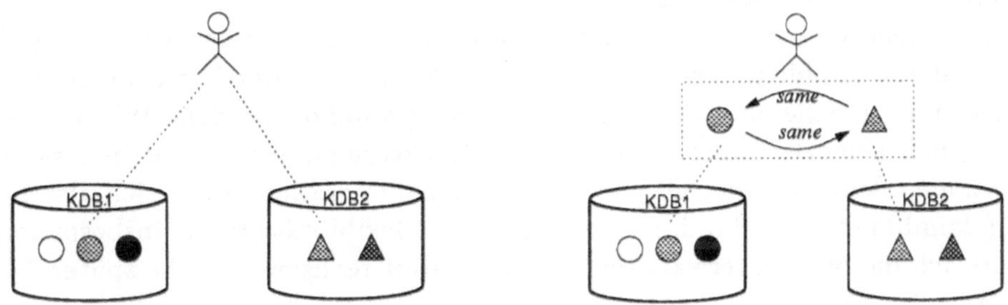

Abbildung 7.2: Integration von Proxy-Objekten durch *same*-Funktionen

same-Funktionen spielen in den nachfolgenden Kapiteln eine zentrale Rolle, da wir sowohl Objekt- wie auch Schemaintegration darauf zurückführen werden. *same*-Funktionen

- haben eine spezielle Bedeutung für die COOL-Algebra. Anfrage und Änderungsoperationen auf Multi-Datenbanksysteme erkennen diese Semantik. Wir werden später sehen, wie solche Operationen mit Objekten umgehen, die durch *same*-Funktionen integriert sind;

- können im allgemeinen nicht automatisch erzeugt werden, sondern müssen durch einen Datenbankadministrator definiert werden. Dieser kann dabei aber natürlich durch eine graphische Benutzerschnittstelle unterstützt werden, welche Anfragen zur Definition von *same*-Funktionen automatisch ableitet;

- sind datenbankübergreifende Funktionen, die im Föderationskatalog des FDBS (vgl. Abbildung 7.1) abgelegt werden und somit für die Komponentensysteme nicht sichtbar sind. Den Nachweis, daß solche datenbankübergreifenden Funktionen überhaupt zulässig sind, werden wir später nachholen.

Die Objektintegration ist bei den meisten anderen Ansätzen an die Schemaintegration gekoppelt: Beispielsweise beschreiben [Sch88b, NS88] ebenfalls Techniken zur Integration von Proxy-Objekten. Für jede Art semantischer Beziehung zwischen Objekten wird ein spezieller Generalisierungsmechanismus definiert. Ähnlich auch in Multibase [LR82], wo ebenfalls bei einer Generalisierung über Klassen mehrerer Datenbanken eine Konstruktionsvorschrift für globale Objekte mitgegeben werden kann, und dadurch Schema- und Objektintegration gleichzeitig erfolgen.

Im Gegensatz dazu ist die Objektintegration in unserem Ansatz ein eigenständiges Problem. Die verwendete Technik der *same*-Funktionen kann orthogonal zu Schemaintegrationstechniken angewandt werden. Wir fordern daher auch keinerlei Einschränkung der Objekttypen, zwischen denen *same*-Funktionen definiert sind. Objekt- und Schemaintegration lassen sich also beliebig kombinieren, wodurch sich eine größere Flexibilität ergibt. Insbesondere lassen sich die obigen verwandten Ansätze damit realisieren (siehe später Abschnitt 9.3).

7.3 Fünf Integrationsstufen von Multi-Datenbanksystemen

Ein bekanntes Merkmal von Multi-Datenbanksystemen ist, daß diese unterschiedlich stark gekoppelt sein können. In der Literatur werden denn auch die Begriffe lose oder eng gekoppelte FDBS verwendet [SL90]. Im Sinne einer sukzessiven, evolutionären Kooperation unabhängiger KDBS wollen wir diese Abgrenzung weiter verfeinern und definieren fünf Integrationsstufen von Multi-Datenbanksystemen [TS94].

Abbildung 7.3 illustriert das mögliche Integrationsspektrum. Während sich auf der linken Seite die nicht integrierten Multi-Datenbanksysteme befinden, nimmt die Integration auf dem Weg nach rechts immer stärker zu. Die fünf Stufen können wie folgt charakterisiert werden:

Stufe 0: Multi-Datenbanksysteme

Stufe 0 beschreibt die schwächste Form der Integration, bei der eine Menge von nicht integrierten KDBS unabhängig nebeneinander stehen und jeweils die volle lokale Autonomie besitzen.

Die Kooperation erfolgt dadurch, daß innerhalb derselben Anwendung (Transaktion) Objekte unterschiedlicher KDBS verarbeitet werden. Jede ein-

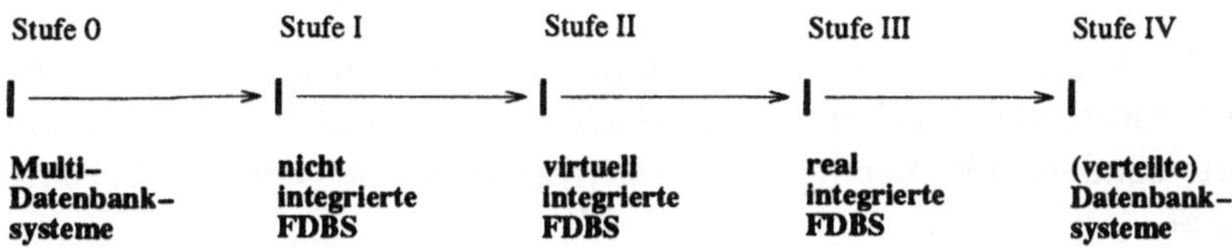

Abbildung 7.3: Integrationsstufen von Multi-Datenbanksystemen

zelne Operation muß aber eindeutig auf einem einzigen System ausführbar sein. Diese Form der Integration wird oft unter der Bezeichnung Multi-Datenbanksysteme (MDBS) verstanden.

Stufe I: nicht integrierte föderierte Datenbanksysteme

Auf der Stufe I sind lediglich die Namensbereiche der Komponenten-DB gegenseitig bekannt. Wir beschreiben dies im nächsten Kapitel durch eine *Schemakomposition*, die die KDBS-Schemata nebeneinander stellt ohne eine wirkliche Integration durchzuführen. Immerhin können bereits einzelne Operationen ausgeführt werden, die mehrere Datenbanken miteinbeziehen.

Objekte sind jedoch immer noch strikt getrennt, und es gibt keine weiteren Verbindungen zwischen den Schemata. Diese Stufe der Integration bezeichnet bereits föderierte Datenbanksysteme, d.h. eine Menge kooperierender Komponentensysteme, die trotz ihrer grundsätzlichen Bereitschaft, die Objekte in einem FDBS einzubinden, in einem sehr hohen Maße lokal autonom sind.

Stufe II: virtuell integrierte föderierte Datenbanksysteme

Auf der Stufe II sind nun weitere Verbindungen zwischen den Schemata hergestellt. Alle diese Verbindungen sind jedoch virtuell, d.h. durch Angabe einer Berechnungsvorschrift (z.B. Sicht) entstanden. Insbesondere können mit Hilfe solcher Verbindungen Objekte unterschiedlicher KDBS integriert werden.

Globale Anfrageoperationen verwenden bereits die erweiterte Definition von Objektgleichheit, so daß durch *same*-Funktionen integrierte Objekte für die Algebra als ein einziges Objekt erscheinen.

Stufe III: real integrierte föderierte Datenbanksysteme

Auf der Stufe III wurden die KDBS nun zusätzlich auch real integriert. Diese Stufe ist nicht mehr auf die Möglichkeiten einer virtuellen Integration beschränkt, sondern die Verwendung von realen (gespeicherten) Verbindungen ist erlaubt.

Daraus ergeben sich weitere Integrationsmöglichkeiten. Z.B. sind Integrationen erlaubt, die das globale Schema erweitern, insbes. durch datenbankübergreifende Funktionen, Typen oder Klassen. Der Föderationskatalog erhält auf dieser Stufe eine erweiterte Bedeutung.

Stufe IV: verteilte Datenbanksysteme

Die Stufe IV beschreibt die verteilten Datenbanksysteme (VDBS). Auch hier können Objekte nach wie vor physisch verteilt sein. Konzeptuell ist diese Verteilung jedoch durch die vollständige logische Integration nicht mehr sichtbar. Aus der Sicht der Kooperation sind diese Systeme voll integriert, so daß sie nur noch eine Ebene der Objektverwaltung besitzen und die KDBS entweder gar nicht mehr existieren, oder ihre Autonomie vollständig aufgegeben haben.

Die föderierten Datenbanksysteme (Stufen I – III) sind aus dem Blickwinkel der evolutionären Kooperation, die interessantesten Architekturen. Bzgl. Heterogenität interessieren uns hier die Möglichkeiten, die auf jeder der Integrationsstufe zur Lösung semantischer Konflikte und zur Schemaintegration existieren.

Wir suchen ebenfalls nach einem minimalen (maximalen) Grad der Kooperation, damit die nächste Stufe der Integration gerade (noch nicht) erreicht wird. Ähnliches gilt für die Autonomie. Wiederum interessiert uns, welche lokale Autonomie beim Übergang in die nächst höhere Integrationsstufe verlorengeht bzw. aufgegeben werden muß.

Wir werden uns im folgenden auf die Diskussion der Integrationsstufen I – III konzentrieren. Wir nehmen als Ausgangspunkt ein MDBS der Stufe 0 und integrieren dieses sukzessive zu Kooperation höherer Stufen. Auf jeder Stufe suchen wir nach den fundamentalen Mechanismen und Konzepten, die zur Integration verwendet werden können.

Kapitel 8

Stufen evolutionärer Datenbankintegration

Wir betrachten in diesem Kapitel die Kooperation von Datenbanksystemen als weiterführende Form der Evolution. Der evolutionäre Gedanke besteht darin, daß ein isoliertes Datenbanksystem – auf dem bereits Applikationen bestehen und das mit einer potentiell großen Anzahl von Objekten bevölkert ist – mit anderen ebensolchen Systemen anfänglich in einer losen Art und Weise zusammenarbeitet und sich schrittweise zu einer engen Kopplung oder gar zur vollständigen Integration weiterentwickelt.

Wir beschreiben zuerst die Schemakomposition als Grundlage jeder weiteren engeren Datenbankintegration. Dann werden Objekte und Schemata schrittweise enger gekoppelt, zuerst virtuell durch Sichten, dann real durch einen globalen Föderationskatalog. Unser Anliegen besteht nicht darin, Methoden oder Strategien zur Integration von Objekt-Datenbanksystemen zu definieren, sondern vielmehr suchen wir nach den grundlegenden Mechanismen und Konzepten zur schrittweisen Realisierung von Interoperabilität.

8.1 Schemakomposition (Stufe I)

Dieser Abschnitt beschreibt die **Integrationsstufe I** föderierter Objekt-Datenbanken. Dazu wird die *Schemakomposition* [SST93] als neue Form der Schemaevolution eingeführt, die eine föderierte Datenbank mit globalem Schema GDB unter Verwendung existierender Datenbankschemata DB_i definiert.

Schemakomposition ist ein erster Schritt in Richtung Interoperabilität zwischen mehreren Objekt-Datenbanken bei gleichzeitiger Wahrung lokaler Autonomie. Sie erstellt ein FDBS, in dem der Integrationsgrad der Komponentenschemata vorerst minimal ist und bildet somit die Voraussetzung für eine spätere engere Kooperation der Komponentensysteme. Im Gegensatz zur allgemeinen Schemaintegration, stellt die Schemakomposition die Schemata nur nebeneinander, ohne gleichzeitig Verbindungen dazwischen herzustellen oder gar strukturelle oder semantische Konflikte aufzulösen.

BEISPIEL 11:   Betrachten wir als Beispiel die Datenbank *BibDB* einer Universitätsbibliothek, die mit zwei weiteren Datenbanken zusammengeführt werden soll: Der *StudDB*, einer Datenbank, die Informationen über immatrikulierte Studenten speichert, und der *AngDB*, die Daten über Angestellte enthält.

> **define database** *NewBibDB* **as**
>   **import** *BibDB, StudDB, AngDB* ;
> **end**.

Obige **import**-Anweisung definiert durch Komposition von *BibDB*, *StudDB* und *AngDB* ein neues Schema *NewBibDB* als disjunkte Vereinigung dieser Schemata.   ◇

Schemakomposition beschreibt eine minimale Integration, die zu denselben Möglichkeiten führt, wie sie etwa auch in SQL-Systemen mit Multi-Datenbankzugriff (z.B. Oracle SQL*Net [SQL89], Ingres/Star [Ing91]) möglich sind. In solchen Systemen lassen sich Verbindungen zu mehreren Datenbanken aufbauen (CONNECT), so daß dann beispielsweise der folgende Join zwischen Tabellen unterschiedlicher Systeme (`<table> AT <database>`) möglich wird:

```
CONNECT TO BibDB, AngDB;


SELECT Buecher.titel, Angestellte.name
FROM   Buecher AT BibDB, Angestellte AT AngDB
WHERE  Angestellte.name = Buecher.ausgeliehen;
```

Beachte, daß hier nur solche Join-Prädikate möglich sind, zu denen die Attribute über in beiden Datenbanken bekannten Wertebereichen definiert sind (hier **string**).

8.1.1   Globale Typausdrücke

Seien τ_i die gültigen Typausdrücke der Komponenten-DB_i [SLR$^+$92], dann leiten wir nun die nach der Schemakomposition auf dem globalen Schema gültigen Typausdrücke τ her.

Die primitiven Datentypen **boolean, integer, real** und **string** der unterschiedlichen Datenbanken werden als identisch vorausgesetzt, so daß diese keiner weiteren Integration bedürfen:[1]

$$\mathbf{boolean} = \mathbf{boolean}_i \, , \; \mathbf{integer} = \mathbf{integer}_i \, , \; \mathbf{real} = \mathbf{real}_i \, , \; \mathbf{string} = \mathbf{string}_i \, .$$

Nach dieser Verankerung der Typkomposition können bereits *Werte* der unterschiedlichen Datenbanken miteinander verglichen werden.

Jedes der Komponentensysteme hat als jeweilige Wurzel des lokalen Typverbandes einen allgemeinsten Objekttyp **object**$_i$. Durch Schemakomposition entsteht ein neuer Objekttyp mit Namen **object**$@GDB$, der als speziellster gemeinsamer Obertyp aller lokalen Objekttypen die Wurzel des globalen Typverbandes bildet:

$$\mathbf{object}@GDB \; = \; \bigsqcup_i \; \mathbf{object}_i \, .$$

Dieser neue Objekttyp ist damit gemeinsamer Obertyp aller Objekttypen **object**$_i$ der Komponenten-Datenbanken. Gleichermaßen wird ein speziellster Objekttyp mit Namen **bottom**$@GDB$ eingeführt, der gemeinsamer Untertyp aller Objekttypen wird.

Abbildung 8.1 stellt die Komposition der Typverbände der Komponentensysteme dar. Seien $[\ldots f \ldots]_i$ und $[\ldots g \ldots]_j$ Objekttypen aus unterschiedlichen Komponentendatenbanken, dann gibt es nach der Schemakomposition auch alle Objekttypen

$$[\ldots f \ldots g \ldots] \; = \; [\ldots f \ldots]_i \, \sqcap \, [\ldots g \ldots]_j \, ,$$

die allgemeinste gemeinsame Untertypen davon sind und deren Menge der anwendbaren Funktionen aus Funktionen unterschiedlicher Datenbanken gegeben ist.

Typkonstruktoren für Mengen und Funktionen können nun auch auf Typen unterschiedlicher Datenbanken angewandt werden. Es sind damit Mengen- und Funktionstypen der folgenden Form möglich

$$\{\tau_i \sqcup \tau_j\} \, , \qquad \tau_i \to \tau_j \, ,$$

wobei τ_i und τ_j Objekttypen unterschiedlicher Datenbanken sein dürfen. Mengen können also gleichzeitig Objekte unterschiedlicher Datenbanken enthalten, und Funktionstypen können Definitions- und Wertebereich in unterschiedlichen

---

[1] Insbesondere sei die interne Darstellung der primitiven Datentypen identisch, z.B. müssen alle Systeme **integer** mit gleich viel Speicherplatz repräsentieren (z.B. 64 Bits), oder wir setzen zumindest die Existenz einer äquivalenzerhaltenden Transformationsvorschrift voraus.

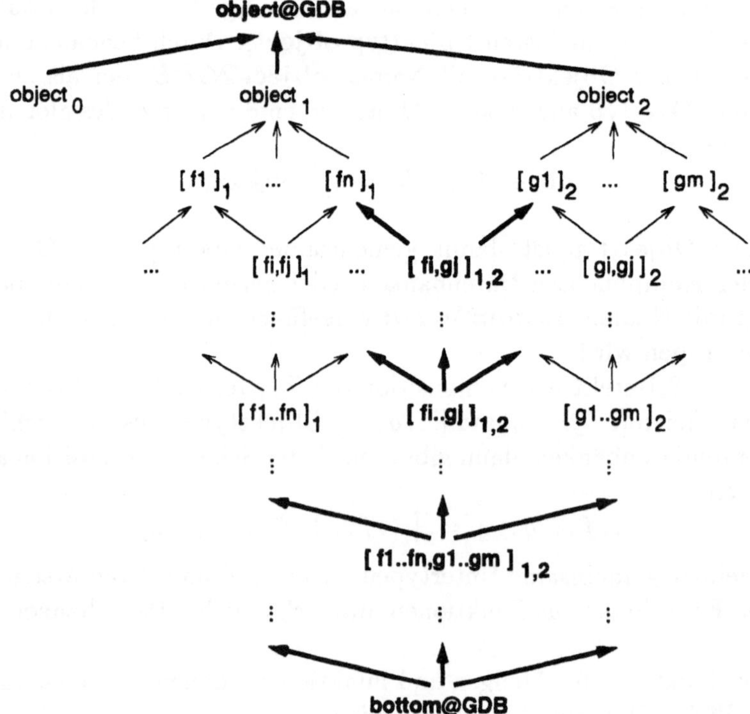

Abbildung 8.1: Komposition der Objekttypen

Datenbanken haben. Damit sind u.a die Voraussetzungen geschaffen, daß die Definition von *same*-Funktionen typrichtig ist.

Schließlich erzeugt die Schemakomposition eine Klasse **Objects@**GDB, welche Oberklasse aller Klassen **Objects**$_i$ ist. Sie kann alternativ als **all**-Klasse mit Instanzentyp **object@**GDB, oder als **union**-Sicht über alle Klassen **Objects**$_i$ definiert werden

> **define view Objects@**GDB
> **as   Objects**$_0$ **union Objects**$_1$ **union** ...

Die Ausprägung der Klasse **Objects@**GDB ist die disjunkte Vereinigung aller Objekte der **Objects**$_i$ der Komponentendatenbanken.

8.1.2 Die globale Metadatenbank

Da hier nur COCOON-Systeme betrachtet werden, besitzen alle Komponenten-DBen das gleiche Metaschema (vgl. Abschnitt 3.2). Im Sinne eines „Bootstrap"-Mechanismus wird durch die Schemakomposition eine globale Metadatenbank aufgebaut, die ihrerseits wiederum die gleiche Struktur hat. Eine Voraussetzung für die Schemakomposition ist also die Verfügbarkeit der Metadatenbanken der Komponentensysteme.

Alle Komponentensysteme haben also dieselben Metafunktionen, z.B. *tname, localf, mtype* etc. Der erste Schritt bildet die globalen Metafunktionen durch Integration der entsprechenden KDBS-Metaobjekte. Im technischen Detail geschieht das wie folgt: Es wird eine *same*-Funktion generiert, die zu einem Objekt f, das in der (lokalen) Metadatenbank DB_0 eine Metafunktion repräsentiert, die die entsprechende Metafunktion f' mit demselben Namen in der Datenbank DB_i findet:

> **define function** *same* : *function*@DB_0 → *function*@DB_i
> **as** f : **pick**(**select**[($fname(f)$ = "*tname*" ∧ $fname(f')$ = "*tname*") ∨
> $\qquad\qquad$ ($fname(f)$ = "*localf*" ∧ $fname(f')$ = "*localf*") ∨
> $\qquad\qquad\qquad\vdots$
> $\qquad\qquad$ ($fname(f)$ = "*mtype*" ∧ $fname(f')$ = "*mtype*")
> $\qquad\qquad$](f' : *Functions*@DB_i));

Dadurch gibt es jetzt global jede Metafunktion nur einmal, z.B. gibt es nur noch eine Funktion *tname*, so daß *tname* = *tname*$_i$ ($i = 0, 1, 2, ...$) gilt.

Integrierte Metafunktionen sind Voraussetzung, um die globalen Metatypen *type, obj-type, variable, function, collection, class, view* bilden zu können. Dies sind analog zum Typ **object** die speziellsten gemeinsamen Obertypen der entsprechenden Metatypen der KDBS. Beispielsweise erhält man den globalen Typ *obj-type* als

$$obj\text{-}type@GDB = \bigsqcup_i obj\text{-}type_i$$

und analog für alle anderen Metatypen. Der globale Zustand (active domain) der Metatypen ist auch durch die Vereinigung der Active domains der Metatypen der Komponentensysteme gegeben.

Da vorangehend alle Metafunktionen durch *same*-Funktionen integriert wurden, gilt weiter, daß auch die Funktionen aller Metatypen gleich sind, beispielsweise

$$functs(obj\text{-}type@GDB) \;=\; functs(obj\text{-}type_i) \;.$$

Schlußendlich bildet die Schemakomposition basierend auf den globalen Metatypen die globalen Metaklassen *Types, Obj-Types, Variables, Functions, Collections, Classes, Views*, welche wiederum als **all**-Klassen oder **union**-Sichten definiert werden können. Z.B.:

> **define view** *Obj-Types@GDB*
> **as** *Obj-Types$_0$* **union** *Obj-Types$_1$* **union** ...

Abbildung 8.2 zeigt einen Ausschnitt aus dem globalen Metaschema des FDBS nach der Komposition. Man beachte, daß die Struktur des globalen Metaschemas mit den Metaschemata der Komponentensysteme identisch ist.

8.1.3 Operationen auf minimal integrierte FDBS

In diesem Abschnitt analysieren wir die Möglichkeiten und Grenzen zur Formulierung von FDBS-Anfrage- und Änderungsoperationen, unter der Voraussetzung, daß die Komponenten-DB_i, wie oben beschrieben, minimal integriert sind.

Unäre Anfrageoperationen

Alle unären Operationen (Selektion, Projektion, Extension, Pick)[2] nehmen als Argument einen einzelnen Klassennamen und liefern als Resultat eine (Teil-) Menge von Objekten oder ein einzelnes Objekt aus dieser Klasse. Sie arbeiten also im wesentlichen auf einer einzigen Objekt-Datenbank DB_i. Funktionen, die

---

[2] Bezüglich der hier betrachteten Problematik verhält sich die Extraktion gleich wie die Projektion.

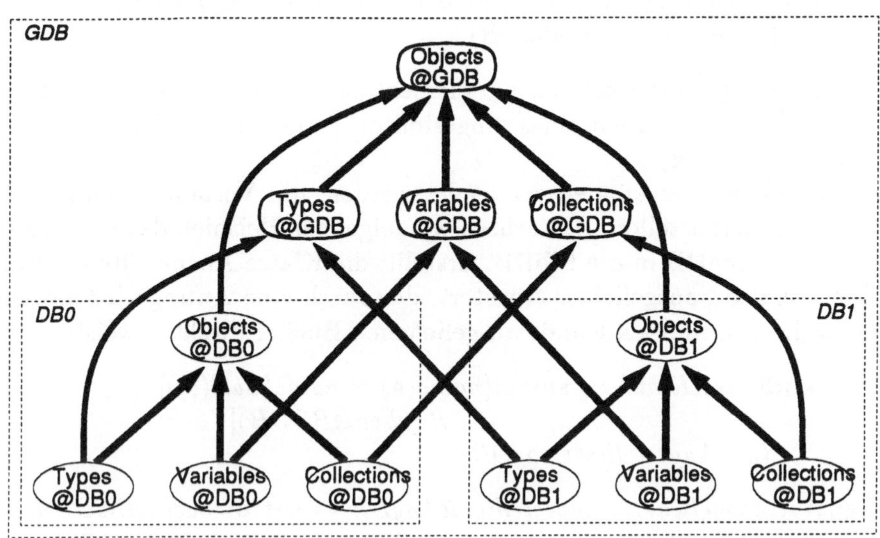

Abbildung 8.2: Komposition der Metadatenbanken (Ausschnitt)

in einem Selektionsprädikat, einer Projektions- oder Extensionsliste verwendet werden, müssen auf dem Instanzentyp der Eingabemenge definiert und damit aus derselben Datenbank sein.

Jeder Versuch, Funktionen aus Datenbank DB_j in einer Operation auf Objekte aus DB_i anzuwenden, wird bereits zur Compile-Zeit als Typfehler zurückgewiesen. Dies liegt daran, daß die Typhierarchien nur auf oberster Stufe vereint wurden und zwei Objekte unterschiedlicher Datenbanken nicht gleich sein können, da bislang keine *same*-Funktionen definiert wurden (vgl. Definition 7.2).

Das Prädikat der folgenden Selektion wird vom Typprüfer beispielsweise nicht akzeptiert:

$$\textbf{select}[a \in \textbf{select}[...](Kunden@BibDB)](a : Angestellte@AngDB)$$

Der Resultattyp der inneren Selektion ist **set of** *kunde@BibDB*, während der Typ des Objektes *a* jeweils *angestellter@AngDB* ist. Da diese zwei Typen in keiner Beziehung stehen, erkennt der Typprüfer richtigerweise einen Fehler.

Trotzdem können bereits *Werte* unterschiedlicher Datenbanken miteinander verglichen werden, da wir die elementaren Datentypen als identisch definiert haben. Die Anfrage

$$\textbf{select}[\emptyset \neq \textbf{select}[name(a) = autor(b)](b : B\ddot{u}cher@BibDB)]$$
$$(a : Angestellte@AngDB)$$

enthält ein gültiges Prädikat, das nur elementare Werte miteinander vergleicht, in diesem Fall den Namen eines Angestellten (**string**) mit den Namen von Buchautoren (**string**).

extend-Operation können verwendet werden, um Verbindungen zwischen Datenbanken herzustellen. Betrachten wir folgendes Beispiel, das eine Verbindung von der AngDB in die BibDB herstellt: die Klasse Angestellte wird dazu um eine Funktion ausgeliehen erweitert, die durch eine Anfrage jedem Angestellten a die von ihm als Kunde ausgeliehenen Bücher direkt zuweist:

$$\textbf{extend}[ausgeliehen := \textbf{select}[name(a) = name(ausl(b))]$$
$$(b : B\ddot{u}cher@BibDB)]$$
$$(a : Angestellte@AngDB)$$

Die Signatur $ausgeliehen : angestellter@AngDB \rightarrow$ **set of** $buch@BibDB$ macht deutlich, daß Definitions- und Wertebereich aus unterschiedlichen DB_i stammen. Die Selektion ist typrichtig, da nur elementare Datentypen, in diesem Fall **string**, verglichen werden.

Die Verwendung von Anfragen als Referenzierungs-Mechanismus erscheint natürlich, da dies der Weg ist, wie auch innerhalb einer Datenbank auf Objekte zugegriffen wird. Die **extend**-Operation erlaubt zusätzlich, daß solche Anfragen vordefiniert und unter einem Namen abgelegt werden (siehe später Sichten). Da die Anfrage jedesmal ausgeführt wird (kein Snapshot, keine globale Kopie), wenn der Funktionsname verwendet wird, entstehen keine Probleme mit hängenden Referenzen (dangling references).

Binäre Anfrageoperationen

Die Mengenoperationen Vereinigung, Schnitt und Differenz sind von der entsprechenden mathematischen Definition abgeleitet, wodurch sie alle auf dem Gleichheitsprädikat für Objekte beruhen. Damit können Mengenoperationen auf Mengen unterschiedlicher Datenbanken ohne weiteres angewandt werden. Da aber ohne *same*-Funktionen bislang keine zwei Objekte gleich sind, ist das Resultat meist trivial: Die Vereinigung entspricht der Vereinigung disjunkter Mengen; der Schnitt ist immer die leere Menge; und die Differenz liefert immer die Objekte des ersten Argumentes.

Für den Resultattyp gilt, daß die Differenz den Typ des ersten Argumentes hat, die Vereinigung den speziellsten gemeinsamen Obertyp und der Schnitt den allgemeinsten gemeinsamen Untertyp (vgl. Kapitel 2.2). Da es noch

keine gemeinsamen Funktionen von unterschiedlichen Datenbanken gibt, ist
der Resultattyp der Vereinigung gleich **object**@GDB und der des Schnittes
ist **bottom**@GDB. Wir werden später Techniken kennenlernen, durch die die
Resultattypen aussagekräftig werden.

Verbindungen zwischen Datenbanken

Die Fortpflanzung von globalen Änderungsoperationen in föderierten Datenbanken auf die Komponentensysteme ist ein kaum beachteter Aspekt. Insbesondere wenn man autonome lokale Transaktionen zuläßt, verhindert die
Ausführungsautonomie der Komponentensysteme, daß das FDBS die Kontrolle über Ausführungsreihenfolge (Serialisierung) und Ausführungszeitpunkt
der Operationen hat [SWS91].

Wenn Verbindungen zwischen Datenbanken durch **extend**-Operationen
realisiert sind, werden alle Änderungen in der fremden Datenbank automatisch
im referenzierten System reflektiert. Es braucht keine weiteren Vorkehrungen.
Ob die referenzierten Objekte ihre Eigenschaften ändern, ob diese gelöscht,
oder ob in der fremden Datenbank neue Objekte erzeugt werden, alle diese
Änderungen werden in der referenzierenden Datenbank automatisch sichtbar,
da die Anfrageausdrucke jedesmal neu berechnet werden.

Die folgende Operation wählt ein vom Angestellten jb ausgeliehenes Buch
über die abgeleitete Funktion *ausgeliehen* aus, und ändert den Namen des
Kunden, der das Buch ausgeliehen hat:

$$\mathbf{set}[name(ausl) := ...](\mathbf{pick}(ausgeliehen(jb)))$$

Da die Funktion *ausgeliehen* über die Gleichheit von Namen definiert ist, wird
durch diese Operation der Wert der Funktion unmittelbar verändert.

Generische Änderungsoperationen

Generische Änderungen auf dem FDBS sind erlaubt, solange sie eindeutig auf
ein einzelnes KDBS abgebildet werden können. Diese Forderung verlangt eine
Reihe von Einschränkungen in der Anwendung der generischen Änderungsoperationen.

Aus demselben Grund wie bei den Selektionen produzieren alle Zuweisungen von Objekten (nicht von Werten) aus der einen Datenbank an Variablen einer anderen Datenbank einen Typfehler. Trotzdem sind nach der Komposition
natürlich die Variablen aus allen Datenbanken im globalen Schema bekannt,
so daß wiederum **extend**-Operationen verwendet werden können, um Objekte
einer Datenbank in Objekte einer anderen zu transformieren.

Betrachten wir dazu die folgenden korrekten COOL-Anweisungen, die zwei Variablen aus unterschiedlichen Datenbanken definieren, und über die abgeleitete Funktion *ausgeliehen*, den Wert der einen Variable der anderen zuweisen.

> **var** a : *angestellter@AngDB*;
> **var** B : **set of** *buch@BibDB*;
>
> $\ldots$
>
> $B := ausgeliehen(a)$

Neue Objekte können auf dem FDBS wie gewohnt mit **create**$[t](o)$ erzeugt werden. Wir erinnern uns daran, daß der Objekttyp **object@**GDB, die Wurzel des globalen Typverbandes, ein virtueller Typ ist, dessen Instanzen (active domain) sich als Vereinigung der Typen **object@**DB_i berechnet. Für die **create**-Operation ergibt sich damit als einzige Einschränkung, daß Objekte nicht als Instanz des Typs **object@**GDB erzeugt werden dürfen, denn globale Objekte, die nur im FDBS bekannt sind, gibt es bislang nicht.

Für die anderen generischen Operationen, die zwei Argumente haben (**gain**$[t](e)$, **lose**$[t](e)$, **add**$[o](e)$, **remove**$[o](e)$), erhält man die Einschränkung, daß beide Argumente aus derselben Datenbank stammen müssen.

Dies ist nicht eine Einschränkung, die der Typprüfer verlangt. Vielmehr wird damit verhindert, daß z.B. mit **gain**$[t](o)$ ein Objekt aus Datenbank DB_i einen Typ aus DB_j erhalten kann, denn eine solche Operation wäre nicht ausführbar, da dies das Speichern eines DB_i-Objektes in der Datenbank DB_j bedeuten würde. Dasselbe gilt auch für die Operationen **add** und **remove** zur Manipulation der Klassenausprägung, für die ebenfalls gelten muß, daß Objekte aus DB_i nicht in Klassen aus DB_j eingefügt werden.

Wir werden später in Abschnitt 9.2 die Semantik dieser Operationen so erweitern, daß „Objektmigration" von einer Datenbank in eine andere Datenbank möglich sein wird.

8.2　Virtuell integrierte FDBS (Stufe II)

Wir haben die Möglichkeiten und Grenzen von Anfragen an FDBS nach der Komposition der Komponentenschemata diskutiert. Im Rahmen dieser Möglichkeiten sind nun natürlich auch Sichten über mehrere DB_i hinweg möglich, die solche Anfragedefinitionen persistent machen und damit eine „virtuelle Integration" der Komponentensysteme und damit eine **Integration der Stufe II** erreichen.

Insbesondere interessieren uns diejenigen Sichten, die eine Verbindung von Objekten unterschiedlicher Datenbanken erlauben, wie z.B. **extend**-Sichten, aber auch die anderen „integrativen" Sichten, wie **union, intersect, difference** etc. Eine ganz spezielle Anwendung von **extend**-Sichten ist die virtuelle Integration von Objekten und Funktionen.

8.2.1   Virtueller globaler Zustand

Der Datenbankzustand formalisiert die in der Objekt-Datenbank gespeicherten Informationen (vgl. Abschnitt 3.1). Der globale Zustand eines FDBS der Integrationsstufe II ist dadurch gekennzeichnet, daß dies ein *virtueller Zustand* $\breve{\sigma}$ ist, der sich aus den Zuständen σ_i der Komponentendatenbanken ableiten läßt. Dies folgt aus dem Verständnis, daß das globale Schema eine integrierende Sicht auf mehrere Komponenten ist, und Objekte real nur in den Komponenten-Datenbasen gespeichert sind.

Insbesondere ist der Typ **object**@GDB als „virtueller Typ" mit abgeleitetem Zustand zu verstehen, so daß es keine Objekte geben kann, die nur Instanzen dieses Typs und nicht gleichzeitig auch eines Untertyps **object**$_i$ sind. Der Zustand des Typs **object**@GDB ist somit definiert als Vereinigung über die Zustände aller Untertypen:

$$\breve{\sigma}(\textbf{object}@GDB) \; = \; \bigcup_i \sigma_i(\textbf{object}_i) \; .$$

Der Zustand (active domain) der allgemeinen Objekttypen $[\dots f \dots]$ ergibt sich aus der Schnittmenge der Active domains aller Typen $[f]$. Dies gilt auch für den globalen Zustand, der wie folgt aus den lokalen Zuständen abgeleitet ist:

$$\breve{\sigma}([\dots f \dots]) \; = \; \bigcap_i \sigma_i([f]) \; , \quad \text{mit } [f] \preceq \textbf{object}_i \; .$$

Sind alle Funktionen f eines solchen Objekttyps in derselben Datenbank DB_i definiert, so entspricht $\breve{\sigma} = \sigma_i$. Andernfalls ist der globale Zustand des Objekttyps vorerst leer, da es per Definition keine Proxy-Objekte geben kann, die Instanzen von Typen unterschiedlicher Datenbanken sind. Insbesondere gibt es keine Objekte, die Instanzen mehrerer Typen **object**$_i$ sind.

Die globalen Zustände der konstruierten Typen leiten sich ihrer Konstruktionsvorschrift folgend ab als

$$\breve{\sigma}(\tau_i \to \tau_j) \; = \; \{f \in F \mid x \in \breve{\sigma}(\tau_i) \Rightarrow f(x) \in \breve{\sigma}(\tau_j)\} \; ,$$
$$\breve{\sigma}(\{\tau\}) \; = \; \{x \in \breve{\sigma}(\tau)\} \; .$$

8.2.2 Integration von Objekten

In Abschnitt 7.1.2 wurde die Definition der Objektidentität um *same*-Funktionen erweitert, um Proxy-Objekte unterschiedlicher Datenbanken als dasselbe Entity-Objekt zu kennzeichnen. Unser erster Ansatz zur Integration von Proxy-Objekten besteht nun darin, den Verbindungsmechanismus des COOL **extend**-Operators zu verwenden.

Sei o_i ein Objekt der Datenbank DB_i und wir fragen uns, welches „dasselbe" Objekt in der Datenbank DB_j ist. Um eine Verbindung zwischen diesen Objekten herzustellen, braucht man lediglich einen Anfrageausdruck, der zu jedem Objekt o_i bestimmt, welches das *same*-Objekt in der anderen Datenbank DB_j ist. Dazu kann der herkömmliche Mechanismus zur Auswahl von gewünschten Objekten verwendet werden, die Selektionsprädikate. Die **extend**-Operation definiert dann eine neue Funktion mit dem speziellen Namen „*same*", die angewandt auf ein Objekt der Datenbank DB_i dasselbe Objekt in der Datenbank DB_j selektiert.

same-Funktionen werden von der COOL-Algebra als spezielle Funktionen erkannt und von nun an für die Bestimmung von Objektidentität gemäß Definition 7.2 herangezogen. Mit anderen Worten, alle Operationen auf dem FDBS verwenden die globale Objektidentität, die besagt, daß zwei Objekte gleich sind, wenn sie aus derselben Datenbank stammen und dort lokal gleich sind, oder aus unterschiedlichen Datenbanken stammen, und eine *same*-Funktionen diese als gleich definiert.

BEISPIEL 12:   Die zwei Objekt-Datenbanken *StudDB*, *AngDB* enthalten beide Informationen über Personen. In *StudDB* sind Personen als Studenten gespeichert und in *AngDB* als Mitarbeiter. Es gibt Personen, die nur Studenten sind, andere sind nur Mitarbeiter und einige sind beides.

Zwei Personen-Proxies seien dieselbe Person repräsentieren, wenn deren Name und Geburtsdatum gleich ist, dann kann folgende *same*-Funktion definiert werden:

> **define view** *Studenten'*
> **as** **extend**[*same* := **pick**(**select**[*name*(*s*) = *name*(*a*)
> $\qquad\qquad\qquad\qquad\qquad \wedge gebdat(s) = gebdat(a)$]
> $\qquad\qquad\qquad (a : Angestellte@AngDB))$]
> $\qquad (s : Studenten@StudDB)$

Würde Gleichheit von Name und Geburtsdatum nicht ausreichen, müßte das Selektionsprädikat durch komplexere Anfragen ersetzt werden, z.B. könnten

wir zusätzlich annehmen, daß auch Straßenname und Hausnummer der Wohn-
adresse gleich sein sollen; oder würden beide Datenbanken die Sozialversiche-
rungsnummer beinhalten, könnte diese als (weiteres) Kriterium verwendet werden. $\Diamond$

In Abschnitt 7.1.2 haben wir bereits das Problem erkannt, daß zur Objektintegration die OIDs nicht geeignet sind und wir stattdessen charakterisierende
Werte im Sinne von Identifikationsschlüssel brauchen, welche wiederum in der
Datenbank abgelegt sind müssen. Der obige Ansatz ist also dann problematisch, wenn die über ein Objekt gespeicherte Information nicht ausreicht, um
damit ein Selektionsprädikat zu formulieren, das Proxy-Objekte hinreichend
identifiziert. Wir schliessen uns also der Forderung von [Bee93]) nach „value
identifiability" von Objekten an.

8.2.3   Integration von Funktionen

Genauso wie mehrere Proxy-Objekte dasselbe Entity-Objekt der realen Welt
repräsentieren können, ist es naheliegend, daß Funktionen unterschiedlicher
Datenbanken dieselbe Eigenschaft der realen Welt modellieren, so daß diese im
Sinne einer Schemaintegration unifizierbar sein sollten.

BEISPIEL 13: Nehmen wir wiederum die Objekt-Datenbanken *BibDB*, *StudDB*
und *AngDB*. In zwei Datenbanken gibt es eine Funktion *gebdat*, die das Geburtsdatum von Personen angibt. Intuitiv möchte man erreichen, daß beide *gebdat*-
Funktionen im globalen Schema als dieselbe erkannt wird.

Zufälligerweise heißen beide Funktionen hier auch gleich, was nicht un-
bedingt immer der Fall ist. Beispielsweise gibt es im FDBS-Schema vier
Funktionen, die Personennamen repräsentieren: *autor@BibDB*, *name@BibDB*,
name@StudDB und *name@AngDB*. Es besteht hier also zusätzlich ein Namens-
Synonym-Konflikt. $\Diamond$

In Abschnitt 8.1 haben wir beschrieben, wie durch Schemakomposition eine
globale Metadatenbank entsteht (vgl. Abbildung 8.2). Wir wenden nun die eben
eingeführte Möglichkeit zur Definition von *same*-Funktionen auf die Metaebene
an, um damit Beziehungen zwischen Funktionen zu beschreiben. Dabei verwenden wir die Tatsache, daß jede Funktion selbst durch ein Objekt in der Klasse
Objects@*GDB* in der Metadatenbank repräsentiert ist. Durch eine **extend**-
Sicht auf dem Metaschema können nun zwei Funktionen $f@DB_i$ und $f@DB_j$

integriert werden, indem in der Metadatenbank die entsprechenden Objekte mit einer *same*-Funktion integriert werden.

Bei der Beschreibung der globalen Metadatenbank haben wir festgehalten, daß alle Metafunktionen durch die Komposition global integriert werden. Dies kann beispielsweise durch solche **extend**-Sichten auf der Metadatenbank geschehen.

BEISPIEL 13: (Fortsetzung) Um die Funktion *gebdat@StudDB* mit *gebdat@AngDB* zu integrieren, muß eine *same*-Funktion definiert werden, die aus der Metaklasse *Functions@StudDB* dasjenige Objekt selektiert, das denselben Namen hat:

> **define view** *Functions'@StudDB*
> **as   extend**[*same* := **pick**(**select**[*fname*(*f*) = "*gebdat*" **and**
> $\qquad\qquad\qquad\qquad fname(g) =$ "*gebdat*"]
> $\qquad\qquad\qquad\qquad (g : Functions@AngDB)]$
> $\qquad (f : Functions@StudDB)$

Die Namensfunktionen können auf dieselbe Art und Weise integriert werden, allerdings muß vorerst der Namenskonflikt durch Umbenennen der Funktion *autor* aufgelöst werden.   ◇

8.2.4   Sichten in föderierten Datenbanksystemen

Während die Schemakomposition Komponentensysteme nur sehr rudimentär integriert, können Sichten verwendet werden, um einheitliche Darstellungen von Teilen unterschiedlicher Systeme herzustellen.

Auflösung semantischer Konflikte zwischen den Komponentenschemata sowie Vereinigung und Restrukturierung des globalen Schemas ist bei Integrationsstufe II insofern möglich, als daß dies durch Sichten machbar ist. Ein Beispiel dazu, die Integration von Funktionen durch **extend**-Sichten auf der Metadatenbank, wurde bereits aufgezeigt.

Wenn desweiteren die obige Verbindung *ausgeliehen* zwischen Angestellten und Bücher nicht nur für gerade die eine Anfrage von Interesse ist, kann diese als permanente **extend**-Sicht auf dem globalen Schema definiert werden. Ebenso haben **select**-Sichten einen integrierenden Charakter, wenn deren Selektionsprädikat Werte unterschiedlicher Datenbanken vergleicht.

Die Verwendung von binären Anfrageoperationen ist nun nicht mehr trivial, da wir eine Möglichkeit zur Definition von *same*-Funktionen kennengelernt haben. Seien C_i, C_j Klassen aus Datenbanken DB_i bzw. DB_j, und es existiere eine Menge von *same*-Funktionen, die sowohl Objekte dieser Klassen wie auch Funktionen der Instanzentypen integrieren. Eine **union**-Sicht über die Klassen C_i, C_j enthält damit die Vereinigung der Objekte, wobei integrierte Objekte nur einmal auftreten. Der Instanzentyp der Sichten ist nun nicht mehr nur **object**@*GDB*, sondern ein Typ bestehend aus den Funktionen der zwei Instanzentypen, die integriert wurden. Entsprechend verhält es sich mit **intersect**-Sichten, deren Ausprägung nunmehr nicht die leere Menge ist, sondern genau die integrierten Objekte beinhaltet. Der Instanzentyp dieser Sicht besteht aus der Vereinigung der Funktionen der Basisklassen, und integrierte Funktionen kommen nur einmal vor.

BEISPIEL 14:   Betrachten wir als Zusammenfassung erneut die drei Datenbanken *BibDB*, *StudDB* und *AngDB*, die durch folgende COOL-Anweisungen virtuell integriert werden. Anweisung (1) bildet die Schemakomposition der drei Komponentenschemata. (2) definiert eine **extend**-Sicht, die eine abgeleitete Funktion *ausgeliehen* beschreibt, die die *BibDB* und *AngDB* miteinander verbindet. Sichtendefinition (3) beschreibt als Selektionssicht diejenigen Angestellten, die selbst Autoren von Büchern sind. (4) definiert eine Sicht auf der Metadatenbank zur Integration der Funktionen *gebdat* und (5),(6) integriert Kunden mit Studenten bzw. Studenten mit Angestellten. Schließlich definiert (7) eine **union**-Sicht über Studenten und Angestellten, welches Klassen aus unterschiedlichen Datenbanken sind. Man beachte, daß Ausprägung und Instanzentyp dieser Sicht durch den Wert der *same*-Funktionen aus Anweisungen (4) und (5) beeinflußt sind. Die virtuell integrierten Datenbanken sind in Abbildung 8.3 graphisch dargestellt.

    redefine database *NewBibDB* **as**
(1)   **import** *BibDB, StudDB, AngDB*;
(2)   **define view** *Angestellte'*
      as **extend**[*ausgeliehen* := **select**[$name(a) = name(ausl(b))$]
                 ($b : Bücher@BibDB$)]
          ($a : Angestellte@AngDB$);
(3)   **define view** *AngAutoren*
      as **select**[$\emptyset \neq$ **select**[$name(a) = autor(b)$]($b : Bücher@BibDB$)]
         ($a : Angestellte@AngDB$);
(4)   **define view** *Functions'@StudDB*
      as **extend**[*same* := **pick**(**select**[$fname(f) = $ "*gebdat*" **and**
                    $fname(g) = $ "*gebdat*"]
              ($g : Functions@AngDB$)]
        ($f : Functions@StudDB$);

(5)   **define view** *Kunden'*
       as   **extend**[*same* := **pick**(**select**[*name*(*k*) = *name*(*s*)]
                             (*s* : *Studenten@StudDB*))]
             (*k* : *Kunden@BibDB*);

(6)   **define view** *Studenten'*
       as   **extend**[*same* := **pick**(**select**[*name*(*s*) = *name*(*a*) **and**
                            gebdat(*s*) = *gebdat*(*a*)]
                          (*a* : *Angestellte@AngDB*))]
            (*s* : *Studenten@StudDB*);

(7)   **define view** *Personen*
       as   *Studenten@StudDB* **union** *Angestellte@AngDB*;
    end.

$\Diamond$

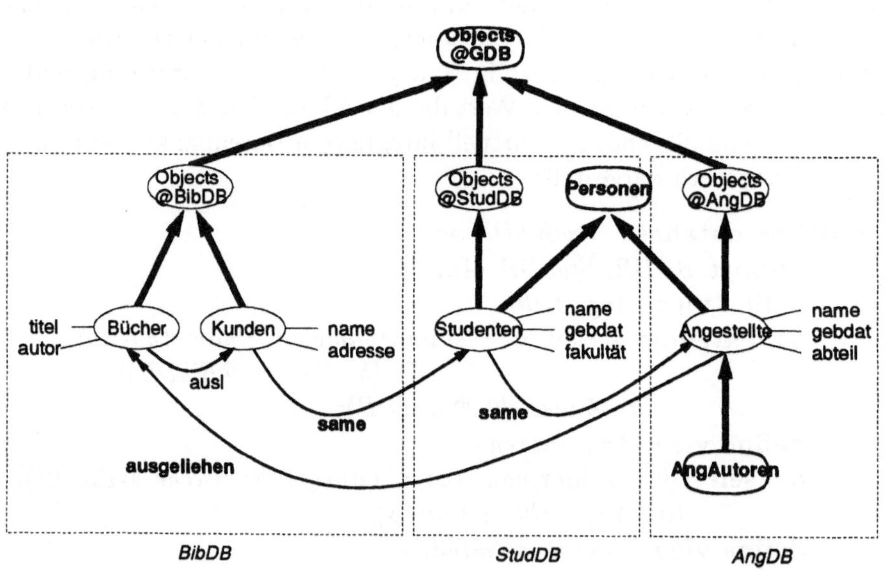

Abbildung 8.3: Virtuelle Integration durch Sichten

8.3 Real integrierte FDBS (Stufe III)

Bislang bildete das FDBS eine virtuelle, vereinheitlichende und integrierende
Sicht auf die Komponentensysteme. In diesem Abschnitt gehen wir einen Schritt
weiter und beschreiben die **Integrationsstufe III**, die zu real integrierten
Komponenten-Datenbanken führt.

Seien wiederum Komponenten-Datenbanksysteme $DB_1, \dots, DB_n$ mit loka-
len Zuständen $\sigma_1, \dots, \sigma_n$ gegeben, sowie die lokale Datenbasis DB_0 mit Zustand
σ_0. Letztere übernimmt wiederum die Funktion des Föderationskataloges, der
Metainformationen über die Verteilung und Integration speichert.

8.3.1 Realer globaler Zustand

Bei der Integrationsstufe II haben wir als besonderes Merkmal festgehalten, daß
der globale Zustand $\bar{\sigma}$ virtuell ist und sich aus den Zuständen σ_i der Komponentensysteme ableiten (berechnen) läßt. Die Ableitungsvorschrift wurde durch
die Schemakomposition definiert und durch die globalen Sichten ergänzt.

Aus diesem Verständis des globalen Zustandes ergaben sich Einschränkungen, wie das globale Schema definiert werden konnte. Beispielsweise waren nur
Funktionen mit Definitions- und Wertebereich aus unterschiedlichen Datenbanken zugelassen, wenn diese abgeleitet waren. Der Zustand einer solchen gespeicherten Funktion konnte nämlich in keiner der Komponentendatenbanken
DB_i abgelegt werden, da dieser OIDs unterschiedlicher Datenbanken enthalten
würde. Ein anderes Beispiel waren Variablen über einem Obertyp von Typen
mehrerer Datenbanken. Zwar waren solche Typausdrücke gültig, der Zustand
dieser Variablen ließ sich jedoch wiederum nicht auf eine der Komponenten-DB
abbilden.

Der wesentliche Unterschied zwischen virtueller (Stufe II) und realer (Stufe
III) FDBS-Integration besteht nun darin, daß der globale Zustand (der Zustand
der Datenbank nach der Integration) einen realen, gespeicherten Teil enthält,
und nicht wie bislang aus den Zuständen der lokalen KDBS vollständig abgeleitet ist. Dieser real gespeicherte Anteil zeichnet sich weiter dadurch aus, daß
er nicht eindeutig auf eines der Komponentensysteme abgebildet werden kann.

Dieser Schritt mag marginal erscheinen. Er ist allerdings die Voraussetzung
für eine engere Interoperabilität der Komponentensysteme und wird uns einerseits erlauben, durch Schemaänderungen eine reale Integration vorzunehmen,
die nicht wie bislang auf die Verwendung von Sichten beschränkt ist. Andererseits können wir nun eine Anfrage- und Änderungssprache so entwerfen, daß
die bislang erforderlichen Restriktionen entfallen.

8.3.2 Erweiterte Verwendung des Föderationskataloges

Jedes Objekt o der föderierten Datenbank besitzt nach wie vor zu jedem Zeitpunkt ein eindeutiges „Home"-Komponentensystem DB_i ($i = 0, 1, 2, \ldots$). Es handelt sich dabei um dasjenige KDBS, in dem o erzeugt wurde, und von dem o daher die OID hat. Dieses KDBS speichert dann auch weiterhin die Daten des Proxy-Objektes o.

Ein FDBS kann unter Verwendung von Typprädikaten der Form $\mathbf{object}_i(o)$ leicht feststellen, aus welcher Komponentendatenbasis DB_i ein entsprechendes Objekt o stammt. Wir führen als abgekürzte Schreibweise eine Funktion *where* ein, die dies für ein Proxy-Objekt o zur Laufzeit feststellt:

$$where : \mathbf{object}@GDB \rightarrow \mathbf{integer}$$
$$\text{mit } where(o) = i \iff \mathbf{object}_i(o)$$

Bei der engen Kooperation von Objekt-Datenbanken ist es nun aber notwendig, daß von einigen Objekten die OID auch im Föderationskatalog DB_0 abgelegt werden kann, z.B. weil DB_0 gewisse globale Werte dieses Objektes speichert, oder weil dieses Objekt Wert einer globalen Variablen oder einer globalen Klasse ist.

Die Interpretation, daß Objekte in das globale Föderationssystem DB_0 kopiert würden, wäre allerdings falsch. Es geht lediglich darum, daß die OID von ausgewählten Objekten in bestimmten Fällen auch in der Datenbasis DB_0 abgelegt werden müssen.

Wir erweitern dazu die Bedeutung der Föderationsdatenbank DB_0, indem wir erlauben, daß darin nicht nur Metainformation abgelegt wird, sondern ebenfalls Primärobjekte, und zwar Objekte aus allen beteiligten Komponentendatenbanken DB_i ($i = 0, 1, 2, \ldots$). Wir realisieren damit den gespeicherten Anteil des globalen Zustandes, indem wir diesen ebenfalls im Föderationskatalog DB_0 ablegen.

Vom technischen Standpunkt ist dies so zu verstehen, daß das föderierte Datenbankverwaltungssystem in der Lage sein muß, OIDs zu verarbeiten, die um den Namen der Herkunftsdatenbasis erweitert wurden (colored OIDs)[3]. Diese Qualifikation von OIDs ist notwendig, da aus Autonomieüberlegungen das FDBS keine Einschränkungen an den Wertebereich der lokalen OIDs machen darf, andererseits alle Objekte global auch weiterhin eindeutig identifizierbar sein müssen.

---

[3] Techniken, wie z.B. *Object coloring* [Sch88b] werden dazu effektiv eingesetzt. Weiterführende Ansätze, wie z.B. 3-stufige OIDs [HD92], müssen hier nicht erwogen werden, da wir uns immer ausschließlich mit COCOON-Systemen beschäftigen und insbesondere keine Systeme miteinbeziehen, die selbst kein OID-Konzept kennen.

Man beachte, daß colored OIDs zwar immer noch werte- aber nicht mehr ortsunabhängig sind, was unmittelbare Konsequenzen auf Änderungsoperationen hat, denn Objekte können deshalb nicht ohne weiteres in eine andere Datenbasis migrieren. Desweiteren gilt wegen der lokalen Autonomie der KDBS, daß die OIDs lokal unverändert bleiben und daß Coloring nur vom FDBS auf globaler Ebene sichtbar ist. Der Föderationskatalog DB_0, der direkt vom FDBMS verwaltet wird, muß solche colored OIDs speichern können, um Objekte aller beteiligten Komponentensysteme aufzunehmen.

Eine ganze Reihe von Methoden und Strategien, die zur Integration von Multi-Datenbanksystemen verwendet werden, führen zu einer realen KDBS-Kooperation. Oder mit anderen Worten, FDBS-Integration der Stufe III ist Voraussetzung für die Anwendbarkeit solcher Konzepte.

8.4 Zusammenfassung und Diskussion

Wir haben drei Sufen evolutionärer Integration von autonomen Objekt-Datenbanken in ein föderiertes Datenbanksystem beschrieben:

Integrationsstufe I

- setzt voraus, daß die Komponentensysteme die Metadatenbank (d.h. die Namen von Variablen, Funktionen, Typen, Klassen und Sichten) exportieren und diese vom FDBS gelesen werden können. Desweiteren muß es einen Föderationskatalog DB_0 geben, der verwendet werden kann, um Metainformationen über die Verteilung abzulegen.

- stellt die Komponentenschemata durch Komposition nebeneinander und macht die Namen der lokalen Schemaelemente global bekannt. Die global gültigen Typausdrücke vervielfachen sich. Erlaubt sind nun: Objekttypen mit Funktionen unterschiedlicher Datenbanken, Mengen mit Objekten aus unterschiedlichen Datenbanken, und Funktionen mit Definitions- und Wertebereich in unterschiedlichen Datenbanken. Eine globale Metadatenbank wird aufgebaut, deren Schema dem Metaschema jedes KDBS entspricht.

- ermöglicht, mit gewissen Einschränkungen, Anfrage- und Änderungsoperationen auszuführen, die über mehrere Datenbanken hinweg formuliert sind. Anfragen beziehen zur Auswertung typischerweise Argumente fremder Datenbanken mit ein oder werden auf Objekten mehrerer Datenbanken ausgewertet. Änderungen müssen eindeutig auf ein KDBS abbildbar sein.

- führt keinerlei Integration von einzelnen Objekten unterschiedlicher Datenbanken durch; die KDBS-Objektmengen sind nach wie vor strikt disjunkt.

Integrationsstufe II

- erlaubt die virtuelle Integration der Komponentenschemata durch globale Sichten (vgl. [Mot87]). Es entsteht somit eine vereinheitlichende Sicht über die Komponentenschemata, was die Transparenz für einen FDBS-Benutzer erhöht. Der Zustand der globalen Datenbank ist rein virtuell, d.h. aus den lokalen Zuständen abgeleitet.

- ermöglicht die Definition abgeleiteter *same*-Funktionen, um Proxy-Objekte unterschiedlicher Komponentendatenbanken zu integrieren. Dieselben *same*-Funktionen können auch verwendet werden, um Metaobjekte unterschiedlicher Datenbanken zu vereinigen. Da nur abgeleitete globale Schemata definiert werden können, ist es insbesondere nicht möglich, gespeicherte *same*-Funktionen zu definieren.

- bietet eingeschränkte Möglichkeiten zur Schemaintegration: zur Konfliktlösung, Vereinigung und Restrukturierung dürfen ausschließlich Sichten verwendet werden. Funktionen können durch Integration der entsprechenden Metaobjekte mittels *same*-Funktionen integriert werden.

- stellt sicher, daß alle globalen Anfrageoperationen die um *same*-Funktionen erweiterte Objektgleichheit implizit verwenden.

Integrationsstufe III

- beschreibt ein FDBS mit realem (d.h. nicht mehr rein virtuellem) globalen Zustand. Dadurch wird die Bedeutung der Föderationsdatenbasis DB_0 erweitert, denn es muß nun möglich sein, darin auch Primärobjekte jeglicher KDBS abzuspeichern.

- verlangt, daß das FDBMS globale, erweiterte OIDs verwalten und verarbeiten kann.

- bedingt die weitere Aufgabe lokaler Objektautonomie. So muß nun das lokale KDBMS Objekte-IDs an das FDBMS explizit bekannt geben. Das FDBMS kann dann eventuell diese fremden OIDs lokal in DB_0 ablegen, was zu Integritätsbedingungen führt, die gewährleistet werden müssen.

- eröffnet neue Möglichkeiten zur globalen Anreicherung des Schemas, z.B. mit gespeicherten Inter-Datenbank-Funktionen (insbesondere gespeicherte *same*-Funktionen) oder globalen Variablen.

- erlaubt die Definition einer erweiterten Anfrage- und Änderungssprache, die uneingeschränkt als globale Schnittstelle des FDBS angewandt werden kann.

Tabelle 8.1 gibt einen zusammenfassenden Vergleich der Merkmale der Stufen 0 bis IV evolutionärer Datenbankintegration.

Tabelle 8.1: Stufen evolutionärer Datenbankintegration

	Multi-DBS	**föderierte DBS**			**vert. DBS**
	Stufe 0	*Stufe I*	*Stufe II*	*Stufe III*	*Stufe IV*
logische Schema-integration	Schemata nicht integriert	Schema-komposition	Schemata virtuell integriert	Schemata real integriert	Schemata vollständig integriert
Konfliktlösung Restrukturier.	nur ad hoc durch Anfragesprache		CP- und CR-Schemaänderungen		nur ein logisches Schema
Schema-vereinigung	nein		abgel. Meta-*same*-Fkt	gesp. Meta-*same*-Fkt	
globale Anreicherung	nicht möglich			CA-Schema-änderungen	
logische Verteilungs-transparenz	keine	globale Namen	globale Sichten	globale Transformation	Verteilung logisch unsichtbar
Proxy-Objekt-integration	vollständig disjunkte Objektmengen		Integration durch abgel. *same*-Fkt	Integration durch gesp. *same*-Fkt	nur eine Objekt-menge
Operationen der globalen Schnittstelle	globale Trans-aktionen	eingeschr. globale Operationen	Anfragen mit globaler Gleichheit	Änderungen mit globaler Semantik	gleich wie zentrales DBS
Föderations-Katalog DB_0	nicht notwendig	nur für Meta- (Schema) informationen		auch für Primär-Daten/Objekte	nicht vorhanden

Kapitel 9

Interoperabilitätsplattform

Die fünf Integrationsstufen von Multi-Datenbanken sollen in diesem Kapitel nun als Plattform für Interoperabilität dienen. Zuerst betrachten wir die statischen Schemaaspekte des Integrationsprozesses. Wir zeigen, daß nachdem ein globales Schema durch Komposition erhalten wurde, die in Teil II dieses Buches eingeführte Schemaevolutionssprache eingesetzt werden kann, um Konfliktlösung, Vereinigung und Restrukturierung zu realisieren.

Dann werden dynamische, operationale Aspekte miteinbezogen. Wir realisieren mit Hilfe der fünf Integrationsstufen COOL*, eine Sprachschnittstelle mit globalen Anfrage- und Änderungsoperationen, die nun uneingeschränkt auf föderierte Datenbanksysteme angewandt werden können.

Schließlich ordnen wir verwandte Ansätze aufgrund von Mechanismen, die diese zur Realisierung von Interoperabilität verwenden, in unser Rahmensystem ein und vergleichen sie auf diese Art und Weise mit unserem Ansatz.

9.1 Konfliktlösung, Vereinigung und Restrukturierung

Die meisten Methoden zur Integration von KDBS-Schemata in ein globales (föderiertes) Schema kennen die Phasen Vorintegration, Konfliktlösung, Vereinigung und Restrukturierung (vgl. auch Abschnitt 7.2). Die jeweils implementierten Strategien unterscheiden sich jedoch in den Mechanismen und Techniken, die in den einzelnen Phasen eingesetzt werden. Diese wiederum legen fest, welche Integrationsstufe vorausgesetzt bzw. erreicht wird.

Wir sind hier nicht an speziellen oder neuen Integrationsstrategien interessiert, sondern konzentrieren uns auf die Realisierung auf unserer Plattform. In

Abschnitt 8.2 wurde beispielsweise ein durch Komposition entstandenes globales Schema mit Hilfe von Sichten integriert. Da Sichtendefinitionen das einzige eingesetzte Mittel waren, haben wir virtuell integrierte Komponentenschemata und damit Integrationsstufe II erhalten. Engere Kooperation durch Integration der Stufe III eröffnet weitere Möglichkeiten, die Komponentenschemata zu integrieren.

9.1.1   Konfliktlösung zwischen Komponentenschemata

Als Vorbereitung für eine spätere Vereinigung von Schemaobjekten unterschiedlicher KDBS müssen zuvor Modellierungskonflikte erkannt und aufgelöst werden.

Wir erachten Konfliktlösung als Schemaevolution in föderierten DBS. Dabei werden die KDBS-Schemata mit Hilfe der in Kapitel 6 beschriebenen Schemaevolutionssprache solange verändert, bis diese untereinander kompatibel sind und vereinigt werden können. Entsprechend der FDBS-Schemaarchitektur können solche konfliktlösenden Schemaevolutionen entweder auf einem der lokalen Komponentenschemata oder auf dem globalen FDBS-Schema erfolgen:

- *Konfliktlösung im lokalen Komponentenschema eines KDBS* steht in der Kompetenz des jeweiligen lokalen Komponenten-DBA. Solche Schemaevolutionen dürfen nur für das FDBS sichtbar sein, denn nur für diese Anwendung wird der Konflikt aufgelöst.

  Lokale CP-Änderungen können hinsichtlich lokaler Anwendungen simuliert oder kompensiert werden. Dabei gilt zu beachten, daß eine spezielle Anwendung der lokalen Datenbank die Föderation selbst ist. CR-Änderungen werden für andere lokale Anwendungen simuliert, während CA-Änderungen kompensiert werden.

- *Konfliktlösung im globalen (föderierten) Schema* steht in der Kompetenz des DBA der Föderation. Diese dürfen für die lokalen KDBS nicht sichtbar sein, d.h. sie müssen auf dem globalen Schema durchführbar sein, ohne daß dabei eines der Komponentenschemata geändert werden muß.

  Globale CR- und CP-Schemaänderungen sind immer ohne Auswirkung auf die KDBS-Schemata durchführbar, da diese ein nicht strukturell dominantes globales Schema erzeugen und damit simuliert werden können. Im Gegensatz dazu generieren globale CA-Änderungen ein dominantes Schema und sind somit nicht simulierbar und, wie wir zeigen werden, nur dann erlaubt, wenn die Erweiterung eindeutig in den Föderationskatalog abgelegt werden kann.

CP- und CR-Schemaevolutionen auf dem globalen Schema sind also besonders zur Konfliktlösung geeignet, da diese simuliert werden können und damit die lokalen KDBS-Schemata nicht verändert werden.

BEISPIEL 15:   (Strukturelle Konflikte) Wir wollen die Idee der Verwendung von Schemaevolution zur Konfliktlösung am Beispiel der Homogenisierung von Funktionen skizzieren. Betrachten wir vier Datenbanken mit Angaben zum Gewicht von Produkten bzw. Artikeln:

$$DB_1 : \quad gewicht@DB_1 : teil \rightarrow \textbf{set of integer}$$
$$DB_2 : \quad gew\_pnd@DB_2 : produkt \rightarrow \textbf{integer}$$
$$DB_3 : \quad gewicht@DB_3 : artikel \rightarrow \textbf{real}$$
$$DB_4 : \quad gewicht@DB_4 : material \rightarrow \textbf{integer}$$

Im Sinne von [SPD92] treten folgende deskriptive Konflikte auf:

$gewicht@DB_1$ ist im Gegensatz zu den anderen Funktionen mengenwertig. Dieser Konflikt kann gelöst werden, indem die Funktionen in der Datenbank DB_1 durch folgende Schemaänderung einwertig gemacht wird:

$$\textbf{redefine function } gewicht@DB_1 : teil \rightarrow \textbf{integer}$$

Diese Schemaänderung wird in die Elementaroperation $FSINV$ übersetzt und ist somit CR. Die Konfliktlösung kann alternativ auf dem globalen Schema durch eine abgeleitete Funktion mit Operationstransformation simuliert werden:

$$\textbf{define function } gewicht : teil \rightarrow \textbf{integer}$$
$$\textbf{as} \quad o : \textbf{pick}(gewicht@DB_1(o))$$
$$\textbf{on} \quad \textbf{set}[gewicht := x](o) \textbf{ do set}[gewicht@DB_1 := \{x\}](o)$$

$gew\_pnd@DB_2$ steht in einem Maßeinheitenkonflikt, da diese Funktion als einzige das Gewicht in Pfund und nicht in Kilo speichert. Dieser Konflikt kann nicht durch eine elementare Schemaänderung mit impliziter Operationstransformation gelöst werden. Eine neue Funktion $gewicht$ wird mit expliziter Transformationsregel definiert:

$$\textbf{define function } gewicht : produkt \rightarrow \textbf{integer}$$
$$\textbf{as} \quad o : gew\_pnd@DB_2(o) * 0.453$$
$$\textbf{on} \quad \textbf{set}[gewicht := x](o) \textbf{ do set}[gew\_pnd@DB_2 := x * 2.208](o)$$

Diese neue Funktion kann sowohl auf dem lokalen, wie auch auf dem globalen Schema definiert werden. Im ersten Fall wird sie dann anstelle der alten Funktion exportiert.

gewicht@DB_3 zeigt einen Wertebereichskonflikt, da diese Funktion nicht **integer** sondern **real** liefert. Wiederum ist keine elementare Schemaänderung bekannt (obwohl eine solche denkbar wäre), so daß der Konflikt durch explizite Transformation gelöst werden muß, die Real-Zahlen in Integer-Zahlen umwandelt. Dies könnte wie im vorangehenden Beispiel durch Simulation mittels einer abgeleiteten Funktion (mit Operationstransformationen) auf dem globalen Schema geschehen. Um den Unterschied zu zeigen, soll die Schemaänderung nun aber materialisiert werden, was ausschließlich auf dem lokalen Schema der DB_3 erlaubt ist. Eine Transformationsfunktion *real2int* sei dazu vorgegeben:

> **define function** *gewicht'*@DB_3 : *artikel* $\rightarrow$ **integer**
> **from** o : *real2int*(*gewicht*@$DB_3(o)$)

gewicht@DB_4 beschreibt das spezifische Gewicht von Materialien. Um Mißverständnisse durch Homonyme zu vermeiden, wird diese zu *spec_gewicht* umbenannt. Da Namensänderungen CP sind, ergibt sich eine Konfliktlösung entweder durch Simulation auf dem globalen Schema, oder durch Umbenennen der Funktion im lokalen Schema von DB_4:

> **rename function** *gewicht*@DB_4 **to** *spec_gewicht*@DB_4

$\diamond$

Semantische und strukturelle Konflikte im Sinne von [SPD92] werden analog gelöst. Schemaevolutionen dazu wurden in Abschnitt 6.1 vorgestellt.

9.1.2 Vereinigung der Komponentenschemata

Sind Modellierungskonflikte aufgelöst, so können Schemaobjekte unterschiedlicher KDBS vereinigt werden. Die Absicht der Integration von Schemaobjekten besteht darin, daß diese für Anfrage- und Änderungsoperationen an der globalen FDBS-Schnittstelle nur als ein einziges Schemaobjekt erscheinen und damit nicht unterschieden werden.

Die Technik ist bereits bekannt: Schemata werden durch Integration der entsprechenden Schemobjekte mit Hilfe von *same*-Funktionen in der Metadatenbank vereinigt (Abschnitt 8.2.3). Geschieht dies durch abgeleitete *same*-Funktionen, handelt es sich um eine CP-Änderung des globalen Schemas und damit um eine Integration der Stufe II. Werden Schemaobjekte durch gespeicherte *same*-Funktionen integriert, so wird das globale Schema angereichert (CA), und man erhält eine Integration der Stufe III (vgl. auch nächster Abschnitt).

Bei der Vereinigung können nicht nur Modellierungskonflikte, sondern auch Wertekonflikte auftreten. Es sind Strategien festzulegen, die, wenn zwei integrierte Schemaobjekte unterschiedliche Werte liefern, festlegen, welcher der Werte gilt. In der Literatur findet man dazu unterschiedliche Lösungsvorschläge: O*SQL [Lit92] nimmt den Wert derjenigen Datenbank (oder desjenigen Objektes), die in einer definierten Reihenfolge zuerst angegeben wurde. [Mot87] beschreibt ein „Best value"-Konzept, das gewisse Werte priorisiert, z.B. werden Nullwerte nie priorisiert. Weitere Strategien, etwa mit frei definierbaren, vom Datentyp abhängigen Priorisierungsregeln, sind denkbar. Es spielt an dieser Stelle keine Rolle, welche Strategie man wählt. Wir verwenden der Einfachheit halber den Ansatz, daß der Wert der Schemaobjekte aus derjenigen Datenbank verwendet wird, die in der **import**-Liste als erstes aufgeführt wurde.

Integration von Variablen

Variablen unterschiedlicher KDBS werden integriert, damit sie im globalen Schema nur als eine Variable erscheinen. Als Voraussetzung müssen diese dieselbe Signatur (denselben Namen[1] und Wertebereich) haben. Ist dies nicht der Fall, so liegt ein semantischer Modellierungskonflikt vor, der zuerst, wie im vorangehenden Abschnitt beschrieben, aufgelöst werden muß.

BEISPIEL 16:   Zwei Variablen $v@DB_i$ und $v@DB_j$ können durch eine Sicht auf der Metadatenbank, oder bei Integrationsstufe III, durch folgende explizite Zuweisung an die *same*-Funktion integriert werden:

$$\mathbf{set}[same_{i,j} := v_j](v_i)$$

Die Metavariablen v_i, v_j enthalten die entsprechenden Schemaobjekte, welche die Variablen $v@DB_i$ und $v@DB_j$ in der Metadatenbank repräsentieren. $\diamond$

Nach dieser Vereinigung sind obige zwei Variablen im globalen Schema nur noch als eine sichtbar, und können an der globalen Schnittstelle damit nicht unterschieden werden. Besitzen integrierte Variablen in unterschiedlichen KDBS unterschiedliche Werte, so liefert eine Anfrageoperation den Wert aus derjenigen Datenbank, die in der **import**-Liste zuerst aufgeführt wurde. Es bleibt noch zu zeigen, wie die Semantik der globalen Änderungsoperationen definiert werden muß, damit integrierte Variablen aller KDBS gleichzeitig geändert werden (multiple representations).

---

[1] Man beachte, daß die Qualifikation eines Schemaobjektnamen durch die Herkunftsdatenbank ($...@DB_i$) in diesem Sinne nicht Bestandteil des Namens ist.

Integration von Funktionen

In Abschnitt 8.2.3 wurde bereits gezeigt, wie Funktionen durch Integration von Metaobjekten vereinigt werden können. Neu ist an dieser Stelle nur, daß nicht nur abgeleitete, sondern auch gespeicherte *same*-Funktionen möglich sind (Integrationsstufe III).

Damit Funktionen integrierbar sind, müssen sie wiederum dieselbe Signatur (Name, Wertebereich, Mengenwertigkeit) haben. Ansonsten besteht ein semantischer Modellierungskonflikt, der vorgängig aufgelöst werden muß.

BEISPIEL 17:   Wir betrachten die Integration der Funktionen $name@DB_i$ und $name@DB_j$. Formal gesehen existiert zu jeder Funktion auch ein Objekttyp, auf dessen Instanzen genau diese eine Funktion anwendbar ist, also $[name]_i$ bzw. $[name]_j$.

Der gemeinsame Obertyp davon war bislang der Typ **object**$@GDB$, da die zwei Objekttypen in unterschiedlichen Datenbanken definiert sind und damit keine gemeinsamen Funktionen aufwiesen. Durch Integration der Funktionen ändert sich dies und der globale (integrierte) Objekttyp $[name]@GDB$ wird direkter Obertyp. Wie erwartet kann die Funktion *name* nun auf die Instanzen beider Typen $[name]_i$ und $[name]_j$ angewandt werden. $\Diamond$

Nach der Integration ist im föderierten Schema nur noch eine Funktion *name* sichtbar. Es können wiederum Wertekonflikte auftreten, wenn zwei integrierte Funktionen für zwei integrierte Objekte unterschiedliche Werte liefern. Die erwähnte Strategie legt fest, welcher der Werte gilt.

Integration von Objekttypen

Während primitive Datentypen aller KDBS als identisch vorausgesetzt werden, müssen Objekttypen explizit integriert werden. Die Integration von Objekttypen ist nur erlaubt, wenn diese dieselben Namen haben und alle Funktionen des Typs bereits integriert wurden. Damit letzteres gewährleistet ist, müssen Funktionen wiederum paarweise dieselbe Signatur haben.

Der Active domain des integrierten Objekttyps ist die Vereinigung der Active domains. Da Objekttypen im wesentlichen Namen für eine Menge anwendbarer Funktionen sind, ergibt sich diese Semantik direkt aus der Betrachtung der Integration von Funktionen.

BEISPIEL 18:   Die folgenden zwei Objekttypen

DB_1 :   **define type** *person* **isa object** $= name :$ **string;**
DB_2 :   **define type** *person* **isa object** $= name :$ **string**

können integriert werden durch

$$\mathbf{set}[same_{1,2} := name_1](name_2); \quad \mathbf{set}[same_{1,2} := person_1](person_2)$$

Abbildung 9.1 zeigt einen Ausschnitt aus der resultierenden, globalen Typhierarchie. ◇

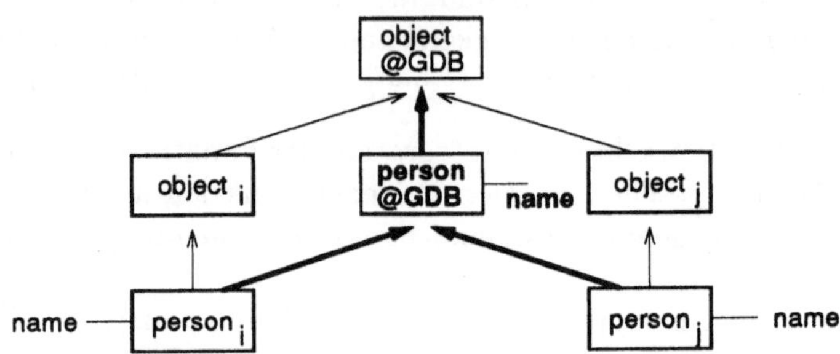

Abbildung 9.1: Integration von Objekttypen

Integration von Klassen

Klassen unterschiedlicher KDBS können global intgeriert werden, damit diese an der FDBS-Schnittstelle nur als eine erscheinen. Als Voraussetzung müssen die Klassen denselben Namen haben und die Instanzentypen müssen vorgängig integriert worden sein.

Wiederum treten Wertekonflikte auf, denn falls die Objekte der Klassen vor der Integration nicht durch *same*-Funktionen intgeriert wurden, haben die Klassen unterschiedliche Ausprägungen. Welche der lokalen Ausprägungen dann diejenige der globalen Klasse bildet, hängt wiederum von der Konfliktlösungsstrategie ab.

Man beachte, daß sich die Integration von Klassen damit von der Vereinigung durch eine **union**-Sicht unterscheidet. Die Ausprägung der Sicht wäre die Vereinigung der lokalen Ausprägungen.

9.1.3 Restrukturierung des globalen Schemas

Nach der Konfliktlösung und Vereinigung von KDBS-Schemata folgt die Restrukturierung des föderierten Schemas durch globale Schemaevolutionen. Dazu können lokale Schemaänderungen oder globale Restrukturierungen verwendet werden. Wir unterscheiden kapazitätserhaltende und -reduzierende von -erweiternden Schemaevolutionen, da nur die ersten zwei auf dem globalen Schema simuliert werden können.

CP- und CR-Restrukturierung

Kapazitätserhaltende und -reduzierende Schemaevolutionen sind simulierbar, da diese ein strukturell nicht dominantes globales Schema erzeugen. Damit kommen sie mit einer Integrationsstufe II aus, d.h. sie können ohne Verwendung des globalen Föderationskataloges zum Abspeichern von Primärobjekten durchgeführt werden.

Einen Spezialfall globaler CP-Schemaänderungen, die Definition globaler Sichten, haben wir bereits im vorangehenden Kapitel kennengelernt. Nun stehen aber alle Elementaroperationen zur Verfügung.

BEISPIEL 19:   Wir betrachten eine Restrukturierung der zwei Datenbanken $DB1$ und $DB2$ aus Abbildung 9.2 durch folgende Schemaevolutionen:

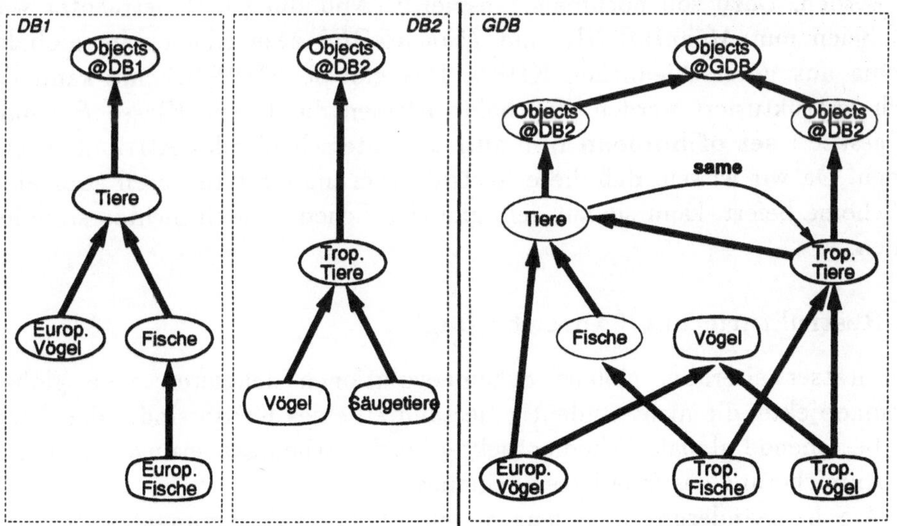

Abbildung 9.2: Integration durch CP-Operationen

```
     define database GDB;
        import DB1, DB2;
(1)     define function same : tier@DB1 → tropTier@DB2
           as pick(select[...](TropTiere@DB2));
(2)     redefine class TropTiere some Objects@DB2, Tiere;
(3)     rename class Vögel to TropVögel;
(4)     define view Vögel as EuropVögel union TropVögel;
(5)     define class TropFische all Fische, TropTiere;
(6)     undefine class Säugetiere;
(7)     undefine view EuropFische;
     end.
```

Dies sind alles ausschließlich CP-Schemaänderungen: Anweisung (1) definiert eine neue, abgeleitete Inter-Datenbank-Funktion. (2) fügt zur Klasse *TropTiere* eine neue Basisklasse hinzu, was bekanntlich in eine CP-Elementaroperation übersetzt wird. (3) ändert einen Klassennamen. (4) definiert eine globale Sicht und (5) eine globale **all**-Klasse. (6) und (7) löschen eine **all**-Klasse und eine Sicht.   ◇

Zur Restrukturierung können auch globale Schemaevolutionen herangezogen werden. Dazu soll nochmals Beispiel 9 (Abbildung 6.4) betrachtet werden. Seien nun *Männer@DB1* und *Frauen@DB2* zwei Klassen im globalen Schema aus unterschiedlichen KDBS. Das globale FDBS-Schema kann dadurch restrukturiert werden, daß beide Klassen durch eine Klasse *Personen* mit *geschl* : **set of boolean not null** als unterscheidendes Attribut ersetzt werden. Da wir wissen, daß diese Restrukturierung ein strukturell äquivalentes Schema liefert, kann sie auf dem globalen Schema durch Sichten simuliert werden.

CA-Restrukturierung (Anreicherung)

Kapazitätserweiternde, globale Schemaevolutionen definieren neue globale Schemaobjekte, die nicht eindeutig Bestandteil eines KDBS sind, oder erweitern bestehende globale Schemaobjekte. Solche Schemaänderungen bedeuten eine Anreicherung des föderierten Schemas.

CA-Schemaänderungen erzeugen ein strukturell dominantes Schema, können somit nicht simuliert werden, und sind daher in der Regel nicht ohne Anpassung einzelner KDBS durchführbar. Wir erlauben deshalb nur diejenigen globalen CA-Änderungen, die das globale Schema um neue Schemaobjekte erweitern, d.h. die Definition von globalen Variablen, Funktionen, Typen oder

Klassen. Da die Zustände globaler Schemaobjekte nicht mehr eindeutig in einer der Komponenten-Datenbasen abgelegt werden können, müssen diese im Föderationskatalog DB_0 gespeichert werden. Globale CA-Operationen bewirken als Konsequenz davon Integrationsstufe III.

Definition globaler Funktionen. Bislang war es nicht möglich, gespeicherte Funktionen zu definieren, deren Definitions- und Wertebereiche in unterschiedlichen Datenbanken lagen. Entsprechende Typausdrücke haben wir schon in Abschnitt 8.1 als nach der Schemakomposition gültig erkannt und auch bereits intensiv zur Definition abgeleiteter Inter-DB-Funktionen verwendet. Der Grund lag vielmehr darin, daß der Zustand solcher Funktionen nicht eindeutig in einer Komponenten-DB abgelegt werden konnte. Nun haben wir mit DB_0 eine solche Datenbasis.

Integrationsstufe III erlaubt also die Definition globaler gespeicherter Funktionen, die (i) Definitions- und Wertebereiche in unterschiedlichen Datenbanken haben (gespeicherte inter-DB-Funktionen), und (ii) auf Objekte unterschiedlicher Datenbanken anwendbar sind (globaler Definitionsbereich).

Als Beispiel definieren wir auf der bereits bekannten *NewBibDB* (Beispiel 14) eine Funktion *lieblingsbuch*, die typischerweise nicht ableitbar ist, und deren Definitions- und Wertebereich in unterschiedlichen Datenbanken liegt:

define function *lieblingsbuch* : *student@StudDB* $\rightarrow$ *buch@BibDB*

Insbesondere sind auch gespeicherte *same*-Funktionen möglich. Das nachstehende Beispiel definiert eine solche Funktion zwischen Kunden der *BibDB* und Studenten der *StudDB*:

define function $same_{BibDB,StudDB}$: *kunde@BibDB* $\rightarrow$ *student@StudDB*

Es handelt sich bei gespeicherten Inter-DB-Funktionen um eine wirkliche Erweiterung der Mächtigkeit unseres Systems. Man erinnere sich, daß bislang zwei Proxy-Objekte unterschiedlicher DB_i nicht als dasselbe bezeichnet werden konnten, wenn dafür keine entsprechende Ableitungsvorschrift bekannt war. Seien zwei Objekte, ein Kunde k und ein Student s, gegeben, von denen nichts weiter bekannt ist, wie diese Objekte erhalten wurden. Trotzdem ist es von nun an möglich, diese durch explizites Setzen der *same*-Funktion als dasselbe zu definieren:

var k : *kunde@BibDB*;
var s : *student@StudDB*;

...

set$[same_{BibDB,StudDB} := s](k)$

Auf dem globalen Schema können desweiteren Funktionen definiert werden, die auf Objekte unterschiedlicher Komponentensysteme anwendbar sind. Dies geschieht, indem der Wertebereich ein gemeinsamer Obertyp von Objekttypen unterschiedlicher Datenbanken ist.

Bislang kennen wir nur einen solchen Typ, **object**@GDB. Eine abgeleitete Funktion mit diesem Typ als Definitionsbereich ist aus dem vorangehenden Abschnitt bekannt, nämlich *where*. Gleichermaßen kann nun auch eine gespeicherte globale Funktion definiert werden, die z.B. erlaubt, jedem Objekt einen Namen zu geben:

$$\textbf{define function } oname : \textbf{object}@GDB \rightarrow \textbf{string}$$

Globale Funktionen sind nur auf dem globalen Schema des Multi-DBS definiert und daher in den KDBS gar nicht bekannt. Dies wäre auch nicht sinnvoll, denn solche Funktionen können in einem isolierten DB_i gar nicht verarbeitet werden, da sie z.B. Objekte eines lokal unbekannten Objekttyps liefern. Formal gesehen wird der Zustand einer globalen Funktion f im Föderationskatalog DB_0 abgelegt.

Definition globaler Objekttypen. Der Typverband der globalen Objekttypen, wie er sich nach der Schemakomposition darstellt, wurde in Abbildung 8.1 dargestellt. Neu ist nun an dieser Stelle, daß auch Objekttypen, die nur auf dem globalen Schema bekannt sind (vgl. auch Abbildung 9.1), explizit benannt werden können, und damit als Definitionsbereich von globalen Funktionen oder als Instanzentyp globaler Klassen Verwendung finden.

Man betrachte beispielsweise den folgenden Objekttyp, der als Untertyp von *angestellter*@*AngDB* und *student*@*StudDB* definiert ist:

$$\textbf{define type } angstud \textbf{ isa } angestellter@AngDB, student@StudDB$$

Der Active domain dieses Typs errechnet sich bekannterweise als Schnittmenge der Active domains der beiden Obertypen *angestellter* und *student*. Wenn keine *same*-Funktionen zwischen Angestellten und Studenten definiert sind, ist dies die leere Menge. Die auf die Instanzen dieses Typs anwendbaren Funktionen sind die Funktionen *name*@*StudDB*, *gebdat*@*StudDB*, *fakultät*@*StudDB*, *name*@*AngDB*, *gebdat*@*AngDB*, *abteil*@*AngDB*, also die Vereinigung der Obertypen, sofern keine *same*-Funktionen auf der Metadatenbank zwischen den entsprechenden Metaobjekten definiert sind.

Kombiniert man die Definition globaler Funktionen und Objekttypen, so erreicht man damit, daß vollständig neue globale Typen entstehen, deren Instanzen Objekte aller Komponenten-Datenbanken sein können. Beispielsweise wäre die Definition eines globalen Typs *person* sinnvoll, zu dessen Instanzen wir später Kunden, Studenten und Angestellte machen können:

define type *person* **isa object@**GDB **=** *name, vorname* : **string,**
$$versichnr : \textbf{integer}$$

Definition globaler Variablen. Globale Variablen sind Variablen, die nicht eindeutig auf ein KDBS abgebildet werden können und daher in den einzelnen Systemen gar nicht bekannt sind.

Betrachten wir dazu die folgenden Beispiele. Die Werte der Variablen o und P können Objekte irgendeiner Komponenten-Datenbank sein, so daß deren Zustand nicht in einer lokalen Datenbasis darstellbar ist. Wir benötigen auch hier wieder die erweiterten Möglichkeiten des Föderationskataloges DB_0:

define var o : **object@**GDB;
define var P : **set of** *person*;
define var A : **set of** *angstud*

Der Typ *angstud* der Variablen A ist nur auf dem globalen Schema bekannt. Daher ist auch die Definition dieser Variablen nur auf dem globalen Schema möglich.

Definition globaler Klassen. Globale Klassen sind Klassen mit globalem Instanzentyp oder mit Basisklassen unterschiedlicher Datenbanken.

Die Klasse *Persons* ist ein Beispiel einer Klasse mit einem Instanzentyp, der in keiner der lokalen Systeme bekannt ist. Die Klasse *AngStud* hat Basisklassen unterschiedlicher Komponentendatenbanken und ist damit ebenfalls nur auf dem globalen Schema definiert:

define class *Persons* : *person* **some Objects@**GDB;
define class *AngStud* : *angstud*
$$\textbf{some } Studenten@StudDB, Angestellte@AngDB$$

Abbildung 9.3 faßt die in diesem Abschnitt besprochenen Anreicherungen des globalen Schemas graphisch zusammen.

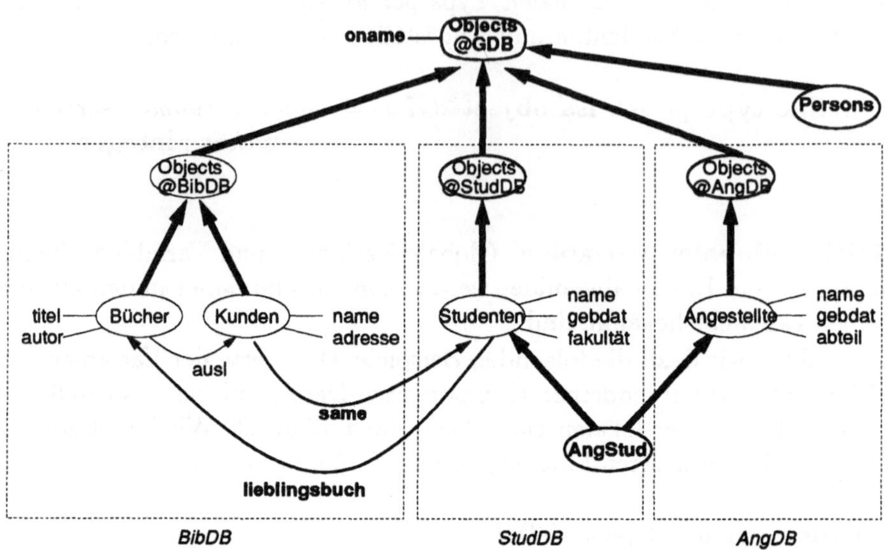

Abbildung 9.3: Anreicherung des globalen Schemas

9.2 COOL*: Eine Spracherweiterung für FDBS

Nachdem gezeigt wurde, wie Objekte und Schemata durch *same*-Funktionen integriert werden können, wollen wir die generischen COOL-Anfrage- und Änderungsoperationen so erweitern, daß diese ohne Einschränkung als Sprachschnittstelle für föderierte Datenbanksysteme verwendet werden können.

Eine solche Erweiterung ist notwendig, da aufgrund der lokalen Entwurfsautonomie der KDBS Einschränkungen in der globalen Verwendung der Änderungsoperationen bestehen. Dies liegt daran, daß die globalen OIDs nicht ortstransparent sind, so daß ein Objekt des $KDBS_i$ nicht in ein anderes $KDBS_j$ migrieren kann. Eine Ausnahme bildet die Föderationsdatenbank DB_0, diese kann Objekte aller KDBS speichern.

9.2.1 Anfrageoperationen

In Abschnitt 8.1 wurde gezeigt, daß die generischen Anfrageoperationen bereits als FDBS-Schnittstelle verwendet werden können (vgl. Abschnitt 8.1.3).

In Abschnitt 8.2 wurde insbesondere mit Hilfe globaler Anfragen integrierende Sichten definiert.

Die einzige Erweiterung der Anfrageoperationen bestand darin, daß diese die erweiterte globale Objektgleichheit respektieren, d.h. Definition 7.2 verwenden, welche transparent macht, ob zwei Objekte in derselben Datenbank lokal gleich sind, oder ob diese explizit durch *same*-Funktionen integriert wurden.

Hinsichtlich den Anfrageoperationen ist eine Integration der Stufe II ausreichend, sofern man sich auf die Verwendung abgeleiteter *same*-Funktionen beschränkt.

9.2.2 Änderungsoperationen

Die globalen Update-Operationen müssen berücksichtigen, daß es weiterhin nur lokale Objekte gibt: jedes Objekt kann jederzeit eindeutig einem Komponentensystem $KDBS_0, \ldots, KDBS_n$ zugeordnet werden. Instanzen globaler Schemaobjekte sind lokale Objekte der Föderationsdatenbank.

Die FDBS-Update-Schnittstelle besteht nun aus Algorithmen, die globale COOL-Updates in Sequenzen von lokalen COOL-Operationen übersetzen, so daß jede Operation eindeutig auf einem einzigen KDBS ausführbar ist.[2]

Globale Updates sind zur Unterscheidung von lokalen Operationen mit einem * gekennzeichnet (:=*, **set***, **new***, **create***, **delete***, **gain***, **lose***, **add***, **remove***). Lokale Operationen sind mit einem Index i versehen, um klar zu kennzeichnen, daß diese lokal vom entsprechenden Datenbanksystem $KDBS_i$ ausgeführt werden können. Diese Kennzeichnung dient nur dem besseren Verständnis. Die FDBS-Sprachschnittstelle enthält also nur noch die *-Operationen und die lokalen, mit Index versehenen Operationen, sind nicht mehr verfügbar.

Änderungsoperationen setzen aus den folgenden zwei Gründen Integrationsstufe III voraus:

- Es sollen global angereicherte Schemata zugelassen werden (z.B. gespeicherte Funktionen zwischen Datenbanken). Der Zustand solcher Schemaelemente wird in der Föderationsdatenbank DB_0 abgelegt, in der Objekte aller KDBS gespeichert werden können.

- Proxy-Objekte unterschiedlicher KDBS werden von den Update-Operationen mittels *same*-Funktionen intgeriert. Globale Update-

---

[2] Zur algorithmischen Beschreibung der Abbildung verwenden wir wiederum die zwei Kontrollstrukturen FOREACH ... DO ... END und IF ... THEN ... ELSE ... END.

Operationen müssen daher gespeicherte *same*-Funktionen definieren und deren Werte manipulieren können.

Es sei darauf hingewiesen, daß mit den Operationen der Algebra bei der Typprüfung implizit ebenfalls die erweiterte Objektgleichheit angewandt werden muß. Seien z.B. o, o' zwei integrierte Objekte aus DB_i bzw. DB_j, dann gilt die folgende Typregel auf dem globalen Schema

$$\frac{o :: \tau, \ o' :: \tau', \ o' = same(o)}{o :: \tau \sqcap \tau'} \ .$$

Gegeben seien wiederum $n+1$ Datenbanken $DB_1, \ldots, DB_n$, sowie die Föderationsdatenbank DB_0. Die lokalen KDBS-Schemata seien durch Schemakomposition, Konfliktlösung, Vereinigung und Restrukturierung in ein globales (föderiertes) Schema integriert.

Zuweisung an eine Variable

In einem FDBS sind Zuweisungen an eine Variable möglich ($v := e$), die über verschiedene KDBS hinweg gehen. Dabei kann v entweder lokale Variable eines Komponentensystems DB_j ($j = 1..n$) oder globale Variable sein ($j = 0$). Zusätzlich kann v mit Variablen anderer KDBS integriert sein. In jedem Fall ist die FDBS-Zuweisung $:=^*$ in Zuweisungen $:=_j$ zu transformieren, die lokal in den Komponentensystemen DB_j ausführbar sind, in denen die Variablen definiert sind (vgl. Abbildung 9.4).

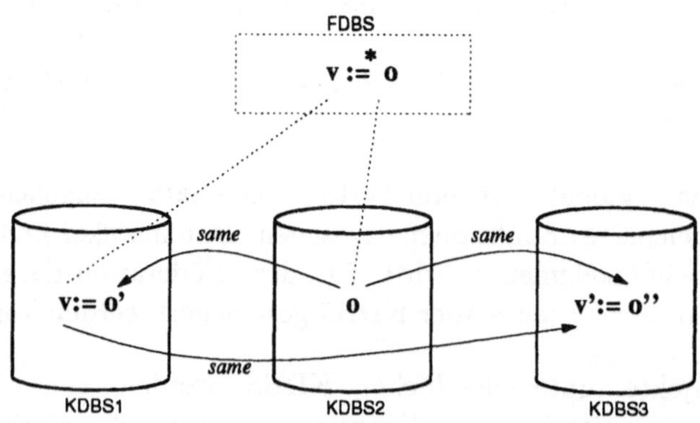

Abbildung 9.4: Globale Zuweisung an Variablen in FDBS

Der Ausdruck e kann entweder einen primitiven Wert (**integer**, **string**, etc.), eine Menge von primitiven Werten, ein einzelnes Objekt oder eine Objektmenge bezeichnen. Falls e einen primitiven Wert (oder eine Menge primitiver Werte) repräsentiert, kann die Zuweisung direkt auf das Komponentensystem DB_j abgebildet werden, in dem die Variable v definiert ist, denn primitive Datentypen sind per Definition auf allen DB_j gleich repräsentiert (vgl. Abschnitt 8.1).

Repräsentiert e hingegen ein einzelnes Objekt, so sind drei Fälle von FDBS-Zuweisungen zu betrachten: (i) v ist eine lokale Variable eines Komponentensystems DB_j ($j = 1..n$) und e ein Objekt aus derselben Datenbank. Dieser Fall läßt sich direkt in eine lokale Zuweisung innerhalb DB_j abbilden. (ii) v ist eine lokale Variable eines Komponentensystems DB_j ($j = 1..n$) und e ein Objekt aus einer anderen Datenbank DB_i. In diesem Fall ist das entsprechende *same*-Objekt in DB_j (welches immer existiert, da $t' \preceq t$ erfüllt sein muß) der Variablen v zuzuweisen, was dann wiederum lokal in DB_j geschehen kann. (iii) v ist eine globale Variable aus GDB. In diesem Fall kann e, welches ein Objekt irgendeiner Datenbank sein kann, direkt der Variablen zugewiesen werden, da globale Variablen in DB_0 abgelegt sind und diese Datenbank beliebige Objekte aufnehmen kann.

Falls e eine Objektmenge repräsentiert, muß obige Fallunterscheidung für jedes Objekt der Menge einzeln durchgeführt werden.

Sei $v :: t$ und $e :: t'$ und $t' \preceq t$, dann gilt

```
v :=* e   ↝
FOREACH j = 0..n : v_j = v  ∨ v_j = same_j(v) DO
    IF t ⪯ object_G THEN
        i :=* where(e);
        IF j = 0  ∨ j = i THEN v_j :=_j e
        ELSE v_j :=_j same_{i,j}(e) END
    ELSE IF t ⪯ {object_G} THEN
        v_j :=_j {};
        var v'_j : object_j;
        FOREACH e' ∈ e DO
            v'_j :=* e';  v_j :=_j v_j ∪ {v'_j}
        END
    ELSE v_j :=_j e END
END.
```

Partielle Zuweisung

Analog funktioniert auch die partielle Zuweisung ($\mathbf{set}[f := e](o)$) an Funktionen. In einem FDBS können die Funktion f, das Objekt o und der zugewiesene Wert e aus unterschiedlichen Datenbanken stammen. Desweiteren kann, wie in Abbildung 9.5 dargestellt, die Funktion f mit Funktionen weiterer Datenbanken integriert worden sein.

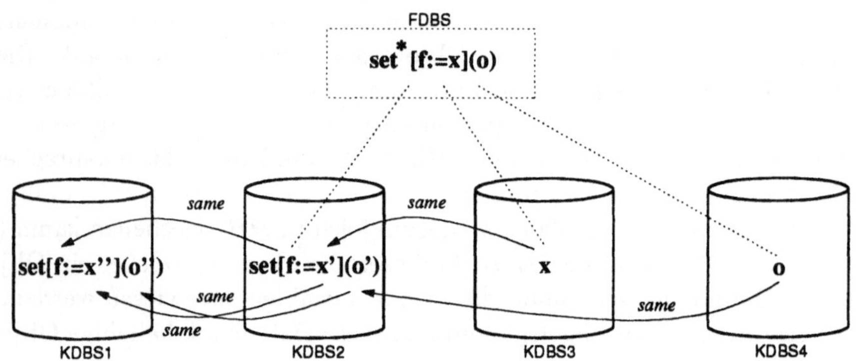

Abbildung 9.5: Partielle Zuweisung an Funktionen in FDBS

Wiederum wird zwischen der Zuweisung eines Wertes, eines Objektes und einer Objektmenge unterschieden.

Sei $f :: t_1 \rightarrow t_2$ und $o :: t'$ und $t' \preceq t_1 \preceq \mathbf{object}_G$ und $e :: t$ und $t \preceq t_2$, dann gilt

```
set*[f := e](o)  ↝
FOREACH j = 0..n : fⱼ = f ∨ fⱼ = sameⱼ(f) DO
    IF t ⪯ object_G THEN
        i := where(e);
        IF j = 0 ∨ j = i THEN setⱼ[fⱼ := e](o)
        ELSE setⱼ[fⱼ := same_{i,j}(e)](o) END
    ELSE IF t ⪯ {object_G} THEN
        setⱼ[fⱼ := {}](o);
        var vⱼ : objectⱼ;
        FOREACH e' ∈ e DO
            vⱼ :=* e';  setⱼ[fⱼ := fⱼ(o) ∪ {vⱼ}](o)
        END
    ELSE vⱼ :=ⱼ e END
END.
```

Objekte erzeugen und löschen

Da auch in einem FDBS jedes Proxy-Objekt genau einer Komponentendatenbank zugeordnet ist, kann eine globale Objekterzeugung auf dem FDBS nicht ohne Angabe des entsprechenden Zielsystems DB_i erfolgen. Die **new***-Operation für FDBS erhält somit einen zusätzlichen Parameter **object**$_i$, der angibt, in welchem DB_i das neue Objekt zu erzeugen ist.

$$\mathbf{new}^*[\mathbf{object}_i]() \quad \leadsto \quad \mathbf{new}_i().$$

Die Operation **create** ist keine COOL-Grundoperation. Sie setzt sich zusammen aus dem Erzeugen eines neuen Objektes mit **new**, der Zuweisung des neuen Objektes an eine Variable v, der Spezialisierung des Typs dieses Objektes mit **gain** und dem Hinzufügen des Objektes in die Klasse **Objects**. Dabei kann v mit Variablen anderer KDBS integriert sein.

Daraus ergibt sich unmittelbar die **create***-Operation für FDBS, indem die lokalen Teiloperationen durch die entsprechenden globalen FDBS-Operationen ersetzt werden.

Sei $v :: t'$ und $t \preceq t' \preceq \mathbf{object}_G$, dann gilt

> **create**$^*[t](v) \leadsto$ ·
> FOREACH $j = 0..n : v_j = v$ DO $v :=^* \mathbf{new}^*[\mathbf{object}_j]()$ END;
> **gain**$^*[t](v)$;
> **add**$^*[v](\mathbf{Objects}_j)$.

Da jedes Proxy-Objekt eindeutig einer Komponenten-DB_i zugeordnet ist, gibt es für die **delete**-Operation auf dem FDBS zwei alternative Semantiken: (i) Es wird nur das lokale Proxy-Objekt o in DB_i gelöscht, indem die globale **delete***-Operation direkt als entsprechende lokale Operation **delete**$_i$ ausgeführt wird. (ii) Es wird nicht nur das Proxy-Objekt o in DB_i gelöscht, sondern auch alle Objekte aller Komponentendatenbanken DB_j, die als *same*-Objekte von o gekennzeichnet sind. Wir wählen hier die zweite Variante, da diese den Erwartungen an eine globale **delete**-Operation entspricht. Man beachte außerdem, daß damit **delete*** und **create*** wiederum invers zueinander sind. Die erste Semantik kann global durch Aufruf von **lose**$^*[\mathbf{object}_i](o)$ erreicht werden.

Sei $o :: t$ und $t \preceq \mathbf{object}_G$, dann gilt

> **delete**$^*(o) \leadsto$
> $i :=^* where(o)$;
> FOREACH $j = 0..n : j \neq i$ DO **delete**$_j(same_{i,j}(o))$ END;
> **delete**$_i(o)$.

Typevolution

Die **gain**-Operation für FDBS muß vorsehen, daß ein Proxy-Objekt einer Komponente DB_i nun auch einen Typ aus einer anderen Datenbank DB_j erhalten kann. Der Typ t kann sogar ein globaler Typ und damit Unter- oder Obertyp von Typen unterschiedlicher Datenbanken sein. Desweiteren kann der Typ t mit Typen anderer KDBS integriert worden sein (vgl. Abbildung 9.6), so daß ein **gain** auf alle diese Typen erfolgen muß.

Sei $t = [\ldots f \ldots]$. **gain*** wird schrittweise durchgeführt, indem für jede Funktion f (und alle damit integrierten Funktionen) einzeln ein lokales **gain** auf den Typ $[f]$ ausgeführt wird. Es sind dabei jeweils zwei Fälle zu unterscheiden: (i) f ist eine Funktion derselben Komponentendatenbank DB_i, wie das durch o repräsentierte Proxy-Objekt; oder (ii) f ist eine Funktion einer anderen Datenbank DB_j. Im ersten Fall kann ein **gain**$_i[f](o)$ lokal in DB_i durchgeführt werden. Im zweiten Fall ist in DB_j ein lokales **gain**$_j$ auf das entsprechende $same_{i,j}$-Objekt durchzuführen, daß möglicherweise zuerst erzeugt werden muß.

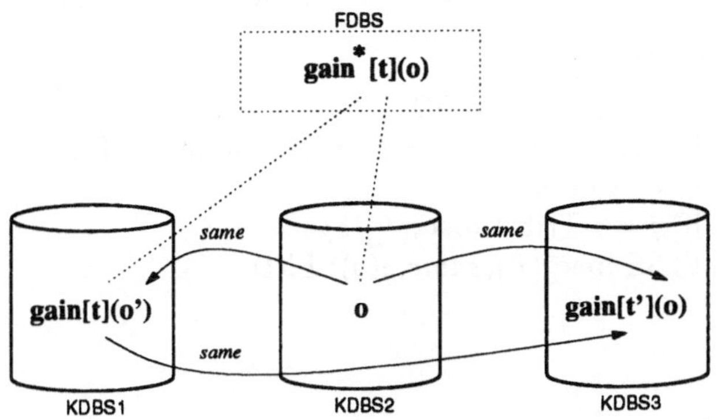

Abbildung 9.6: Typevolution in FDBS

Sei $o :: t'$ und $t = [f_1, \ldots, f_m]$ und $t', t \preceq \mathbf{object}_G$, dann gilt

$$\mathbf{gain}^*[t](o) \rightsquigarrow$$

```
FOREACH f = f₁,…,fₘ DO
    FOREACH j = 0..n : fⱼ = f  ∨ fⱼ = sameⱼ(f) DO
        i :=* where(o);
        IF j = i THEN
            gainⱼ[fⱼ](o)
        ELSE
            IF sameᵢ,ⱼ(o) = ω THEN
                set*[sameᵢ,ⱼ := new*[objectⱼ]()](o) END;
            gainⱼ[fⱼ](sameᵢ,ⱼ(o))
        END
    END
END.
```

Analog zu **gain*** wird auch die FDBS-Operation **lose*** nach und nach für jede Funktion f (und alle damit integrierten Funktionen) durchgeführt, wobei wiederum zu unterscheiden ist, ob das Objekt o ein Proxy-Objekt derselben Datenbank DB_i wie die Funktion f ist, oder ob o aus einer anderen DB_j stammt. Im zweiten Fall ist in DB_j ein **lose** auf das entsprechende *same*-Objekt durchzuführen. Ein solches muß existieren, da sonst $t' \preceq t$ nicht erfüllt ist.

Sei $o :: t'$ und $t = [f_1, \ldots, f_m]$ und $t' \preceq t \preceq \mathbf{object}_G$, dann gilt

$\mathbf{lose}^*[t](o) \rightsquigarrow$
FOREACH $f = f_1, \ldots, f_m$ DO
    FOREACH $j = 0..n : f_j = f \lor f_j = same_j(f)$ DO
        $i :=^* where(o)$;
        IF $j = i$ THEN $\mathbf{lose}_j[f_j](o)$
        ELSE $\mathbf{lose}_j[f_j](same_{i,j}(o))$ END
    END
END.

Klassenausprägungen

Die Operation $\mathbf{add}^*$ für FDBS muß es erlauben, Objekte einer Datenbank DB_i in eine Klasse einer anderen Datenbank DB_j einzufügen. Zusätzlich soll ein Objekt auch in alle mit der Klasse integrierten Klassen anderer KDBS eingefügt werden.

Wir unterscheiden wiederum die folgenden zwei Fälle: (i) Das Proxy-Objekt und die Klasse stammen aus derselben Datenbank ($j = i$), so daß die FDBS-Operation direkt in $\mathbf{add}_j$ übersetzt werden kann, oder die Klasse ist eine globale Klasse, $c@DB_0$, in die Objekte aller Datenbanken direkt abgelegt werden können. (ii) Das Proxy-Objekt stammt aus einer anderen Datenbank DB_i, so daß das $same$-Objekt in DB_j, welches evtl. zuerst erzeugt werden muß, in die Klasse eingefügt wird.

Sei $o :: t$ und $t \preceq \mathbf{object}_G$, dann gilt

$\mathbf{add}^*[o](c) \rightsquigarrow$
$i :=^* where(o)$;
FOREACH $j = 0..n : c_j = c \lor c_j = same_j(c)$ DO
    IF $j = 0 \lor j = i$ THEN
        $\mathbf{add}_j[o](c_j)$
    ELSE
        IF $same_{i,j}(o) = \omega$ THEN
            $\mathbf{set}^*[same_{i,j} := \mathbf{new}^*[\mathbf{object}_j]()](o)$ END;
        $\mathbf{add}_j[same_{i,j}(o)](c_j)$
    END
END.

Analog zu $\mathbf{add}^*$ unterscheidet auch die $\mathbf{remove}^*$ Operation die obigen zwei Fälle. Sind Objekt und Klasse aus derselben Datenbank oder ist c eine globale

Klasse, wird die Operation direkt in dieser DB ausgeführt. Stammen sie aus unterschiedlichen Datenbanken, so wird das *same*-Objekt von o in DB_j aus der Klasse $c@DB_j$ entfernt, falls ein solches existiert. Wiederum muß ein Objekt auch aus allen mit c integrierten Klassen anderer KDBS entfernt werden.

Sei $o :: t$ und $t \preceq \mathbf{object}_G$, dann gilt

> **remove**$^*[o](c)$ $\rightsquigarrow$
>
> $i :=^* where(o)$;
> FOREACH $j = 0..n : c_j = c \lor c_j = same_j(c)$ DO
>   IF $j = 0 \lor j = i$ THEN
>   **remove**$_i[o](c_j)$
>   ELSE
>   IF $same_{i,j}(o) \neq \omega$ THEN **remove**$_j[same_{i,j}(o)](c_j)$ END
>   END
> END.

9.2.3   Objektmigration

Aufgrund der lokalen Entwurfsautonomie kann ein Proxy-Objekt eines Komponentensystems $KDBS_i$ nicht ohne weiteres in ein anderes $KDBS_j$ migrieren. Eine solche Objektmigration erfolgt allerdings nun implizit bei einigen der diskutierten Änderungsoperationen **create**$^*[t](v)$, **gain**$^*[t](o)$ und **add**$^*[o](c)$.

Unsere Semantik von Objektmigration von DB_i nach DB_j besteht also darin, in DB_j ein neues Proxy-Objekt zu erzeugen, und mittels *same*-Funktion mit dem Objekt in DB_i zu verbinden.

9.3   Einordnung weiterer Interoperabilitätsmechanismen

Nachdem wir gezeigt haben, wie sich auf der Plattform der fünf Integrationsstufen Schemaevolution durchführen und eine globale Sprachschnittstelle implementieren läßt, wollen wir einige verwandte Arbeiten in diesem Framework betrachten. Wir machen dies anhand von ausgewählten Multi-Datenbanksystemen. Wir zeigen, aufgrund von welchen Techniken und Mechanismen – die zur Implementierung von Interoperabilität verwendet werden – sich diese Systeme in welche Integrationsstufe einordnen.

9.3.1 MDBS-Sichten in Multibase und Superviews

Multibase [LR82] und Superviews [Mot87] sind zwei Systeme, die eine read-only-Schnittstelle (keine Betrachtung von Updates) auf Multi-Datenbanken durch Integration mit Hilfe von globalen Sichten beschreiben. Beide Ansätze entsprechen der virtuellen Integration im Sinne einer Integrationsstufe II.

Multibase integriert Datenbanken via Sichtenabbildung, bei der globale Entity-Typen aus lokalen Attributen zusammengesetzt werden können. Bei der Konstruktion dieser globalen Typen werden Anfragen angegeben, die spezifizieren, wie sich die globalen Entitäten und deren Werte aus den lokalen Entitäten und Werten ableiten lassen. Auf diese Art und Weise kann man auch dafür sorgen, daß beispielsweise Entitäten mit gleichen Schlüsselwerten global nur einmal vorkommen.

Superviews beschreibt die virtuelle Integration mehrerer Datenbanken anhand eines Satzes von Integrationsoperationen (*meet, join, fold, rename, combine, connect, aggregate, telescope, add, delete*), die entsprechende Sichten beschreiben.

Jede dieser Operationen restrukturiert das globale Schema und definiert damit eine neue Sicht der globalen Datenbank. Dabei sind alle Operationen kapazitätserhaltend oder -reduzierend definiert (beispielsweise können mit *add* nur Attribute mit konstantem Wert hinzugefügt werden, vgl. **extend**-Views).

Zu jeder Integrationsoperation wird eine entsprechende Abbildung angegeben, welche Anfragen auf Sichten in Anfragen auf darunterliegende Klassen/Sichten transformiert.

9.3.2 Generalisierungen in VODAK

Schrefl und Neuhold [Sch88b, NS88] diskutieren die Integration von Objekt-Datenbanken mit Hilfe von unterschiedlichen Generalisierungen über Klassen mehrerer KDBS. Diese Generalisierungen entsprechen einer virtuellen Integration im Sinne der Integrationsstufe II, da sie ausschließlich mit Konzepten und Mechanismen dieser Stufe implementiert werden können.

In unserem Sinne könnte man diese Generalisierungen als parametrisierte Schemaevolutionstransaktionen bezeichnen, die eine **union** über die Basisklassen bildet, Objekte und Attribute mit abgeleiteten *same*-Funktionen integrieren und Schemakonflikte mit (simulierten) Schemaänderungen auflösen.

Im Detail werden eine Reihe von semantischen Beziehungen zwischen Objekten und Attributen identifiziert, welche dann zu Generalisierungskonstrukten (*data-type-generalization, identical-generalization, role-generalization, history-generalization, category-generalization*) kombiniert werden, die angewandt auf lokale Klassen, eine entsprechende Generalisierung erzeugen.

Betrachten wir beispielsweise die folgende Integration durch *role-generalization*, welche Angestellte, die in der Rolle von Universitäts- oder Firmenangestellen vorkommen, in eine Klasse von Steuerzahlern integriert:

```
class TAXPAYING-EMPL
      role-generalization-of:
          UNIV-EMPL, COMP-EMPL
      object correspondance rules:
          UNIV-EMPL.SS# = COMP-EMPL.ID#
      attributes:
          BORNON
          identical:
              UNIV-EMPL->BIRTHDATE
              COMP-EMPL->DATEOFBIRTH
end TAXPAYING-EMPL
```

Eine entsprechende Integration geschieht in COOL durch folgende Schritte:
1. es wird eine abgeleitete *same*-Funktion zwischen *CompEmpls c* und *UnivEmpls u* definiert, die Objekte bei $ss\#(u) = id\#(c)$ integriert:

define view *UnivEmpls@DB1'*
as extend[*same* := **pick**(**select**[$ss\#(u) = id\#(c)$]
$$(c : CompEmpls@DB2))]$$
$$(u : UnivEmpls@DB1)$$

2. Die Funktionen *birthdate* und *dateofbirth* werden durch eine simulierte Schemaänderung in *bornon* umbenannt. Die *bornon*-Funktionen beider Datenbanken werden durch eine abgeleitete *same*-Funktion auf dem Metaschema integriert:

define view *Functions@DB1'*
as extend[*same* := **pick**(**select**[*fname*(*f*) = "bornon" **and**
$$fname(g) = \text{"bornon"}](g : Functions@DB2))]$$
$$(f : Functions@DB1)$$

3. Die Klassen *CompEmpls* und *UnivEmpls* werden mit einer **union**-Sicht integriert:

define view *TaxpayingEmpls* **as** *UnivEmpls* **union** *CompEmpls*

9.3.3 *unifier-* und *image-*Funktionen in Pegasus

Pegasus [ASD$^+$91, AAD$^+$93] beschreibt die Integration von Typen und Objekten anhand von zwei Systemfunktion: *unifier(t)* liefert zu jedem KDBS-Typ t genau einen unifizierenden Typ des föderierten Schemas (1:1); *image(o)* liefert zu jedem lokalen Objekt o höchstens ein unifiziertes Objekt (1:c). Die default-Annahme, die vom DBA überschrieben werden kann, ist *unifier(t)* = t und *image(o)* = o. Es gilt immer: o *instance_of* t $\Rightarrow$ *image(o) instance_of unifier(t)*.

Die folgende Anweisung integriert beispielsweise zwei lokale Typen *E.Student* und *W.Student* in einen globalen Typ *Student* (HOSQL-Syntax):

```
CREATE UNIFYING TYPE Student
OVER UNDERLYING TYPES E.Student, W.Student
FUNCTIONS (ssnum Integer AS Identifier);
```

Die entsprechenden *image*-Funktionen für *E.Student* und *W.Student* werden dabei automatisch vom System erzeugt. Beispielsweise für *E.Student*:

```
CREATE FUNCTION image: E.Student x -> Student y
AS SELECT y WHERE ssnum(y) = ssnum(x);
```

Offensichtlich handelt es sich dabei um eine abgeleitete *image*-Funktion und somit um eine Integration der Stufe II.

Pegasus kennt allerdings auch gespeicherte, explizit vom Benutzer manipulierte *image*-Funktionen. Man betrachte folgendes Beispiel:

```
CREATE TYPE Student
ADD UNDERLYING TYPES N.Student, W.Student, E.Student
UNDER Student
(W.Student.image(x) AS SELECT Student s
                    WHERE ssnum(s)=ssnum(x))
(E.Student.image AS STORED)
```

Die *image*-Funktion für *N.Student* ist die default-Abbildung. Die *image*-Funktion für *W.Student* ist abgeleitet und wie oben auf der Basis von *ssnum* definiert. Die *image*-Funktion für *E.Student* ist eine gespeicherte Funktion, so daß das image eines *E.Student*-Objektes solange undefiniert (null) ist, bis eine entsprechende Instanz von *Student* zugewiesen wird.

Das Zulassen von gespeicherten *image*-Funktionen ist keine triviale Erweiterung, da damit sofort eine Integration der Stufe III impliziert wird. Pegasus muß beispielsweise einen erweiterten Föderationskatalog zur Verfügung stellen, um solche Funktionswerte (Zuweisungen von OIDs unterschiedlicher Datenbanken) abspeichern zu können. Die KDBS ihrerseits geben dazu die OIDs bekannt.

Eine Betrachtung solcher Probleme findet man bislang im Zusammenhang mit dem Pegasus-Projekt möglicherweise deshalb nicht, weil sich die Diskussion auf MDBS-Anfragen beschränkt; Änderungen werden auch hier nicht betrachtet.

9.3.4 Die *merge*-Operation in O*SQL

O*SQL [Lit92] erlaubt die Definition von Typen und Funktionen auf dem globalen Schema, die über mehrere Datenbanken hinweg reichen. Solche MDBS-Funktionen und -Typen können durch einen OSQL-Ausdruck abgeleitet sein, wodurch eine Integration der Stufe II entsteht. Ob auch gespeicherte MDBS-Funktion und -Typen möglich sind, was bekanntlich zu einer Integrationsstufe III führen würde, ist unklar, da Angaben dazu fehlen.

Proxy-Objekte können in O*SQL durch eine *merge*-Anweisung integriert werden. Beispielsweise integriert die folgende erste Anweisungen die Objekte *o1* und *o2*. Die zweite Anweisung beschreibt ein Art objekt-integrierender Join, der alle Angestellen mit Studenten integriert, die dieselbe *ss#* haben:

```
merge :o1, :o2;
select merge(ss#(e) e s)
    for each Empl e Stud s where ss#(e) = ss#(s);
```

In jedem Fall ist die *merge*-Operation als Update mit dem Seiteneffekt, daß OIDs verändert werden, implementiert (vgl. Abschnitt 7.2.2, objekterzeugende Integration). Eine solche Änderung der OIDs durch das föderierte Datenbanksystem kann entweder nur global geschehen oder direkt in den betroffen KDBS. In beiden Fällen ist eine Integrationsstufe III notwendig: im ersten Fall muß im Föderationskatalog eine Abbildungstabelle der lokalen OIDs auf die globalen OIDs existieren; im zweiten Fall bedeutet dies die Aufgabe der KDBS-Entwurfsautonomie, da das FBDS über die OIDs der KDBS bestimmen kann.

9.4 Zusammenfassung und Diskussion

Tabelle 9.1 faßt zusammen, welche Interoperabilitätsmechanismen unseres eigenen Systems COOL und anderer Systeme in diesem Kapitel untersucht wurden, und wie diese nun in die Integrationsstufen I – III einzuordnen sind.

Tabelle 9.1: Interoperabilitätsmechanismen der Integrationsstufen I – III

Stufe	*Konzepte und Mechanismen*
I	Schemakomposition in COOL* (Kapitel 9.1)
	connect to-Anweisung von Oracle SQL*Net, Ingres/Star, ...
II	virtuelle Integration durch MDBS-Sichten in COOL* (Kapitel 9.2), Superviews [Mot87], Multibase [LR82]
	CP- und CR-Änderungen des globalen Schemas z.B. abgel. *same*-Funktionen von COOL* (Kapitel 10.1)
	Generalisierungskonstrukte in VODAK [Sch88b, NS88]
	unifier-Funktionen und abgel. *image*-Funktionen in Pegasus [ASD+91, AAD+93]
III	CA-Änderungen des globalen Schemas z.B. gesp. *same*-Funktionen in COOL* (Kapitel 10.1)
	FDBS-Update-Operationen **gain, create, add** in COOL* (Kapitel 10.2)
	gespeicherte*image*-Funktionen in Pegasus [ASD+91, AAD+93]
	merge-Operation in O*SQL [Lit92]

Teil IV

Realisierung und Evaluierung

Kapitel 10

Realisierung im COCOON-Projekt

Bislang haben wir Evolution in Objekt-Datenbanken als ein rein konzeptuelles Problem betrachtet. Tatsächlich verbirgt diese Thematik jedoch auch eine große Anzahl interessanter und kritischer Implementierungsaspekte, denen wir uns in diesem Kapitel widmen wollen.

Da dieses Buch aus dem COCOON-Projekt hervorgegangen ist, wollen wir zuerst die COCOON-Prototypenfamilie im Überblick darstellen und dann auf die mit der hier behandelten Thematik direkt in Verbindung stehenden Komponenten eingehen. Insbesondere beschreiben wir im Detail die Realisierung des COOL-SML-Parser/Interpreters, auf die wir schon mehrmals verwiesen haben.

Anschließend vergleichen wir physische Realisierungsvarianten für die Reorganisation von Datenbasen. Es wird ein SML-Designer/Adapter vorgestellt, der nach einer logischen Schemaevolution den physischen Schemaentwurf hinsichtlich einer Transaktionslast optimiert.

10.1   Die COCOON-Prototypenfamilie

Diese Arbeit ist Bestandteil des COCOON-Projektes, im Rahmen dessen eine Reihe von prototypischen Implementierungen entstanden sind. Abbildung 10.1 gibt einen Überblick über die COCOON-Prototypenfamilie, die aus folgenden Hauptmodulen besteht:

- *COOL-Sprachschnittstelle:* Eine Sprachschnittstelle in Form eines COOL-Parsers analysiert die Syntax von DDL- und DML-Ausdrücken und baut

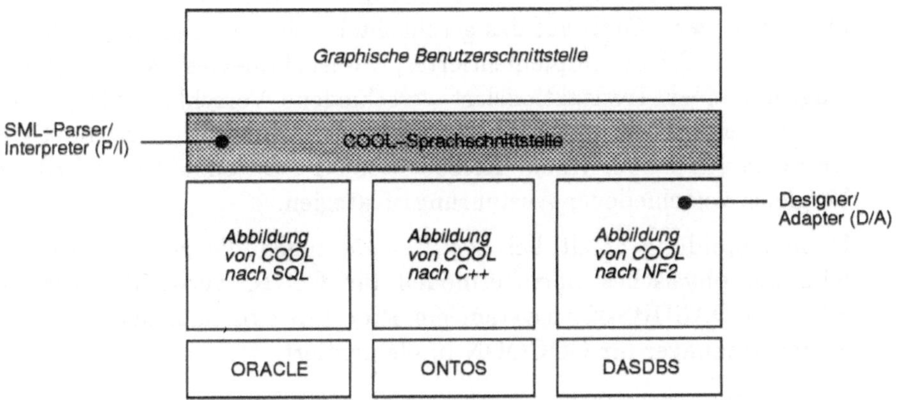

Abbildung 10.1: Die COCOON-Prototypenfamilie

einen Syntaxbaum auf [Boo91]. Ein Schema-Classifier ordnet Objekttypen, Klassen und Sichten in die Typ- und Klassenhierarchie ein [Ngu91].

- *Graphische Benutzerschnittstelle:* Eine Benutzerschnittstelle auf der
  Basis von InterViews [Sta90], einer C++-Klassenbibliothek für X-
  Windows, erlaubt die graphische Definition von logischen COCOON-
  Datenbankschemata [Wic91], sowie die Formulierung von COOL-
  Anfragen [Fie91]. Diese werden in COOL-Syntax übersetzt und an die
  Sprachschnittstelle (Parser) weitergeleitet.

- *Abbildung von COOL nach C++ (ONTOS):* Ein erster Übersetzer bildet COOL auf das kommerzielle objektorientierte Datenbanksystem ON-
  TOS [ONT92] ab, indem aus einem COOL-Schema eine ONTOS (C++)-
  Datenbank generiert wird [Fri91]. Anschließend können COOL-Anfragen
  übersetzt und auf den generierten ONTOS-Datenbanken ausgewertet
  werden [Loe91, TS91].

- *Abbildung von COOL nach SQL (Oracle):* Ein weiterer Übersetzer bildet
  COOL auf das kommerzielle relationale Datenbanksystem Oracle [Ora88]
  ab. Aus einem COOL-Schema werden SQL-Tabellen generiert [Mes91],
  so daß dann Anfragen in SQL-Anweisungen übersetzt und auf Oracle
  ausgewertet werden können [Gar91, TS91].

- *Abbildung von COOL nach NF2 (DASDBS):* Schließlich bildet ein dritter Übersetzer COOL auf das geschachtelt relationale Datenmodell NF2 ab. Ein in Prolog implementiertes, wissensbasiertes Werkzeug liefert aufgrund einer Transaktionslast verschiedene Vorschläge für geeignete NF2-Datenstrukturen [Gro91, Göh91, Sto92]. Ein Optimierer für COOL-Anfragen [TRSB93, RS93, RRS93] auf NF2-Datenbanken erlaubt den Vergleich verschiedener Ausführungsstrategien.

  Diese Abbildung spielt bei den Evaluierungen die zentrale Rolle, da NF2 als physisches Speichermodell für COOL verwendet wird und mit dem DASDBS-Kernsystem ein Prototyp existiert, der einen NF2-Speichermanager für COCOON implementiert.

Aus dieser Prototypenfamilie stehen zwei Ausschnitte in direktem Zusammenhang mit dem Thema des vorliegende Buches und werden deshalb detailliert beschrieben:

- Der *SML-Parser/Interpreter (P/I)* aus der COOL-Sprachschnittstelle übersetzt eine Schemadefinition oder -änderung der COOL-SML in Elementaroperationen. Diese bestehen bekanntlich aus COOL-Update-Operationen auf die Metadatenbank, die das Schema anpassen, und „normalen" Änderungsoperationen auf die Primärdatenbank, welche die Datenbasis reorganisieren. Der Parser verwendet Schemainformationen aus der Metadatenbank zur Prüfung der SML-Anweisungen. Der Interpreter führt schließlich die Schemaänderung aus, d.h. ändert die Schemadaten und reorganisiert die Datenbasis.

- Der *Designer/Adapter (D/A)* aus der Abbildung von COOL auf NF2 übernimmt die erzeugte logische Schemaänderung und generiert daraus eine (Re-)Optimierung des physisches Schemas. Er verwendet dazu die Metadatenbank, die den aktuellen physischen Entwurf, eine Transaktionslast, sowie weitere statistische Informationen enthält.

Wie Abbildung 10.2 zeigt, stehen diese zwei Module in direktem Zusammenhang. Während der P/I logische Schemaänderungen durchführt, realisiert der D/A die entsprechende Reoptimierung des physischen Schemas.

10.2   Der SML-Parser/Interpreter (P/I)

Die grundsätzliche Funktionsweise des P/I haben wir bereits in Abschnitt 6.1, bei der Beschreibung der Semantik der SML zur Datenbank-Restrukturierung,

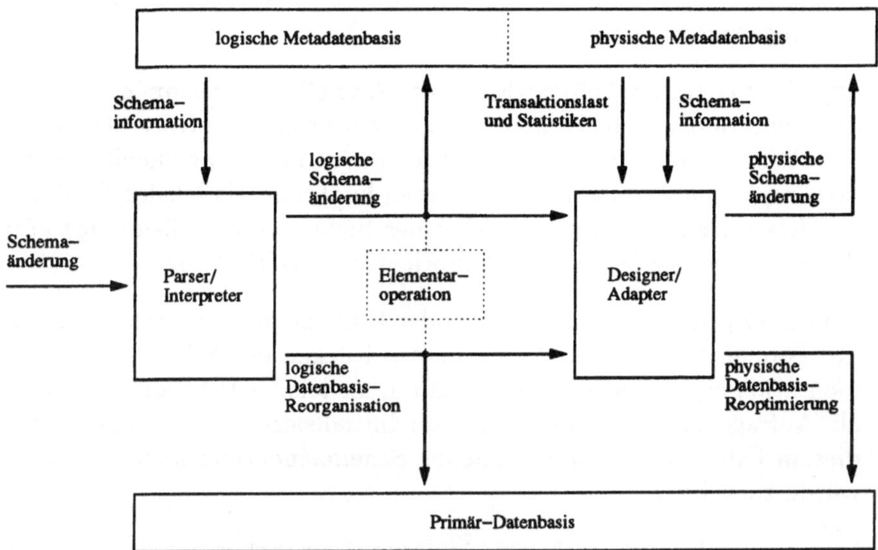

Abbildung 10.2: Logische und physische Schemaänderung

aufgezeigt. Wir haben gesehen, daß dieser aus drei Teilen besteht: einem Parser für die Prüfung und Übersetzung von SML-Ausdrücken in Elementaroperationen, einem Interpreter für die Ausführung der erzeugten Operationen und einem Schema-Classifier für die Reoptimierung der impliziten Typ- und Klassenhierarchie. Hier gehen wir nun detaillierter auf eine Prolog-Implementierung des P/I ein.

10.2.1 Syntaxprüfung und Übersetzung

Der SML-Parser läßt sich am besten direkt an der Schnittstelle der Prolog-Implementierung erklären. Sie dokumentiert die Syntaxprüfung und Übersetzung der SML. Es läßt sich u.a. erkennen, bei welchen Schemaänderungen welche Strukturregeln geprüft werden müssen, in welche Elementaroperationen diese übersetzt werden (*ACRE*, *FCRE*, ... – vgl. Abschnitt 5.2 und *ANAME*, *FSETV*, ... – vgl. Abschnitt 5.3), und wann der Schema-Classifier neu angestoßen werden muß.

Wir gehen davon aus, daß der Leser mit der Prolog-Parser-Syntax vertraut ist [CM84], und damit die Implementierung (ergänzt um Kommentare) größten-

teils selbsterklärend ist. Zur Verdeutlichung soll zusätzlich auf die folgenden
Klauseln hingewiesen werden:

- `implExpr(E)`, `localpExpr(E)`, `queryExpr(E)`, `fromExpr(E)` stellen bei
  der Definition von Schemaobjekten verhaltensmäßige Korrektheit sicher.
  Sie überprüfen, ob der neue Ausdruck `E` eine im entsprechenden Kontext
  (als Implementation einer abgeleiteten Funktion, als lokales Prädikat einer Klasse, als Anfrageausdruck einer Sicht, als Initialisierung) gültige
  (verhaltensmäßig korrekte und typrichtige) COOL-Anfrage ist.

- `bound(N)` prüft vor dem Löschen oder Umbenennen von Schemaobjekten
  mit Namen `N`, ob dieser Name in Ausdrücken des Schemas (als Implementation einer abgeleiteten Funktion, als lokales Prädikat einer Klasse,
  als Anfrageausdruck einer Sicht, als Initialisierung) verwendet wird. In
  diesem Fall wäre die entsprechende Schemaänderung nicht erlaubt und
  würde zurückgewiesen.

- `behavioural` prüft nach der Änderung von Schemaobjekten, ob verhaltensmäßige Korrektheit global noch gewährleistet ist, d.h. ob die im
  Schema verwendeten COOL-Ausdrücke typrichtig sind. Wird eine Verletzung der Strukturregeln festgestellt, so muß die Schemaänderung zurückgesetzt werden. Die hier implementierte Methode erkennt also einen Teil
  der Korrektheit erst nachdem die Schemaänderung ausgeführt worden ist.
  Einen Ansatz zur Entdeckung von verhaltensmäßiger Inkonsistenz mittels
  Datenflußtechniken wurde in [CLZ91] angedacht.

- `reclassify` berechnet die implizite Typ- und Klassenhierarchie, welche
  immer dann neu bestimmt werden muß, wenn Schemaobjekte definiert,
  geändert oder gelöscht wurden. Der Classifier reorganisiert zuerst die
  Typhierarchie. Vollständige (lineare) Algorithmen dazu findet man in
  [MS89]. Dann versucht der Classifier die Hierarchie der Klassen und Sichten zu reorganisieren. Diese Klassifikation erfolgt also i.a. nur suboptimal.
  Da es sich bei den hier verwendeten globalen Prädikaten jedoch vor allem
  um Sequenzen konjunktiv verknüpfter lokaler Prädikate handelt, ist die
  Unter-/Oberklassen-Beziehung in diesem speziellen Fall oft feststellbar,
  da ein Prädikat syntaktisch im anderen enthalten ist.

```
/* --------------------------------------------------------------------- */
/*     File    :   COOL-SML Parser / Interpreter (P/I)                    */
/*                                                                        */
/*     Projekt :   COCOON Prototyp, COOL-Sprachschnittstelle             */
/*                                                                        */
/*     Beschr  :   - Parser fuer generische COOL-SML Anweisungen         */
/*                   ("define", "undefine", "redefine" und "rename")     */
/*                 - Strukturelle und verhaltensmaessige Konsistenz-     */
/*                   pruefung der Schemaaenderungen                      */
/*                 - Uebersetzung von generischen Operationen in         */
/*                   elementare Schemaaenderungen                        */
/*                 - Reklassifikation der impliziten Typ- und Klassen-   */
/*                   hierarchie nach Schemaevolutionen                   */
/*                                                                        */
/*     System  :   Prolog, MT, April 1993                                */
/* --------------------------------------------------------------------- */


/* --------------------------------------------------------------------- */
/*     "parser" parst einen SML-Ausdruck auf dessen syntaktische         */
/*     Korrektheit und ueberprueft, ob eine solche Schemaaenderung mit den */
/*     Strukturregeln vertraeglich ist. Wenn der Test positiv ausfaellt, */
/*     wird der Ausdruck in Elementaroperationen uebersetzt, welche      */
/*     schlussendlich ausgefuehrt werden. Es gibt vier Gruppen von       */
/*     SML-Anweisungen: "define", "redefine", "undefine" und "rename".   */
/* --------------------------------------------------------------------- */

parser -->        define.
parser -->        redefine.
parser -->        undefine.
parser -->        rename.


/* --------------------------------------------------------------------- */
/*     "define" uebersetzt Definitionen von Variablen "varDef",          */
/*     Funktionen "fctDef", Typen "typeDef", Klassen "classDef" und      */
/*     Sichten "viewDef".                                                 */
/* --------------------------------------------------------------------- */

define -->        varDef.
define -->        fctDef.
define -->        typeDef.
define -->        classDef.
define -->        viewDef.

varDef -->        "define var", name(N), ":", rangeType(R,S), fromExpr(F),
                  { not variable(N), ACRE(N,R,S,F) }.

fctDef -->        "define function", name(N), ":", domainType(D),
```

```
                    rangeType(R,S), inverseFunction(I), implExpr(E),
                    fromExpr(F),
                    { not function(N), not(E \= * and F \= *),
                      FCRE(N,R,S,I,E,F), if D \= * then TADDF(D,F) }.

typeDef -->         "define type", name(N), ":", superTypeSet(TS),
                    localFunctionSet(FS), fromExpr(F)
                    { not type(N), TCRE(N,TS,FS,F), reclassify }.

classDef -->        "define class", name(N), memberType(T), classTag(B),
                    baseClassSet(BS), localpExpr(P), fromExpr(F)
                    { not class(N), not(B = all and F \= *),
                      CCRE(N,T,BS,B,P,F), reclassify }.

viewDef -->         "define view", name(N), queryExpr(E),
                    { not view(N), VCRE(N,E), reclassify }.

/* ------------------------------------------------------------------- */
/*    "redefine" uebersetzt allgemeine Aenderungen von Variablen       */
/*    "varRedef", Funktionen "fctRedef", Typen "typeRedef", Klassen    */
/*    "classRedef" und Sichten "viewRedef".                            */
/* ------------------------------------------------------------------- */

redefine -->    varRedef.
redefine -->    fctRedef.
redefine -->    typeRedef.
redefine -->    classRedef.
redefine -->    viewRedef.

varRedef -->        "redefine var", variable(N), ":", rangeType(R,S),
                    { if    S and not setval(N) then ASETV(N)
                      elsif not S and setval(N) then ASINV(N),
                      if    subType(R,ran(N)) then ASPECR(N,R)
                      elsif subType(ran(N),R) then AGENR(N,R)
                      elsif ran(N) \= R then{ ASPECR(N,bottom), AGENR(N,R) },
                      behavioural }.

fctRedef -->        "redefine function", function(N), ":", domainType(D),
                    rangeType(R,S), inverseFunction(I), implExpr(E),
                    { if    subType(R,ran(N)) then FSPECR(N,R)
                      elsif subType(ran(N),R) then FGENR(N,R)
                      elsif ran(N) \= R then { FSPECR(N,bottom), FGENR(N,R) },
                      if    S and not setval(N) then FSETV(N)
                      elsif not S and setval(N) then FSINV(N),
                      if    I \= * and inverse(N) = * then FSETI(N,I)
                      elsif I = * and inverse(N) \= * then FRELI(N),
                      elsif I \= * and inverse(N) \= *
```

```
                       then { FRELI(N), FSETI(N,I) },
            if     E \= * then FCMP(N,E)
            elsif E = * and impl(N) \= * then FSTR(N),
            if    subType(D,dom(N)) then FDOWN(N,D)
            elsif subType(ran(N),D) then FUP(N,D)
            elsif ran(N) \= D then { FDOWN(N,bottom), FUP(N,D) },
            behavioural, reclassify }.


typeRedef -->   "redefine type", name(N), ":", superTypeSet(TS),
                localFunctionSet(FS),
                { foreach in(T,TS)
                    if not superType(T,N) then TDOWN(N,T),
                  foreach superType(T,N)
                    if not in(T,TS) then TUP(N,T),
                  foreach in(F,FS)
                    if not localFunction(F,N) then TADDF(N,F),
                  foreach localFunction(F,N)
                    if not in(F,FS) then TREMF(N,F),
                  behavioural, reclassify }.


classRedef -->  "redefine class", name(N), memberType(T),
                classTag(B), baseClassSet(BS), localpExpr(P),
                { if mtype(N) \= T  then CMTYPE(N,T),
                  if bases(N) \= BS then CBASES(N,BS),
                  if localp(N) \= P then CLPRED(N,P),
                  if    B = some and ctag(N) = all then CSOME(N)
                  elsif B = all and ctag(N) = some then CALL(N),
                  behavioural, reclassify }.


viewRedef -->   "redefine view", name(N), queryExpr(E),
                { if query(N) \= E then { VDEL(N), VCRE(N,E),
                  behavioural, reclassify }.


/* ---------------------------------------------------------------- */
/*    "undefine" loescht Variablen "varUndef", Funktionen "fctUndef",   */
/*    Typen "typeUndef", Klassen "classUndef" und Sichten "viewUndef".  */
/* ---------------------------------------------------------------- */


undefine -->    varUndef.
undefine -->    fctUndef.
undefine -->    typeUndef.
undefine -->    classUndef.
undefine -->    viewUndef.


varUndef -->    "undefine var", variable(N),
                { not bound(N), ADEL(N) }.
```

```
fctUndef -->       "undefine function", function(N),
                   { not inverseFunction(N,_), not localFunction(N,_),
                     not bound(N), FDEL(N) }.

typeUndef -->      "undefine type", type(N),
                   { not rangeType(N,_), not memberType(N,_),
                     not superType(N,_), not bound(N), TDEL(N), reclassify }.

classUndef -->     "undefine class", class(N),
                   { not baseClass(N,_), not bound(N), CDEL(N), reclassify }.

viewUndef -->      "undefine view", viewName(N),
                   { not bound(N), VDEL(N), reclassify }.

/* ----------------------------------------------------------------------- */
/*     "rename" aendert den Namen von Variablen "varRename", Funktionen    */
/*     "fctRename", Typen "typeRename", Klassen "classRename" und Sichten  */
/*     "viewRename".                                                       */
/* ----------------------------------------------------------------------- */

rename -->         varRename.
rename -->         fctRename.
rename -->         typeRename.
rename -->         classRename.
rename -->         viewRename.

varRename -->      "rename var", variable(N), "to", name(M),
                   { not variable(M), not bound(N), ANAME(N,M) }.

fctRename -->      "rename function", function(N), "to", name(M),
                   { not function(M), not bound(N), FNAME(N,M) }.

typeRename -->     "rename type", type(N), "to", name(M),
                   { not type(M), not bound(N), TNAME(N,M) }.

classRename --> "rename class", class(N), "to", name(M),
                   { not class(M), not bound(N), CNAME(N,M) }.

viewRename -->     "rename view", view(N), "to", name(M),
                   { not view(M), not bound(N), queryExpr(N,E),
                     VDEL(N), VCRE(M,E) }.


/* ----------------------------------------------------------------------- */
```

10.2.2   Interpretation und Ausführung

Die vom Parser generierten Elementaroperationen werden anschließend vom Interpreter ausgeführt, womit die Schemadaten geändert und die Datenbasis reorganisiert wird.

Während die Änderung der Metadatenbank unmittelbar erfolgen muß, damit die Schemaänderung wirksam wird, stellt sich die Frage nach dem Zeitpunkt, zu dem die Reorganisation vollzogen werden soll [TK89]:

- Der Interpreter kann die Reorganisation der physischen Ebene *unmittelbar (eager)* durchführen. Eine solche Reorganisation kann sehr aufwendig sein, und beansprucht dadurch möglicherweise viel Zeit.

- Der Interpreter reorganisiert das physische Schema *verzögert (lazy)*, beim ersten Zugriff auf die Daten über das neue Schema. Damit entsteht kaum Verzögerung durch die Schemaänderung, da sich der Reorganisationsaufwand auf die Zeitpunkte der Anfragen und Änderungen verteilt.

Im folgenden wird immer von einer unmittelbaren (eager) Reorganisation der Datenbasis ausgegangen. Der Vergleich unterschiedlicher Reorganisationsstrategien ist nicht Hauptbestandteil der vorliegenden Arbeit. Im Rahmen des O_2-Projektes wurden die einzigen uns bekannten Kostenvergleiche unterschiedlicher Fortpflanzungsstrategien von Schemaänderungen auf bestehende Instanzen durchgeführt [HVZ90]. Die daraus resultierenden Kostenformeln könnten angepaßt und in unsere Implementierung integriert werden.

10.3   Der SML-Designer/Adapter (D/A)

Das Objekt-Datenmodell COCOON, mit Hilfe dessen Schemaevolution betrachtet wurde, versteht sich als logisches Datenbankmodell. Aufgrund von physischer Datenunabhängigkeit im Sinne der ANSI-SPARC Drei-Schema-Architektur war es bislang nicht notwendig, die genaue physische Darstellung von COCOON-Datenbanken zu kennen. Dies läßt sich damit begründen, daß die Variierbarkeit der physischen Repräsentation in der Performance-Optimierung begründet ist, ein Aspekt, der bislang nicht im Vordergrund stand.

Wir wollen nun diese Lücke schließen, indem wir den Übergang von der logischen auf die physische Ebene definieren und die *Fortpflanzung von logischen auf physische Schemaänderungen* beschreiben. Wir stellen dazu den physischen Designer/Adapter – ein Bestandteil der Abbildung von COOL auf NF2 – in drei Schritten vor: (i) Wir geben die vom D/A erzeugte physische

Standardrepräsentation für COCOON-Datenbanken an; (ii) wir zeigen die Alternativen des D/A zur Optimierung der physischen Darstellung auf; und (iii) wir beschreiben die Reoptimierung der physischen Darstellung aufgrund von logischer Schemaevolution.

10.3.1   Der physische Standardentwurf

Wir sind bislang davon ausgegangen, daß das physische Schema von COCOON-Datenbanken einer Standarddarstellung entspricht, die wir nicht weiter diskutiert haben. Dies soll in diesem Abschnitt nun nachgeholt werden.

Um konkrete Datenbankausprägungen, d.h. einzelne Objekte mit deren Werten und Beziehungen zu anderen Objekten geeignet darstellen zu können, ist ein internes, physisches Datenmodell notwendig [ANS75, TK78]. Wir verwenden dazu das Modell geschachtelter Relationen (non-first-normal-form (NF2) relations) [SS86] und repräsentieren Instanzen eines Objekttyps durch geschachtelte Tupel in NF2-Tabellen. Wir verwenden die übliche Notation

$$r\ (a_1, \ldots, s(b_1, \ldots), \ldots)$$

worin r eine Relation mit elementaren Attributen $a_1, \ldots$ und einer geschachtelten Relation s mit Attributen $b_1, \ldots$ bedeutet.

Die Verwendung des NF2-Modells zur Darstellung des physischen Entwurfs von COCOON-Datenbanken ist naheliegend, da zum einen die formale Beschreibung physischer Speicherstrukturen mit Hilfe des NF2-Modells bekannt ist [SS83, Sch88a] und zum andern mit DASDBS ein Speicherkern existiert, der genau dieses Modell implementiert [Pau88, SPSW90].

Da es zahlreiche Alternativen gibt, wie man eine physische COCOON-Datenbank als NF2-Tabellen darstellen kann, erzeugt der D/A in einem ersten Schritt eine *Standardabbildung* von Objekten, Variablen, Funktionen, Typen, Klassen und Sichten auf geschachtelte Relationen [Gro91, Sch94]. Diese sieht wie folgt aus:

Objekte

werden als Tupel geschachtelter Relationen beschrieben. Da jedes Objekt durch einen *Objektidentifier* (OID), der bei der Objekterzeugung zugeteilt wird, identifiziert und referenziert werden kann, enthält der erste Tupelwert die OID des repräsentierten Objektes

$$< oid, \ldots > \ .$$

Variablen

werden als unäre Relationen dargestellt. Einwertige Variablen haben deren Wert als einziges Tupel, mengenwertige Variablen können entsprechend mehrere Tupel haben.

Die Variablen *rathaus* und *Hauptstädte* aus Beispiel 2 werden in die folgenden Relationen abgebildet:

$$rathaus(\#geb\ddot a ude) \qquad Hauptst\ddot a dte(\#stadt) \ .$$

Funktionen

werden als Attribute in Relationen dargestellt (dies gilt nur für gespeicherte Funktionen; abgeleitete Funktionen erscheinen vorerst nicht in der Standarddarstellung). Funktionen mit primitivem Wertebereich (**integer, real, string, boolean**) werden in einfache Attribute abgebildet. Solche mit abstraktem Wertebereich werden als Attribute modelliert, die Referenzen (OIDs) auf Objekte enthalten. Mengenwertige Funktionen sind als verschachtelte Relationen dargestellt.

Objekttypen

werden als Typrelationen dargestellt, mit dem ersten Attribut zur Darstellung der OIDs und weiteren Attributen für jede Funktion, die lokal zum Typ t definiert ist.

Daraus ergibt sich folgende Standarddarstellung des Objekttyps *kartenobjekt* aus Beispiel 2 in die Relation

$$kartenobjektRel(\#kartenobjekt, name, liegt\_in\#, grundri\beta(geometrie\#)) \ .$$

Vererbung

von Funktionen wird als vertikale Partitionierung der Typrelationen beschrieben. Somit wird jedes Objekt als Objekttupel in der Typrelation und allen Relationen von Obertypen dargestellt. Geerbte Funktionen werden in den Typrelationen der (erbenden) Untertypen nicht mehr wiederholt.

Betrachten wir als Beispiel den Typ *gebäude*, ein Untertyp von *straße*, mit lokaler Funktion *art*. Durch vertikale Partitionierung erhält man die Typrelation

$$geb\ddot a udeRel(\#geb\ddot a ude, art) \ .$$

Jede Instanz des Typs *gebäude* wird aufgespalten und als Tupel in Typrelationen *kartenobjekt* und *gebäude* dargestellt. Dabei gilt, daß die OID in *kartenobjektRel* (*#kartenobjekt*) mit der in *gebäudeRel* (*#gebäude*) übereinstimmt. In umgekehrter Richtung erhält man die vollständige Darstellung der Instanzen des Typs *gebäude* als Join der Typrelation *gebäudeRel* mit allen Relationen von *gebäude*'s Obertypen. In diesem Beispiel als:

$$gebäudeRel \underset{\#gebäude \; = \; \#kartenobjekt}{\bowtie} kartenobjektRel \; .$$

Klassen und Sichten

werden auf relationale Sichten auf die Typrelation des Instanzentyps abgebildet (die Ausprägung einer Klasse läßt sich als Teilmenge des Active domains des Instanzentyps der Klasse betrachten). Als Selektionsbedingung gilt das Klassenprädikat. Für **all**-Klassen und Sichten ist das Klassenprädikat hinreichend um die Tupel zu bestimmen, die Objekte dieser Klasse darstellen. Für **some**-Klassen wird die Typrelation des Instanzentyps um ein logisches Attribut (*Tag*) erweitert, das wahr ist, falls das entsprechende Tupel in die **some**-Klasse eingefügt wurde.

Klassifikation

wird dargestellt durch disjunkte Verknüpfung der Klassenprädikate aller Basisklassen in der Selektionsbedingung der relationalen Sicht. D.h. um alle Objekte einer Klasse c zu bestimmen, müssen diejenigen Tupel aus der Typrelation des Instanzentyps von c gefunden werden, die auch die Klassenprädikate aller Basisklassen von c erfüllen.

Nehmen wir z.B. den Fall an, daß die **some**-Klasse *GuteHotels* mit lokalem Prädikat *kateg* > 2 und Instanzentyp *hotel* auf der Basisklasse *Hotels* mit Prädikat p_{Hotels} definiert ist. Der Objekttyp *hotel* habe zusätzlich einen Obertyp *gebäude*. Die Sicht, die die Klasse *GuteHotels* darstellt, errechnet sich als

$$GuteHotelsView \; = \; \sigma[kateg > 2 \wedge p_{Hotels} \wedge GuteHotelsTag]$$
$$(hotelRel \underset{\#hotel \; = \; \#gebäude}{\bowtie} gebäudeRel \; ...)$$

Man beachte, daß der Instanzentyp der Basisklasse Hotels keine Rolle spielt.

10.3.2 Optimierung des physischen Entwurfs

Die Standardabbildung beschreibt einen ersten physischen Entwurf für eine Datenbank. Dieser ist in der Regel keinesfalls optimal, da er ohne Verwendung von Lastinformationen erstellt wurde.

Dem D/A stehen nun bei der Generierung der NF2-Entwürfev erschiedene Entwurfsalternativen zur Verfügung, die es ihm erlauben, diesen Standardentwurf hinsichtlich einer bestimmten Transaktionslast zu optimieren:

- *Horizontale vs. vertikale Partitionierung von Typhierarchien:* Vererbungshierarchien zwischen Typen werden durch vertikale Partitionierung in Relationen abgebildet. Alternativ können diese auch horizontal getrennt werden, so daß geerbte Funktionen zu allen Typrelationen hinzugebunden werden. Objekte sind dann nur in den Typrelationen des speziellsten Typs abgelegt. Eine weitere Möglichkeit wäre die Speicherung von Funktionen in separaten Tabellen, unabhängig von der Typrelation.

- *Clusterung:* Mengenwertige Funktionen werden in geschachtelte Relationen abgebildet, deren innere Relationen die Werte der Funktion als Menge von OIDs enthält. Alternativ könnten nicht nur die OIDs, sondern die ganzen Objekte abgelegt werden. In diesem Fall würde also die Typrelation des Wertebereiches der Funktion in die Typrelation des Definitionsbereiches geschachtelt.

- *Physische vs. logische Referenzen:* Objekte werden durch logische OIDs identifiziert und referenziert. Alternativ sind zusätzlich zu den logischen auch physische (Speicher-)Adressen möglich, so daß Objekte direkt durch deren physische Adresse referenziert werden können.

- *Redundante Materialisierung:* Klassen und Sichten werden als relationale Sichten auf die Typrelationen implementiert. Abgeleitete Funktionen erscheinen gar nicht in der physischen Darstellung. Alternativ können diese durch die Einführung von Redundanz auch materialisiert werden.

Die aktuelle Implementierung des D/A kennt diese vier Möglichkeiten, aus denen sich zur Optimierung bereits ein beachtlicher Suchraum eröffnet. Weitere Möglichkeiten werden in [Sch94] diskutiert, z.B. logische oder physische Rückwärtsreferenzen, oder andere Formen der Redundanz, wie Indizes.

Der konkrete Algorithmus zur Optimierung des physischen Entwurfs läßt sich schließlich wie folgt skizzieren:

Algorithmus 10.1: Optimierung des physischen Entwurfs

INPUT   - das (logische) COCOON-Schema,
             - statistische Informationen zu der typischen Anzahl Objekten
               (minimal – maximal) in jeder Klasse oder mengenwertigen
               Funktion, sowie die Selektivität (Prozent) der Sichten; zudem
               die Größe aller atomaren Datentypen,
             - eine Transaktionslast in Form einer Menge von abstrakten
               COOL-Anfrage- und -Änderungsoperationen, zusammen mit
               einer Häufigkeitsangabe mit der diese Operationen ausgeführt
               werden.

OUTPUT   ein (sub)optimales NF2-Schema als physischen Entwurf.
BEGIN
    In einem ersten Schritt wird für das vorliegende logische Schema der Stan-
    dardentwurf erzeugt.

    Das allgemeine Optimierungsverfahren besteht dann in einer Branch-and-
    bound-Methode, die aus der Transaktionslast einen Transaktionsgraphen
    zur Aufzählung von Entwurfsvorschlägen generiert.

    Anschließend werden die einzelnen Kanten des Graphen mit Hilfe einer
    Kostenfunktion in Abhängigkeit von den statistischen Informationen be-
    wertet. Der Optimierungsprozeß durchläuft diesen Graphen und generiert
    gewichtete NF2-Entwürfe, also Vorschläge für die physische Repräsentie-
    rung.
END

10.3.3 Reoptimierung des physischen Entwurfs

Zusätzlich zur Reorganisation folgt nun noch eine Reoptimierung der Datenbasis. Man beachte, daß diese zwei Begriffe vollständig unterschiedlich mo-
tiviert sind. Die *Reorganisation* der Datenbasis wird unmittelbar nach einer
logischen Schemaänderung vom P/I (in der Regel zwingend) durchgeführt
(vgl. Abschnitt 10.2). Sie ist notwendig, weil das physische Schema nicht
mehr dem geänderten logischen Schema entspricht. Bei kapazitätserweitern-
den Schemaänderungen wird durch die Reorganisation i.a. Platz geschaffen,
um die neuen Daten abzulegen. Bei kapazitätsreduzierenden Schemaänderungen werden i.a. Daten entfernt. Eine Ausnahme bilden kapazitätserhaltende

Schemaänderungen, die lediglich eine Umstrukturierung vornehmen, d.h. ein strukturell äquivalentes Schema erzeugen.

Die *Reoptimierung* der Datenbasis, von der wir in diesem Abschnitt sprechen, erfolgt durch den D/A. Sie ist grundsätzlich optional, kann aber durchgeführt werden, weil die Reorganisation der Datenbasis eine zum geänderten logischen Schema nicht mehr optimale physische Repräsentation liefert und weil sich die Transaktionslast verändert haben kann.

Es stellt sich dabei die Frage, ob und wann eine Reoptimierung vom D/A durchgeführt werden muß. Zum einen hängt dies sicherlich vom Umfang der Reorganisation ab, denn je stärker sich das physische Schema geändert hat, desto wahrscheinlicher ist die Notwendigkeit einer Reoptimierung; und zum andern von den Kosten einer Reoptimierung im Vergleich zur Reorganisation.

In einem ersten Ansatz kann die Reoptimierung, wie im vorangehenden Abschnitt beschrieben, erfolgen: Der D/A nimmt das neue logische Schema, erstellt den entsprechenden Standardentwurf und optimiert diesen. Die Reoptimierungskosten können gesenkt werden, wenn der D/A als Ausgangspunkt für die Optimierung den reorganisierten physischen Entwurf nimmt (dieser kommt bei lokalen Schemaänderungen dem optimalen Design immer noch sehr nahe) und nicht zuerst wieder ein neues Standarddesign erstellt.

Bei kapazitätserhaltenden Schemaevolutionen kann der D/A als Ausgangspunkt für die Reoptimierung sogar zwischen drei physischen Schemas wählen: (i) dem aktuellen NF2-Entwurf, der zum alten logischen Schema optimal war; (ii) dem reorganisierten NF2-Entwurf, der durch Reorganisation aus dem ersteren erhalten wurde; oder (iii) dem Standardentwurf, der aus dem neuen logischen Schema erzeugt werden kann.

Es entsteht somit ein Zielkonflikt, der sich in den folgenden zwei Reoptimierungsvorgehen manifestiert: Algorithmus 11.2 versucht möglichst kostengünstig zu optimieren, während Algorithmus 11.3 möglichst alle zur Verfügung stehenden Informationen miteinbezieht, und damit evtl. einen Entwurf liefert, auf den Algorithmus 11.2 nicht gestoßen wäre.

Algorithmus 10.2: Kostengünstige Optimierung des physischen Entwurfs

INPUT   - eine logische COCOON-Schemaänderung,
                     - der aktuelle physische NF2-Entwurf,
                     - neue statistische Informationen und Transaktionslast.
OUTPUT   ein reoptimiertes NF2-Schema als physischen Entwurf.
BEGIN
    Im Falle einer CA/CR-Schemaänderung reorganisiert der D/A in einem
    ersten Schritt das physische Schema nach den Angaben (implizite Reor-
    ganisation) der Schemaänderung (falls diese nicht schon vom P/I durch-
    geführt wurde). In einem zweiten Schritt wird dann ausgehend vom reor-
    ganisierten physischen Schema nach dem bekannten Verfahren optimiert
    und damit gewichtete NF2-Entwürfe generiert.

    Im Falle von CP-Schemaänderung reoptimiert der D/A ausgehend vom
    aktuellen, unveränderten Entwurf und benötigt somit keine Reorganisation
    (der erste Schritt entfällt).
END .

Algorithmus 10.3: Umfangreiche Optimierung des physischen Entwurfs

INPUT   - eine logische COCOON-Schemaänderung,
                     - der aktuelle physische NF2-Entwurf,
                     - neue statistische Informationen und Transaktionslast.
OUTPUT   ein reoptimiertes NF2-Schema als physischen Entwurf.
BEGIN
    Im Falle einer CA/CR-Schemaänderung reoptimiert der D/A ausgehend
    vom reorganisierten physischen Schema und vom Standardentwurf. Im
    Falle von CP-Schemaänderung reoptimiert der D/A ausgehend vom ak-
    tuellen, vom reorganisierten und vom Standardentwurf.

    Der D/A geht also nicht nur von einem Entwurf aus, sondern erhält
    mehrere Anhaltspunkte für die Optimierung, um einen geeigneten NF2-
    Entwurf zu finden. Insbesondere bei umfangreichen logischen Schemaevo-
    lutionen, ist dies ein vielversprechendes Verfahren, um NF2-Entwürfe zu
    erhalten, die ausgehend nur vom Standarddesign nicht generiert worden
    wären.
END

Wir betrachten als Beispiel einen Spezialfall der inkrementellen Fortpflanzung einer Schemaänderung auf die physische Ebene: Die Schemaerweiterung durch Definition zusätzlicher Sichten.

BEISPIEL 20:   Als Ausgangslage dient ein logisches Schema mit einer Klasse *Personen : person* auf die zwei Funktionen *name,alter* anwendbar seien. Das optimierte physische Schema entspreche hier dem Standarddesign:

$$tRel(oid, name, alter, PersonenTag)$$
$$PersonenView = \sigma[PersonenTag](tRel)$$

Eine Schemaänderung, die eine neue Sicht

view *Jung* **as select**$[age < 30](Personen)$

definiert, wird vom P/I in die Elementaroperation *VCRE* übersetzt. Man erinnere sich, daß die Reorganisation von *VCRE* die Identitätsabbildung ist. Damit verändert sich das physische Schema nur darin, daß eine neue relationale Sicht erzeugt wird:

$$tRel(oid, name, alter, PersonenTag)$$
$$PersonenView = \sigma[PersonenTag](tRel)$$
$$JungView = \sigma[age < 30](PersonenView)$$

Da Sichten oft definiert werden, um Anfragen, die wiederholt ausgeführt werden, persistent zu machen, wird sich mit einer solchen Schemaänderung wahrscheinlich auch die Transaktionslast ändern, so daß eine Reoptimierung notwendig wird. Der D/A hat die folgenden Alternativen:

- Das physische Schema bleibt so, wie es durch die Reorganisation erzeugt wurde. Die Transaktionslast hat sich also möglicherweise nicht oder nur wenig verändert, so daß der D/A annimmt, daß die Sicht kaum verwendet wird.

- Die Sicht wird redundant zu deren Basisklassen materialisiert. Der D/A erkennt also aufgrund der geänderten Transaktionslast, daß sowohl auf die Sicht, wie auch die Basisklassen, gleichmäßig verteilte Anfragen gestellt werden, und im Gegensatz dazu Änderungen eine geringe Rolle spielen:

$$tRel(oid, name, alter, PersonenTag)$$
$$PersonenView = \sigma[PersonenTag](tRel)$$
$$JungRel(oid, name, alter, PersonenTag)$$

- Die Sicht wird anstatt der Basisklassen materialisiert. Der D/A erkennt in der Transaktionslast also maßgeblich Änderungsoperationen auf die neue Sicht, so daß Redundanz zu hohe Kosten verursachen würde:

$$t'Rel(oid, name, alter, PersonenTag)$$
$$PersonenView = \sigma[PersonenTag](tRel)$$
$$JungRel(oid, name, alter, PersonenTag)$$
$$tRel = t'Rel \cup JungRel$$

Die Transaktionslast kann dabei explizit geändert werden, oder der D/A tut dies automatisch, indem er annimmt, daß die Anfrage, die die Sicht definiert, mit einer bestimmten Gewichtung in die neue Kostenfunktion einfließt. $\diamond$

Die Evaluierung der Algorithmen 10.2 und 10.3 ist Bestandteil weiterführender Forschungsarbeiten. Es bleibt zu zeigen, daß ein physischer Optimierer bessere Resultate liefern kann, wenn er die evolutionäre Entstehung oder Veränderung eines logischen Schemas kennt, und damit mehr Informationen hat, um einen guten physischen Entwurf zu finden.

Kapitel 11

Evaluierung der Ergebnisse

> *„Now, this is not the end.*
> *It is not even the beginning of the end.*
> *But it is, perhaps, the end of the beginning.“*
> *– Winston Churchill*

Zum Abschluß stellen wir die Hauptergebnisse nochmals im Überblick dar. Da wir bereits am Ende jedes Kapitels eine ausführliche Zusammenfassung gegeben haben, wollen wir dies hier hauptsächlich mit der Absicht der Bewertung und Einordnung tun. Schließlich diskutieren wir die Übertragbarkeit auf andere Datenmodelle und geben einen Ausblick auf weiterführende Arbeiten.

11.1 Evolution in Objekt-Datenbanken

In diesem Buch haben wir Evolution in Objekt-Datenbanken umfassend betrachtet. Wir sind ausgegangen von einem formalen Evolutionsmodell, das auf der Veränderung von Informationskapazität beruht.

Darauf aufbauend haben wir dann gezeigt, wie bestehende Informationssysteme an neue Anforderungen angepaßt werden können. Dazu wurden zuerst lokale Schemaänderungen und anschließend globale Datenbank-Restrukturierungen diskutiert.

In einem weiteren Schritt haben wir diese Konzepte und Techniken auf die Verwendung in föderierten Multi-Datenbanksystemen ausgeweitet und gezeigt, wie damit bestehende Informationssysteme integriert werden können. Zuerst wurden ODBS nur virtuell, später aber dann real integriert.

11.1.1 Anpassung bestehender Informationssysteme

Die Grundproblematik der vertikalen Evolution besteht darin, daß bei der Anpassung bestehender Informationssysteme das Schema eines ODBS, auf dem bereits Anwendungen bestehen und das mit einer potentiell großen Anzahl Objekten bevölkert ist, so verändert wird, daß die Auswirkung auf Instanzen und Anwendungen kontrolliert werden kann.

Objektevolution

Eine der elementaren Voraussetzungen für die Evolution in Objekt-Datenbanken ist die dynamische Veränderbarkeit der Typ- und Klassenmitgliedschaft (Instanziierung) von Objekten, ohne daß dabei Objekte erzeugt oder gelöscht werden (Objekterhaltung). Dies kann beispielsweise durch generische Änderungsoperationen zur Objektevolution geschehen. Diese Forderung beinhaltet zudem, daß Objekte gleichzeitig Instanzen mehrerer Typen und Klassen sein können.

Ein ODBS, das diese Voraussetzungen erfüllt, ist COCOON, das wir in Kapitel 2 vorgestellt haben. Objektevolution erfolgt mittels den generischen COOL-Operationen **gain, lose, add, remove**. Durch folgende Anweisung erhalten z.B. Personen p, die eine gewisse Bedingung erfüllen, den zusätzlichen Subtyp *student* und werden in die Klasse *UniUlm* eingefügt:

> **var** P : **set of** *person*;
> **apply**[**gain**[*student*](p); **add**[p](*UniUlm*)](p : **select**[...](P))

Nur wenige Objekt-Datenmodelle unterstützen Objektevolution. Zu den Ausnahmen, die mehrfache Typinstanziierung kennten, gehört Iris [Fis89, WLH90]. Objekte in Iris werden ebenfalls durch OIDs werte- und ortsunabhängig identifiziert und können dynamisch neue Typen erhalten (`add type <type> to <object>`) und bestehende verlieren.

Insbesondere C++-basierte Systeme, wie z.B. ObjectStore [ONT92], ONTOS [Obj92], kennen solche Möglichkeiten id.R. nicht. Da die Verarbeitung ortsunabhängiger OIDs erhöhten Aufwand verursacht (zusätzliche Zeigerdereferenzierungen), verzichten diese Systeme zugunsten besserer Leistung darauf und realisieren OIDs als physische Adressen im virtuellen Speicher. Dies führt dazu, daß wenn ein Objekt als Instanz eines bestimmten Typs (einer C++-Klasse) erzeugt wurde, sich dessen Typ nur durch spezielle Hilfsprogramme und mit aufwendigen „off-line"-Reorganisationen ändern läßt.

Obige Reklassifikation ist beispielweise in ObjectStore nur in Verbindung mit einer gleichzeitigen Schemaevolution möglich. Dazu sind mit Hilfe einer speziellen Bibliothek (`os_schema_evolution`) aufwendige C++-Methoden (Transformers und Reclassifiers) zu schreiben, die eine Ausgangsdatenbank in eine neue Zieldatenbank transformieren. Die obige einzeilige Objektevolution stellt sich in ObjectStore wie folgt dar:

```
/* ----------------------------------------------------------------- */


#include <ostore/ostore.hh>            // die ObjectStore-Bibliothek
#include <ostore/schmevol.hh>          // die Schemaevolutions-Bibliothek
#include "person.hh"                   // das Schema "person"
#include "student.hh"                  // das Schema "student"


/* ----------------------------------------------------------------- */
/* Definition einer Reclassifier-Methode, die fuer jedes Objekt       */
/* entscheidet, ob dieses in die Klasse "student" klassifiziert werden */
/* soll oder nicht                                                    */
/* ----------------------------------------------------------------- */

static char *pers_reclassifier(os_typed_pointer_void &old_obj_ptr)
{  ...  }


/* ----------------------------------------------------------------- */
/* Definition einer Transformer-Methode, die die Werte eines          */
/* Personen-Objektes in ein Studenten-Objekt transformiert            */
/* ----------------------------------------------------------------- */

static void stud_transformer(void *new_obj_ptr)
{  ...  }


/* ----------------------------------------------------------------- */
/* Definition des Hauptprogramms, das die Schemaaenderung und die     */
/* Instanzenreklassifikation unter Verwendung obiger Methoden         */
/* durchfuehrt                                                        */
/* ----------------------------------------------------------------- */

main()
{
    // diverse Initialisierungen
    objectstore::initialize(); ...

    // binde die Reclassifier-Methode mit der Klasse "person"
    os_schema_evolution::augment_subtype_selectors
        (as_evol_subtype_fun_binding("person",pers_reclassifier));

    // binde die Transformer-Methode mit der Klasse "student"
    os_schema_evolution::augment_post_evol_transformers
        (as_user_transformer_binding("student",stud_transformer));
```

```
    // fuehre die Reklassifikation durch,
    // die DB "persDB" wird dabei in "studDB" transformiert
    os_schema_evolution::evolve("persDB","studDB");
}
/* ------------------------------------------------------------------- */
```

Ein anderer Ansatz für C++-Systeme besteht darin, daß Objekte, die dynamisch Eigenschaften erhalten und verlieren, dabei eine neue Referenz (C++-Pointer) erhalten, während eine davon unabhängige logische OID unverändert bleibt. Diesen Ansatz verfolgt Melampus [CHR+90, RS91]. Es werden *aspects* vorgestellt, ein Mechanismus, mit dem Objekte dynamisch Eigenschaften erhalten und verlieren können. Dynamische Typveränderung erzeugt jeweils eine neue Objektreferenz, während die Objekte dieselbe logische OID behalten.

Diese Restriktionen hinsichtlich Objektevolution sind nicht an C++-Systeme gebunden, sondern treten immer auf, wenn OIDs nicht vollständig ortsunabhängig sind. Beispielsweise enthaten im Falle von ORION [Kim90] OIDs den Klassennamen Identifier: $OID=<ClassID,InstID>$. Wohl aus diesen Gründen kennt ORION keine Operationen zur Objektevolution.

Informationskapazität und formales Evolutionsmodell

Informationskapazität (Relativität von Information) spielt die zentrale Rolle bei der Beschreibung von Datenbankevolution. Sie wird hier, im Vergleich etwa zu [Hul86, AH88], wesentlich abstrakter, nämlich als Menge der potentiellen Zustände von Objekten zu einem Schema betrachtet.

Schemaevolution, aber auch -integration kann damit kapazitätserhaltend (CP), -erweiternd (CA), -reduzierend (CR) oder -verändernd (CC) charakterisiert werden, je nachdem, ob dabei ein strukturell dominantes oder äquivalentes Schema entsteht, und ob die Datenbasis verlustfrei und/oder vollständig reorganisiert wird. Dies kann als Ergänzung zur Charakterisierung von Datenmodelltransformation und Integration in [MIR93] verstanden werden.

Auf der Grundlage von Kapazitätsveränderung wurde eine formale Beschreibung von Datenbankevolution definiert, mit der sich diese vorerst unabhängig von einem konkreten Datenmodell betrachten läßt. Datenbankevolution ist hinreichend durch ein Tupel spezifiziert

$$Datenbankevolution \; = \; < Schema \ddot{a}nderung, Datenbasisreorganisation > \; .$$

Mit Hilfe dieses formalen Evolutionsmodells kann die Auswirkung von ODBS-Evolution auf die Datenbasisreorganisation sowie die Anwendungsmigration erkannt und damit kontrolliert werden. Aus den Erkenntnissen folgt direkt ein

Algorithmus zur „sanften" Schemaevolution, bei dem nie Objekte/Werte verloren gehen und bestehende Anwendungen immer migriert werden können.

Eine solche allgemeine, formale Grundlage fehlt bei allen verwandten Arbeiten, die ebenfalls Datenbankevolution untersuchen, wie z.B. ORION [BKKK87], O_2 [Zic91a] oder GemStone [PS87].

Lokale und globale Schemaänderungen

Aufbauend auf dem formalen Modell entsteht die COOL-SML, eine Sprache zur lokalen Schemaänderung und zur globalen Datenbank-Restrukturierung. Die SML unterscheidet sich von den entsprechenden Operationen zur Schemaänderungen in den oben genannten Systemen dreifach:

Es werden keine neuen Methoden zur Schemaevolution definiert, sondern ausschließlich die in COCOON bereits vorhandenen Mechanismen (generische Update-Operationen) verwendet. Desweiteren werden Schemata durch die Metadatenbank definiert. ORION und O_2 formalisieren Objekt-Datenbankschemata mittels gerichteten azyklischen Graphen. Auch die hier verwendete funktionale Sichtweise könnte leicht mittels einer graphischen Darstellung erläutert oder gar definiert werden. In GemStone werden Schemainvarianten definiert, die für ein korrektes Datenbankschema zu jedem Zeitpunkt erfüllt sein müssen. Diese Invarianten werden informal beschrieben und nicht im jeweiligen Modell ausgedrückt, bzw. in die Metadatenbank integriert. Wir definieren Schemainvarianten als Integritätsbedingungen auf der Metadatenbank.

Da der Satz der elementaren Schemaänderungen (der nun vom konkret betrachteten Datenmodell abhängig ist) direkt aus dem formalen Modell entsteht, ist die Veränderung der Informationskapazität jeder Operation wohldefiniert, und alle Schemaänderungen sind entweder CP, CA oder CR, aber nie CC. Obwohl elementare Schemaänderungen auch für andere Systeme existieren, analysiert keine dieser Arbeiten die Auswirkung auf die Informationskapazität. Somit findet auch keine Beschreibung der Simulier- und Kompensierbarkeit von Schemaänderungen statt.

Mit der SML können sowohl lokale Schemaänderungen, wie auch globale, komplexe Datenbank-Restrukturierungen definiert werden. Die verwandten Arbeiten beschränken sich auf eine (Teilmenge der) lokalen Schemaänderungen.

11.1.2   Integration bestehender Informationssysteme

Die Idee der evolutionären Kooperation besteht darin, daß isolierte Datenbanksysteme, auf denen bereits Anwendungen bestehen, und die mit einer potentiell
großen Anzahl Objekten bevölkert sind, anfänglich in einer losen Art und Weise
zusammenarbeiten und sich schrittweise zu einer engen Kopplung oder gar zur
vollständigen Integration zusammenschließen.

Objektintegration

OIDs sind zur globalen Objektidentifikation im Kontext kooperierender Datenbanksysteme (Multi-DBS) wenig hilfreich [Ken91]. Um Proxy-Objekte unterschiedlicher Komponentensysteme explizit als dasselbe zu markieren, wurden
same-Funktionen eingeführt:

$$\mathbf{set}[same_{i,j} := o'](o)$$

Daraus entsteht eine erweiterte, globale Objektgleichheit, die besagt, daß
zwei Objekte gleich sind, wenn sie entweder aus derselben Datenbank stammen
und dort lokal gleich sind, oder aus unterschiedlichen Datenbanken stammen
und explizit durch eine *same*-Funktion als dasselbe gekennzeichnet wurden.

Die objekterhaltende Integration von Objekten bildet die Grundlage für eine
globale Sprachschnittstelle, die auch Updates zuläßt. Nur wenige Multi-DBS
verfolgen diesen Weg und definieren in der Regel meist nur eine Anfragesprache.

Fünf Stufen evolutionärer Datenbankintegration

Evolutionäre Datenbankintegration manifestiert sich in fünf Stufen von Multi-
Datenbanksystemen mit jeweils zunehmender Kopplungsstärke: 0 – nicht integrierte Multi-DBS, I – durch Schemakomposition integrierte FDBS, II – virtuell
integrierte FDBS, III – real integrierte FDBS, und IV – vollständig integrierte
DBS.

Mit Hilfe dieses Rahmensystems lassen sich Multi-DBS (insbesondere
FDBS) klar gegeneinander abgrenzen. Während bekannte Ansätze föderier-
ter DBS [SL90] vor allem in die Stufen I (Schemakomposition) und II (Multi-
DBS-Sichten, SuperViews [Mot87], Multibase [LR82], VODAK [Sch88b, NS88],
Pegasus [ASD+91, AAD+93]) fallen, beschreibt die Stufe III eine neue FDBS-
Architektur, die zusätzliche Möglichkeiten der Integration bietet (z.B. globale
Anreicherung, Inter-KDBS-Funktionen und -Updates), ohne daß die KDBS da-
bei vollständig integriert werden. Einzig einige Mechanismen aus Pegasus und
O*SQL [Lit92] beschreiben eine Kopplung der Stufe III.

Statische (Schema-) Aspekte

Auf dieser Plattform wurden zunächst statische (Schema-) Aspekte untersucht.
Das Anliegen bestand nicht darin, eine neue Integrationsmethode [BLN86] zu
entwickeln, sondern vielmehr, die Verwendung der grundlegenden Evolutionsmechanismen zu evaluieren.

Unser Ansatz betrachtet die Integration von Objekten und Schemata
als orthogonal und unabhängig voneinander, was den Vorteil hat, daß diese
(fast) beliebig kombiniert werden können, und dieselbe Technik (*same*-
Funktionen) einheitlich zur Integration von Objekten, wie auch von Schemata verwendet werden kann. Verwandte Ansätze, wie z.B. [SPD92] (ein
Assertion-Mechanismus, der gleichzeitig Objekte und Schemata integriert) oder
[Sch88b] (eine Aufzählung von Generalisierungsmechanismen mit unterschiedlichen Integrations-Semantiken) können damit realisiert werden.

Im Gegensatz zu relationalen Multi-DBS, z.B. Multibase, werden Objekte
mit *same*-Funktionen objekterhaltend integriert, was besonders hinsichtlich globalen Updates wichtig ist. *same*-Funktionen sind vergleichbar mit der *image*-
Funktion in Pegasus, welche eine vertikale Abbildung zwischen lokalen und globalen Objekten definieren. Mit FDBS-Schemaevolutionen lassen sich Konflikte
zwischen KDBS lösen, „kompatible" Schemaobjekte durch *same*-Funktionen
auf der Metadatenbank integrieren und schließlich globale Schemata restruk-
turieren und anreichern.

Dynamische (Sprachen-) Aspekte

Schließlich wurde auf dieser Plattform die FDBS-Sprachschnittstelle COOL*
realisiert. Im Unterschied zu Multibase oder Pegasus, die reine Anfrageschnitt-
stellen bieten (Stufe II), kennt COOL* auch generische FDBS-Updates und
erlaubt die globale Anreicherung und damit eine reale Integration der Stufe
III. O*SQL kommt unserer Sprache am nächsten. Updates über mehrere DBS
hinweg (z.B. `add type <type> to <object>`) oder Integration von Objekten
werden zwar vorgeschlagen, die Semantik wird aber gänzlich offengelassen.

COOL* ist selbst eine anpaßbare (scalable) Sprache. Je nach gewünschter
oder notwendiger Kopplungsstufe lassen sich Konzepte und Techniken zur Sprache hinzufügen oder entfernen. Es ist also wohldefiniert, welche Mechanismen
auf welcher Stufe verwendet werden dürfen.

11.1.3   Interoperabilitäts-Schnittstelle COOL*

Exemplarisch ist aus dem Objekt-Datenbanksystem COCOON und der Sprache COOL eine Interoperablitäts-Schnittstelle COOL* entstanden, die vertikale und horizontale Evolution umfassend, einheitlich und dynamisch unterstützt.

COOL* erlaubt die Anpassung bestehender Informationssysteme durch lokale Schemaänderungen und globale Datenbank-Restrukturierungen sowie deren schrittweise Integration durch Anwendung derselben Konzepte über mehrere Informationssysteme hinweg.

Die vollständige Syntax von COOL* ist in Anhang A wiedergegeben. Da am Anfang dieses Buches die Aussage stand, daß keine neuen Evolutionsstrategien und -methoden entwickelt werden sollen, sondern so weit wie möglich die bereits vorhandenen Mechanismen zu verwenden sind, wollen wir die vorgestellten Konzepte hier nochmals zusammenfassen und begründen, wieso diese eingeführt wurden.

Bei den folgenden Konstrukten handelt es sich denn lediglich um syntaktische Erweiterungen:

- Durch die Trennung der Metadatenbank in drei Ebenen lassen sich Anfragen mit Ebenenübergängen formulieren (Abschnitt 3.3). Dies ist keine eigentliche Erweiterung der Sprache, da die Funktionen *extent* und *adom*, die den Ebenenübergang durchführen, schon immer Bestandteil von COOL waren. Da die Namen z.B. von Klassen nun variabel und nicht mehr konstant sind, läßt sich deren Existenz auch nicht mehr statisch prüfen.

- Durch direkte, kontrollierte Änderungen in der Metadatenbank kann das Schema verändert werden (Abschnitt 3.3). Dies ist wiederum keine eigentliche Erweiterung von COOL, sondern nur die konsequente Verwendung der Metadatenbank. Da das Schema nun nicht mehr als unveränderlich betrachtet wird, sind Laufzeitfehler (*n.a.*), die bislang umgangen werden konnten, nicht mehr zu vermeiden.

- Die lokalen COOL-Schemaänderungen werden durch Elementaroperationen beschrieben (Abschnitt 5.3). Die erste Komponente – die eigentliche Schemaänderung – ist als Update-Operation auf die Metadatenbank formuliert und die zweite Komponente – die Reorganisation der Datenbasis – besteht aus einer Folge „normaler" Änderungsoperationen. Elementaroperationen sind also syntaktische Abkürzungen. Dies führt dazu, daß Schemaänderungen über die formale Definition von Updates selbst auch formal definiert sind.

- Die DDL wurde zu einer SML (Schemaänderungssprache) erweitert. Dabei entstanden die vier generischen Anweisungen

  define, redefine, undefine und **rename,**

  die orthogonal auf Datenbanken, Variablen, Funktionen, Objekttypen, Klassen und Sichten angewandt werden können (Abschnitt 6.1). Diese sind nur eine syntaktische Schnittstelle zu den Elementaroperationen. Deren Semantik ist operational durch Abbildung der generischen Operationen in Elementaroperationen definiert (realisiert durch einen Parser/Interpreter). Die Operationen der SML werden als gewöhnliche Instruktionen (vgl. [SLR$^+$92]) betrachtet, vergleichbar mit den DML-Operationen.

- Um globale Datenbank-Restrukturierungen beschreiben zu können, wurden „Snapshots" (Initialisierungsausdrucke) in die SML integriert, welches wiederum normale Änderungsoperationen sind, so daß eine syntaktische Erweiterung ausreichend ist (Abschnitt 6.2). Definitionen der Form

  define var | function | type | class *name*
  from *query*

  erlauben ein neues Schemaobjekt aus existierenden zu definieren. Dabei wird sowohl der Instanzentyp, wie auch die Ausprägung des neuen Schemaobjektes aus der Anfrage abgeleitet. Im Gegensatz zu Sichten, erfolgt eine Materialisierung der Anfrage durch Update-Operationen.

Die folgenden Konzepte sind echte Erweiterungen der Funktionalität von COOL:

- Zur Modellierung der Strukturregeln in der COCOON-Metadatenbank wurden die Integritätsbedingungen **unique, not null** und **acyclic** eingeführt (Abschnitt 3.2). Die Update-Operationen, welche bislang nur abgeleitete Integritätsbedingungen (konstruktiv) berücksichtigen, müssen erweitert werden, damit auch restriktive Bedingungen verarbeitet werden können (Rückweisung einer Operation bei Verletzung des Constraints). Dies ist eine essentielle Erweiterung, wird aber ausschließlich an dieser Stelle verwendet.

- Zur Simulation von Schemaevolution wurde der Sichtenmechanismus um die Möglichkeit erweitert, Regeln anzugeben, wie Änderungen auf Sichten in Änderungen auf Basisklassen propagiert werden sollen (Abschnitt 4.3):

> **define view** *name* **as** *query*
> **on** *update* **do** *update*

Dies kann als Überschreiben der generischen Änderungsoperationen verstanden werden, was in objektorientierten Systemen üblich ist, und für die äquivalente Simulation von Schemaänderungen eingesetzt werden muß. Realisieren ließe sich diese Fortpflanzung z.B. durch einen Trigger-Mechanismus.

- Um dynamische Schemaerzeugung beschreiben zu können, wurden parametrisierte SML-Anweisungen eingeführt (Abschnitt 6.2). In solchen Anweisungen dürfen Schemaobjektnamen durch Variablen bezeichnet werden, deren Wert zur Laufzeit ausgewertet wird. Dies ist eine echte Erweiterung der Sprache, die zu neuen Möglichkeiten der Formulierung von Datenbank-Restrukturierungen führt. Beispielweise ist nun die folgende Anweisung möglich, die in einer Iteration eine Menge von Klassen erzeugt:

  apply[**define class** $\langle c \rangle$ **from** d]$(c : C)$

  Dabei können Laufzeitfehler auftreten, da diese Werte nicht mehr zur Compile-Zeit geprüft werden können. Dies ist allerdings wiederum das allgemeine Problem, daß das Schema nicht als unveränderlich betrachtet werden darf.

- Insbesondere lassen sich dann auch generische (parametrisierte) Transaktionen definieren (Abschnitt 6.2), z.B.

  > **define transaction** *ta-name*[*param0*, *param1*, *param2*] **as**
  > **redefine database** $\langle param0 \rangle$ **as**
  > 　　**redefine class** $\langle param1 \rangle$ **from** $\langle param2 \rangle$
  > **end**.

  Transaktionen sind Bestandteil jedes Datenbanksystems. Die Erweiterung besteht hier darin, daß diese wie Prozeduren separat mit einem Namen deklariert und erst später vom Interpreter ausgeführt werden können.

Durch die Betrachtung mehrerer ODBS kommen die folgenden neuen Konzepte hinzu. Beides sind wiederum echte Erweiterungen:

- Um Schemata unterschiedlicher ODBS miteinander in Verbindung zu bringen, wurde die Schemakomposition eingeführt. Mit der Anweisung

  > **import** *DB1,DB2*

werden die Schemata der zwei Datenbanken nebeneinander gestellt und die Namensbereiche global bekannt gemacht. Dies ist die Grundlage für eine Datenbankintegration. Von nun an sind globale Multi-DBS-Anfragen möglich, und die Schemata können virtuell durch Sichten, oder real durch globale Schemaevolutionen vereinigt, restrukturiert und angereichert werden.

- Um Objekte unterschiedlicher ODBS zu integrieren, wurden *same*-Funktionen eingeführt. Diese erlauben eine objekterhaltende Verbindung zwischen Proxy-Objekten mit einer speziellen („dasselbe") Semantik (Abschnitt 7.2). Aus dieser Technik folgt eine neue, erweiterte Definition globaler Objektgleichheit (Definition 7.2), die auch mit *same*-Funktionen integrierte Objekte als gleich erachtet. Die COOL-Anfrageoperationen wurden so erweitert, daß diese die globale Definition von Objektgleichheit verwenden.

Schließlich lassen sich die generischen Operationen der Sprachschnittstelle COOL* definieren, welches dann nur noch syntaktische Abkürzungen sind:

- Um in MDBS auch Änderungen durchführen zu können, wurde eine neue Sprachschnittstelle COOL* definiert. Diese erweitert die generischen COOL-Änderungsoperationen so, daß diese ohne Einschränkung über mehrere Datenbanken hinweg verwendete werden können. Diese Operationen berücksichtigen die Lokalität von Objekten. Die Semantik basiert im wesentlichen darauf, daß mit *same*-Funktionen integrierte Primär- und Schemaobjekte als ein einziges globales Objekt behandelt werden.

11.2 Übertragbarkeit auf andere Modelle

Das Objekt-Datenbanksystem COCOON bildet den Rahmen, in dem diese Arbeit entstanden ist. Durch die Grundidee, fundamentale Konzepte und Mechanismen zu identifizieren, anstatt neue Strategien und Methoden zu beschreiben, sind aber die Ergebnisse naturgemäß nicht an ein spezielles Datenmodell gebunden. Die Übertragbarkeit hängt also davon ab, welche der beschriebenen Evolutionsmechanismen vom jeweiligen System realisiert werden.

Die SML zur Datenbank-Restrukturierung baut auf einem COCOON-unabhängigen, formalen Modell auf. Die gesamte Modellabhängigkeit liegt in den Elementaroperationen zur Schemaänderung, so daß diese natürlich für jedes Datenmodell unterschiedlich sind. Je mehr semantische Konstrukte ein Datenmodell kennt, desto mehr Elementaroperationen werden notwendig, und je

mehr Evolutionsmechanismen das System anbietet, desto einfacher ist es, diese
Operationen zu realisieren. Sind die modellspezifischen Elementaroperationen
gefunden, läßt sich die SML analog aufbauen.

Die Abgrenzung der Kopplungsstufen föderierter DBS, sowie die Realisierung von statischen (Schemaintegration) und dynamischen (COOL*) Interope-
rabilitätsaspekten, ist ebenfalls COCOON-unabhängig. Dies haben wir explizit
ausgenutzt, um andere Konzepte und Systeme zu verstehen, indem wir sie in
unser Rahmensystem eingeordnet haben.

11.3 Weiterführende Forschungsarbeiten

Wir haben uns absichtlich auf ein homogenes Datenmodell beschränkt. **Datenmodellheterogenität** könnte in einem nächsten Schritt miteinbezogen
werden. Während statische Aspekte, wie Schematransformation oder Schemaintegration zwischen heterogenen Datenmodellen, bereits stark diskutiert
werden, scheinen dynamische Probleme weniger beachtet. Erste Erfahrungen
haben wir im Projekt FEMUS (Federated Multilingual Database System)
[ADS$^+$93] gemacht, dessen Zielsetzung der Entwurf eines föderierten mehr-
sprachigen Datenbanksystems war. Als Ausgangslage wurde die Transformation von COCOON-Datenbanken in das erweiterte Entity-Relationship-Modell
ERC+ [Par87, PRYS89] und zurück dokumentiert. Darauf aufbauend konnte
dann insbesondere auch die Abbildung zwischen der COOL-Algebra und dem
ERC+ -Kalkül definiert werden.

Die langfristige Zielsetzung könnte darin bestehen, eine **Sprache für heterogene FDBS** zu entwickeln, die generische Anfrage- und Änderungsoperationen kennt. Heterogenität bedeutet dabei: unterschiedliche Datenmodelle
(objektorientiert, wertebasiert), unterschiedliche Sprachparadigmen (SQL, al-
gebraisch, kalkülartig, deduktiv, ...), verschiedene (evtl. keine) OID-Konzepte.
O*SQL ist ein erster Schritt in diese Richtung, der zwar versucht, dieser umfassenden Heterogenität Rechnung zu tragen, dem es aber vor allem an formaler
Semantik fehlt.

In Kapitel 10 wurden ausgewählte Realisierungsaspekte diskutiert. Dabei
blieben viele interessante Problemstellungen aus dem Bereich der **physischen
Entwurfsoptimierung** offen, die Inhalte weiterführender Arbeiten sind. So
haben wir die verschiedenen Strategien zur Reoptimierung des physischen Schemas aufgrund einer logischen Evolution nicht in vollem Umfange untersucht.
Ungeklärt ist z.B. das Zusammenspiel zwischen dem Zeitpunkt der physischen
Reorganisation (unmittelbar/verzögert/versioniert) und der Optimierung des

physischen Schemas hinsichtlich einer bekannten Transaktionslast. Desweiteren eröffnen sich neue Aspekte bei der Betrachtung des physischen Entwurfs zur Optimierung von ODBS-Interoperabilität. Inbesondere denken wir hier an physische Unterstützung von *same*-Funktionen durch kontrollierte Redundanz in föderierten DBS.

Aus der **Objekthandhabung in FDBS** ergeben sich weitere offene Fragestellungen. [HD92] stellt einen Mechanismus zur Objektintegration zwischen unterschiedlichen Datenbanksystemen mit heterogenen Datenmodellen (auch mit Nicht-ODBS) vor, der auf einem dreistufigen OID-Ansatz (permanent, temporär, imaginär) basiert. Solche Techniken sind insbesondere notwendig, wenn werteorientierte DBS mit keinem OID-Konzept miteinbezogen werden. Eine allgemeine Diskussion von Objekthandhabung in föderierten Systemen, mit einem Schwergewicht auf Objektmigration, entsteht in [RS94a, RS94b]; diese Arbeit kann – in weiten Teilen – als Fortsetzung der vorliegenden betrachtet werden.

Anhang

COOL* Syntax

Dieser Anhang beschreibt die Syntax der Interoperabilitäts-Schnittstelle COOL* zur Definition und Änderung der lokalen Schemata einzelner Komponenten-Datenbanken, wie auch der globalen Schemata kooperierender Datenbanken. Aufgeführt sind nur die Definitionen der SML, die in dieser Arbeit verwendet wurden. Für die Syntax der Anfrage- und Änderungsoperationen verweisen wir auf [SLR$^+$92].

EBNF-Notation

Die Syntax ist in einer EBNF-Notation gegeben. Terminalsymbole sind **fett** gedruckt oder stehen in Anführungszeichen (""). Als Metazeichen werden verwendet: Trennstriche (|), wähle einen der Ausdrücke; rechteckige Klammern ([]), optionale Ausdrücke; geschweifte Klammern ({}), beliebig oft wiederholbare Ausdrücke, auch null mal erlaubt. Alle übrigen Zeichen sind Nichtterminale. Namen von Schemaobjekten (*SchemaName, VariableName, TypeName, FunctName, ClassName, ViewName*) sind entweder Konstanten-Bezeichner, also Zeichenketten, oder Variablen-Bezeichner in spitzen Klammern (⟨⟩).

Definition eines (Multi-)Datenbankschemas

SchemaDefinition	::=	**define database** SchemaName **as**
		[Import ";"] { Definition ";" } **end** "."
Import	::=	**import** SchemaName { "," SchemaName }
Definition	::=	VariableDefinition | FunctionDefinition
		| TypeDefinition | ClassDefinition
		| ViewDefinition

VariableDefinition	::=	**define var** VariableName [":" [**set of**] TypeName] [Initialization]
Initialization	::=	**from** QueryExpr
FunctionDefinition	::=	**define function** FunctName ":" typeName [FunctionSignature | Initialization]
FunctionSignature	::=	→ [**set of**] TypeName [**inverse** FunctName] [Derivation | Initialization]
Derivation	::=	**as** QueryExpr { **on** UpdExpr **do** UpdExpr }
TypeDefinition	::=	**define type** TypeName [**isa** SuperTypeList] ["=" FunctionList] [Initialization]
SuperTypeList	::=	TypeName { "," TypeName }
FunctionList	::=	Function { "," Function }
Function	::=	FunctName [":" FunctionSignature]
ClassDefinition	::=	**define class** ClassName [":" TypeName] [**all** | **some** BaseClassList] [**where** BooleanExpr] [Initialization]
BaseClassList	::=	ClassName { "," ClassName }
ViewDefinition	::=	**define view** ViewName Derivation

Änderung eines (Multi-)Datenbankschemas

SchemaReDefinition	::=	**redefine database** SchemaName **as** { Definition | ReDefinition | ReNaming | UnDefinition ";" } **end** "."
ReDefinition	::=	VariableReDefinition | FunctionReDefinition | TypeReDefinition | ClassReDefinition | ViewReDefinition
ReNaming	::=	VariableReNaming | FunctionReNaming | TypeReNaming | ClassReNaming | ViewReNaming
UnDefinition	::=	VariableUnDefinition | FunctionUnDefinition | TypeUnDefinition | ClassUnDefinition | ViewUnDefinition

SchemaRenaming	::=	**rename database** SchemaName **to** SchemaName
SchemaUndefinition	::=	**undefine database** SchemaName
VariableReDefinition	::=	**redefine var** VariableName ":" [**set of**] TypeName
FunctionReDefinition	::=	**redefine function** FunctName ":" [TypeName $\rightarrow$] FunctionSignature [**"as "** QueryExpr]
FunctionSignature	::=	[**set of**] TypeName [**inverse** FunctName]
TypeReDefinition	::=	**redefine type** TypeName [**isa** SuperTypeList] ["=" FunctionList]
SuperTypeList	::=	TypeName { "," TypeName }
FunctionList	::=	Function { "," Function }
Function	::=	FunctName [":" FunctionSignature]
ClassReDefinition	::=	**redefine class** ClassName [":" TypeName] [**all** | **some** BaseClassList] [**where** BooleanExpr]
BaseClassList	::=	ClassName { "," ClassName }
ViewReDefinition	::=	**redefine view** ViewName **as** QueryExpr
VariableReNaming	::=	**rename var** VariableName **to** VariableName
FunctionReNaming	::=	**rename function** FunctName **to** FunctName
TypeReNaming	::=	**rename type** TypeName **to** TypeName
ClassReNaming	::=	**rename class** ClassName **to** ClassName
ViewReNaming	::=	**rename view** ViewName **to** ViewName
VariableUnDefinition	::=	**undefine var** VariableName
FunctionUnDefinition	::=	**undefine function** FunctName
TypeUnDefinition	::=	**undefine type** TypeName
ClassUnDefinition	::=	**undefine class** ClassName
ViewUnDefinition	::=	**undefine view** ViewName

Literaturverzeichnis

[AAD+93] R. Ahmed, J. Albert, W. Du, W. Kent, W.A. Litwin, M.-C. Shan. *An overview of Pegasus*. In [IMS93].

[AB91] S. Abiteboul, A. Bonner. *Objects and views*. In [SMOD91].

[ACO85] A. Albano, L. Cardelli, R. Orsini. *Galileo: A strongly-typed, interactive conceptual language*. ACM Trans. on Database Systems 10(2) (Juni 1985).

[ADS+93] M. Andersson, Y. Dupont, S. Spaccapietra, K. Yétongnon, M. Tresch, H. Ye. *The FEMUS experience in building a federated multilingual database*. In [IMS93].

[AH87] T. Andrews, C. Harris. *Combining language and database advances in an object-oriented development environment*. In [OOPS87].

[AH88] S. Abiteboul, R. Hull. *Restructuring hierarchical database objects*. Theoretical Computer Science 62(1,2) (Dez. 1988).

[AK89] S. Abiteboul, P.C. Kanellakis. *Object identity as a query language primitive*. Technical Report 1022, INRIA, Paris, Frankreich (Apr. 1989).

[ALP91] J. Andany, M. Leonard, C. Palisser. *Management of schema evolution in databases*. In Proc. 17th Int'l Conf. on Very Large Data Bases (VLDB), Barcelona, Spanien (Sep. 1991). Morgan Kaufmann.

[ANS75] *ANSI/X3/SPARC Study Group on Data Base Management Systems, Interim Report 75-02-08*. FDT-Bulletin of ACM SIGMOD 7(5) (1975).

[ASD+91] R. Ahmed, P. De Smedt, W. Du, W. Kent, M.A. Ketabchi, W.A. Litwin, A. Rafii, M.-C. Shan. *The Pegasus heterogeneous multidatabase system*. IEEE Computer 24(12) (Dez. 1991).

[ASL89]   A.M. Alashqur, S.Y.W. Su, H. Lam. *OQL: A query language for manipulating object-oriented databases*. In [VLDB89].

[Ban87]   J. Banerjee et al. *Data model issues for object-oriented applications*. ACM Trans. on Information Systems 5(1) (Jan. 1987).

[Bar91]   G. Barbedette. *Schema modifications in the LISPO$_2$ persistent object-oriented language*. In [ECOO91].

[BDK91]   F. Bancilhon, C. Delobel, P. Kanellakis (Hrsg.). *The O2 book*. Morgan Kaufman (1991).

[Bee89]   C. Beeri. *Formal models for object-oriented databases*. In [DOOD89].

[Bee93]   C. Beeri. *Some thoughts on the future evolution of object-oriented database concepts*. In [BTW93].

[Ber91]   P.L. Bergstein. *Object-preserving class transformations*. In Proc. Int'l Conf. on Object-Oriented Programming Systems and Languages (OOPSLA). ACM Press (1991).

[Ber92]   E. Bertino. *A view mechanism for object-oriented databases*. In Proc. 3rd Int'l Conf. on Extending Database Technology (EDBT), Wien, Österreich (März 1992). Springer, LNCS 580.

[BKKK87]   J. Banerjee, W. Kim, H.J. Kim, H.F. Korth. *Semantics and implementation of schema evolution in object-oriented databases*. ACM SIGMOD Record 15(4) (Feb. 1987).

[BL91]   P. L. Bergstein, K. J. Lieberherr. *Incremental class dictionary learning and optimization*. In [ECOO91].

[BLN86]   C. Batini, M. Lenzerini, S.B. Navathe. *A comparative analysis of methodologies for database schema integration*. ACM Computing Surveys 18(4) (Dez. 1986).

[BMO+89]   R. Bretl, D. Maier, A. Otis, J. Penney, B. Schuchart, J. Stein, E.H. Williams, M. Williams. *The GemStone data management system*. In [KL89].

[Boo91]   M. Boos. *Realisierung eines COOL-Parsers*. Diplomarbeit, Departement Informatik, ETH Zürich (März 1991).

[BT92]   C. Beeri, B. Thalheim. *Can I see your identification, please? – Identification is well-founded in object-oriented databases.* Manuskript (Dez. 1992).

[BTW93]   *Proc. GI-Fachtagung Datenbanksysteme in Büro, Technik und Wissenschaft (BTW)*, Braunschweig, Deutschland (März 1993). Springer, Informatik aktuell.

[Cas91]   E. Casais. *Managing Evolution in Object-Oriented Environments: An Algorithmic Approach.* Dissertation, Centre Universitaire d'Informatique, Université Genève (1991).

[Cat91]   R.G.G. Cattell. *Object data management: object-oriented and extended relational database systems.* Addison Wesley (1991).

[CHR⁺90]   F. Cabrera, L. Haas, J. Richardson, P. Schwarz, J. Stamos. *The Melampus project: Towards an omniscient computing system.* Research Report RJ 7515, IBM Almaden, San Jose (1990).

[CKW89]   W. Chen, M. Kifer, D.S. Warren. *HiLog as a platform for database languages.* In [DBPL89].

[CL93]   J. Chomicki, W. Litwin. *Declarative definition of object-oriented multidatabase mappings.* In [ÖDV93].

[Cla92]   S. Clamen. *Schema evolution support survey.* Korrespondenz und Diskussion in der news net Gruppe comp.object (Okt. 1992).

[CLZ91]   A. Coen, L. Lavazza, R. Zicari. *Updating the schema of an object-oriented database system.* Data Engineering Bulletin (1991).

[CM84]   W.F. Clocksin, C.S. Mellish. *Programmierung in Prolog.* Springer Verlag (1984).

[Cod70]   E.F. Codd. *A relational model for large shared data banks.* Communications of the ACM 13(6) (1970).

[Cod79]   E.F. Codd. *Extending the database relational model to capture more meaning.* ACM Trans. on Database Systems 4(4) (1979).

[Day89]   U. Dayal. *Queries and views in an object-oriented data model.* In [DBPL89].

[DBPL89] R. Hull, R. Morrison, D. Stemple (Hrsg.). *Proc. 2nd Int'l Workshop on Database Programming Languages*, Oregon Coast (Juni 1989). Morgan Kaufmann.

[DD93] C.J. Date, H. Darwen. *A guide to the SQL standard*, Bd. 1. Addison Wesley, 3. Aufl. (1993).

[DE89] W. Du, A.K. Elmagarmid. *Quasi-serializability: A correctness criterion on global concurrency control in InterBase*. In [VLDB89].

[DOOD89] W. Kim, J.-M. Nicolas, S. Nishio (Hrsg.). *Proc. 1st Int'l Conf. on Deductive and Object-Oriented Databases (DOOD)*, Kyoto, Japan (Dez. 1989). North-Holland.

[DOOD91] C. Delobel, M. Kifer, Y. Masunaga (Hrsg.). *Proc. 2nd Int'l Conf. on Deductive and Object-Oriented Databases (DOOD)*, München, Deutschland (Dez. 1991). Springer, LNCS 566.

[DS592] *Proc. IFIP DS-5 Semantics of Interoperable Database Systems*, Lorne, Australien (Nov. 1992).

[DT87] P. Dadam, J. Teuhola. *Managing schema versions in a time-versioned non-first-normal-form relational database*. In Proc. GI-Fachtagung Datenbanksysteme in Büro, Technik und Wissenschaft (BTW), Darmstadt, Deutschland (März 1987). Springer, IFB 136.

[DZ91] C. DelCourt, R. Zicari. *The design of an integrity consistency checker (ICC) for an OODBS*. In [ECOO91].

[ECOO91] *Proc. 5th Europ. Conf. on Object-Oriented Programming (ECOOP)*, Genf, Schweiz (Juli 1991). Springer, LNCS 512.

[Fie91] B. Fiechter. *ProCOCOON – Erweiterung einer grafischen Schnittstelle zu COCOON*. Diplomarbeit, Departement Informatik, ETH Zürich (Sep. 1991).

[Fis89] D.H. Fishman et al. *Overview of the Iris DBMS*. In [KL89].

[Fri91] M. Fritsch. *Implementierung der Abbildung von COCOON auf das OODBMS ONTOS*. Diplomarbeit, Departement Informatik, ETH Zürich (März 1991).

[Gar91]   S. Garazi. *Mapping COOL queries and updates to Oracle-SQL*. Diplomarbeit, Departement Informatik, ETH Zürich (Sep. 1991).

[GH91]   J. Göers, A. Heuer. *Definition and application of meta classes in an object-oriented database model*. In Proc. 9th Int'l IEEE Conf. on Data Engineering (ICDE), Wien, Österreich (Apr. 1991).

[Göh91]   A. Göhring. *Adaptiver physischer Entwurf für objektorientierte Datenbanksysteme*. Diplomarbeit, Departement Informatik, ETH Zürich (Sep. 1991).

[Gro91]   R. Gross. *Physischer DB-Entwurf für objektorientierte Datenbanken*. Diplomarbeit, Departement Informatik, ETH Zürich (März 1991).

[GTC+90]   S. Gibbs, D. Tsichritzis, E. Casais, O. Nierstrasz, X. Pintado. *Class management for software communities*. Communications of the ACM 33(9) (Sep. 1990).

[HD92]   M. Härtig, K. Dittrich. *An object-oriented integration framework for building heterogeneous database systems*. In [DS592].

[Heu92]   A. Heuer. *Objektorientierte Datenbanken: Konzepte, Modelle, Systeme*. Addison Wesley (1992).

[HM85]   D. Heimberger, D. McLeod. *A federated architecture for information management*. ACM Trans. on Information Systems 3(3) (1985).

[HM90]   S. Hong, F. Maryanski. *Using a meta model to represent object-oriented data models*. In [ICDE90].

[HS90]   A. Heuer, P. Sander. *Preserving and generating objects in the LIVING IN A LATTICE rule language*. In Proc. 2nd GI Workshop Foundations of Models and Languages for Data and Objects, Aigen, Österreich (Sep. 1990). Technical Report 90/3, TU Clausthal.

[HS91]   A. Heuer, M.H. Scholl. *Principles of object-oriented query languages*. In Proc. GI-Fachtagung Datenbanksysteme in Büro, Technik und Wissenschaft (BTW), Kaiserslautern, Deutschland (März 1991). Springer, IFB 270.

[Hul86]   R. Hull. *Relative information capacity of simple relational database schemata.* SIAM Journal of Computing 15(3) (1986).

[HVZ90]   G. Harrus, F. Velez, R. Zicari. *Implementing schema updates in an object-oriented database system: A cost analysis.* Technical Report, GIP Altair, Frankreich (1990).

[HZ90]   S. Heiler, S.B. Zdonik. *Object views: Extending the vision.* In [ICDE90].

[ICDE90]   *Proc. 6th Int'l IEEE Conf. on Data Engineering (ICDE)*, Los Angeles, Kalifornien (Feb. 1990).

[IMS93]   *Proc. 3rd Int'l Workshop on Research Issues on Data Engineering: Interoperability in Multidatabase Systems (RIDE-IMS)*, Wien, Österreich (Apr. 1993). IEEE Computer Society Press.

[Ing91]   Ingres Corp. *INGRES/Star User's Guide, Release 6.4* (Dez. 1991).

[IRDS88]   ANSI, american national standard for information systems, X3.138-1988. *Information resource dictionary system (IRDS)* (1988).

[Jeu92]   M. Jeusfeld. *Änderungskontrolle in deduktiven Datenbanken.* Dissertation, Universität Passau (1992).

[Joh93]   P. Johannesson. *Schema transformations as an aid in view integration.* In Proc. 5th Int'l Conf. on Computer Aided Information Systems Engineering (CAISE), Paris, Frankreich (1993).

[KC88]   W. Kim, H.-T. Choi. *Versions of schema for object-oriented databases.* In [VLDB88].

[KCGS93]   W. Kim, I. Choi, S. Gala, M. Scheevel. *On resolving schematic heterogeneity in multidatabase systems.* Distributed and Paralled Databases 1(3) (1993).

[Ken91]   W. Kent. *The breakdown of the information model in multi-database systems.* ACM SIGMOD Record 20(4) (1991).

[Kim90]   W. Kim. *Introduction to Object-Oriented Databases.* MIT Press, Cambridge, MA (1990).

[KL89]   W. Kim, F.H. Lochovsky (Hrsg.). *Object-Oriented Concepts, Databases, and Applications.* ACM Press, New York (1989).

[Kla90]   W. Klas. *A metaclass system for open object-oriented data models.* Dissertation, Technische Universität Wien (Jan. 1990).

[KLK91]   R. Krishnamurthy, W. Litwin, W. Kent. *Language features for interoperability of databases with schematic discrepancies.* In [SMOD91].

[LH89]   K.J. Lieberherr, I. Holland. *Formulations and benefits of the Law of Demeter.* SIGPLAN Notices 24(3) (1989).

[LHX91]   K.J. Lieberherr, W.L. Hürsch, C. Xiao. *Object-extending class transformations.* Internal Report, Northeastern University, Boston (Sep. 1991).

[Lit92]   W. Litwin. *O*SQL: a language for multidatabase interoperability.* In [DS592].

[LLOW91]   C. Lamb, G. Landis, J. Orenstein, D. Weinreb. *The ObjectStore database system.* Communications of the ACM 34(10) (Okt. 1991).

[LMR90]   W. Litwin, L. Mark, N. Roussopoulos. *Interoperability of multiple autonomous databases.* ACM Computing Surveys 22(3) (Sep. 1990).

[Loe91]   M. Loeliger. *CO2ON – Übersetzung von Anfragen der Sprache COOL auf das objektorientierte Datenbanksystem ONTOS.* Diplomarbeit, Departement Informatik, ETH Zürich (Sep. 1991).

[LR82]   T. Landers, R.L. Rosenberg. *An overview of multibase.* In Proc. 2nd Int'l Symp. on Distributed Data Bases, Berlin, Deutschland (Sep. 1982). North-Holland.

[LRV88]   C. Lecluse, P. Richard, F. Velez. *O_2, an object-oriented data model.* In Proc. ACM SIGMOD Int'l Conf. on Management of Data, Chicago, Illinois (Juni 1988).

[LS92]   C. Laasch, M. H. Scholl. *Generic update operations keeping object-oriented databases consistent.* In Proc. 2nd GI-Workshop on Information Systems and Artificial Intelligence, Ulm, Deutschland (Feb. 1992). Springer, IFB 303.

[LS93]   C. Laasch, M. H. Scholl. *Deterministic semantics of set-oriented update sequences.* In Proc. 9th Int'l IEEE Conf. on Data Engineering (ICDE), Wien, Österreich (Apr. 1993).

[Mes91]   F. Meschberger. *Implementierung der Abbildung von COCOON auf ORACLE*. Diplomarbeit, Departement Informatik, ETH Zürich (März 1991).

[MIR93]   R.J. Miller, Y.E. Ioannidis, R. Ramakrishnan. *The use of information capacity in schema integration and translation*. In Proc. 19th Int'l Conf. on Very Large Data Bases (VLDB), Dublin, Irland (Aug. 1993).

[Mot87]   A. Motro. *Superviews: virtual integration of multiple databases*. IEEE Trans. on Software Engineering 13(7) (Juli 1987).

[MS89]   M. Missikoff, M. Scholl. *An algorithm for insertion into a lattice: Application to type classification*. In Proc. 3rd Int'l Conf. on Foundations of Data and Algorithms (FODO), Paris, Frankreich (Juni 1989). Springer.

[Ngu91]   H.-M. Nguyen. *Einordnung von Klassen und Views in eine Klassen-Hierarchie*. Diplomarbeit, Departement Informatik, ETH Zürich (Juli 1991).

[NS88]   E.J. Neuhold, M. Schrefl. *Dynamic derivation of personalized views*. In [VLDB88].

[Obj92]   Object Design Inc., Burlington, MA. *ObjectStore Rel. 2.0, Reference Manual* (Okt. 1992).

[ÖDV93]   M.T. Özsu, U. Dayal, P. Valduriez (Hrsg.). *Distributed Object Management*. Morgan Kaufmann, San Mateo, California (1993).

[ONT92]   ONTOS Inc., Burlington, MA. *ONTOS DB 2.2 – Reference Manual* (Feb. 1992).

[OOPS87]   *Proc. Int'l Conf. on Object-Oriented Programming Systems and Languages (OOPSLA)*. ACM Press (Okt. 1987).

[Ora88]   Oracle Corp. *ORACLE - Relational Database Management System, Version 6.0* (Nov. 1988).

[OV91]   M.T. Özsu, P. Valduriez. *Principles of distributed database systems*. Prentice-Hall International Editions, New Jersey (1991).

[Par87] C. Parent. *L'approche ERC: un modèle de donnée et une algèbra de type entité-relation*. Dissertation, Université Pierre et Marie Curie (Paris VI) (Juli 1987).

[Pau88] H.-B. Paul. *DAS Datenbank-Kernsystem für Standard- und Nicht-Standard-Anwendungen – Architektur, Implementierung, Anwendungen*. Dissertation, Technische Hochschule Darmstadt (1988).

[PDIS94] *Proc. 3rd Int'l Conf. on Parallel and Distributed Information Systems (PDIS)*, Austin, Texas (Sep. 1994).

[PRYS89] C. Parent, H. Rolin, K. Yétongnon, S. Spaccapietra. *An ER calculus for the entity-relationship complex model*. In Proc. 8th Int'l Conf. on Entity-Relationship Approach, Toronto, Kanada (Okt. 1989). North-Holland.

[PS87] D.J. Penney, J. Stein. *Class modification in the GemStone object-oriented DBMS*. In [OOPS87].

[RRS93] A. Rosenthal, C. Rich, M.H. Scholl. *Reducing duplicate work in relational join(s): A unified approach*. In Proc. Int'l Conf. on Information Systems and Management of Data (CISMOD), Delhi, India (Okt. 1993).

[RS91] J. Richardson, P. Schwarz. *Aspects: extending objects to support multiple, independent roles*. In [SMOD91].

[RS93] C. Rich, M.H. Scholl. *Query optimization in an OODBMS*. In [BTW93].

[RS94a] E. Radeke, M.H. Scholl. *Federation and stepwise reduction of database systems*. In Proc. 1st Int'l Conf. on Applications of Databases (ADB), Vadstena, Sweden (Sep. 1994).

[RS94b] E. Radeke, M.H. Scholl. *Framework for object migration in federated database systems*. In [PDIS94].

[Run92] E.A. Rundensteiner. *MultiView: a methodology for supporting multiple views in object-oriented databases*. In Proc. 18th Int'l Conf. on Very Large Data Bases (VLDB), Vancouver, Kanada (Aug. 1992).

[Sch88a] M.H. Scholl. *Das Modell geschachtelter Relationen – Effiziente Unterstützung einer relationalen Datenbankschnittstelle*. Dissertation, Technische Hochschule Darmstadt (1988).

[Sch88b] M. Schrefl. *Object-oriented database integration*. Dissertation, Technische Universität Wien (Juni 1988).

[Sch94] M. H. Scholl. *Physical database design for an object-oriented database system*. In J.C. Freytag, D.E. Maier, G. Vossen (Hrsg.), Query Processing for Advanced Database Applications. Morgan Kaufmann, California (1994).

[Shi81] D. W. Shipman. *The functional data model and the language DAPLEX*. ACM Trans. on Database Systems 6(1) (März 1981).

[SJGP90] M.R. Stonebraker, A. Jhingran, J. Goh, S. Potamianos. *On rules, procedures, caching and views in database systems*. In Proc. ACM SIGMOD Int'l Conf. on Management of Data, Atlantic City (Mai 1990).

[SL90] A.P. Sheth, J.A. Larson. *Federated database systems for managing distributed, heterogeneuos, and autonomous databases*. ACM Computing Surveys 22(3) (Sep. 1990).

[SLR+92] M.H. Scholl, C. Laasch, C. Rich, H.-J. Schek, M. Tresch. *The COCOON object model*. Technical Report 193, ETH Zürich, Dept. of Computer Science (Dez. 1992). Also as Technical Report 93-02, University of Ulm, Dept. of Computer Science, February 1993.

[SLT91] M.H. Scholl, C. Laasch, M. Tresch. *Updatable views in object-oriented databases*. In [DOOD91].

[SLW88] A.P. Sheth, J.A. Larson, E. Watkins. *TAILOR, a tool for updating views*. In J.W. Schmidt, S. Ceri, M. Missikoff (Hrsg.), Proc. 1st Int'l Conf. on Extending Database Technology (EDBT), Venedig, Italien (März 1988). Springer, LNCS 303.

[SMOD91] *Proc. ACM SIGMOD Int'l Conf. on Management of Data*, Denver, Colorado (Mai 1991).

[SÖ90] D.D. Straube, M.T. Özsu. *Queries and query processing in object-oriented databases*. ACM Trans. on Information Systems 8(4) (Okt. 1990).

[SPD92]   S. Spaccapietra, C. Parent, Y. Dupont. *Model independent asserti-ons for integration of heterogeneous schemas*. The VLDB Journal 1(1) (Juli 1992).

[SPSW90] H.-J. Schek, H.-B. Paul, M.H. Scholl, G. Weikum. *The DASDBS project: Objectives, experiences, and future prospects*. IEEE Trans. on Knowledge and Data Engineering 2(1) (1990).

[SQL89]   Oracle Corp. *SQL*Net TCP/IP User's Guide, Version 1.2* (Nov. 1989).

[SQL92]   ISO/IEC DIS 9075:1992. *Information technology – Database lan-guage – SQL 2* (1992).

[SS83]   H.-J. Schek, M. H. Scholl. *Die NF2-Relationenalgebra zur einheit-lichen Manipulation von externen, konzeptuellen und internen Da-tenstrukturen*. In J.W. Schmidt (Hrsg.), Sprachen für Datenbanken. Springer, IFB 72 (1983).

[SS86]   H.-J. Schek, M.H. Scholl. *The relational model with relation-valued attributes*. Information Systems 11(2) (1986).

[SS89]   M. Schmidt-Schauß. *Subsumption in KL-ONE is undecidable*. In Proc. 1st Int'l Conf. on Principles of Knowledge Representation and Reasoning, Toronto, Kanada (1989).

[SS90a]   H.-J. Schek, M.H. Scholl. *Evolution of data models*. In A. Blaser (Hrsg.), Proc. Int'l Symposium on Database Systems for the 90's, Berlin, Deutschland (Nov. 1990). Springer, LNCS 466.

[SS90b]   M.H. Scholl, H.-J. Schek. *A relational object model*. In Proc. 3rd Int'l Conf. on Database Theory (ICDT), Paris, Frankreich (Dez. 1990). Springer, LNCS 470.

[SS90c]   M.H. Scholl, H.-J. Schek. *A synthesis of complex objects and object-orientation*. In Proc. IFIP TC2 DS–4 Conf. on Object-Oriented Da-tabases – Analysis, Design & Construction, Windermere, England (Nov. 1990). North-Holland.

[SS91]   H.-J. Schek, M.H. Scholl. *From relations and nested relations to ob-ject models*. In Proc. 9th British Nat. Conf. on Databases, Wolver-hampton, England (Juli 1991). Butterworth-Heinemann, Oxford.

[SS92] M.H. Scholl, H.-J. Schek. *Survey of the COCOON project*. In R. Bayer, T. Härder, P. C. Lockemann (Hrsg.), Objektbanken für Experten. Springer, Informatik Aktuell (Okt. 1992).

[SST93] M.H. Scholl, H.-J. Schek, M. Tresch. *Object algebra and views for multi-objectbases*. In [ÖDV93].

[SSW90] H.-J. Schek, M.H. Scholl, G. Weikum. *From the KERNEL to the COSMOS: The database research group at the ETH Zürich*. Technical Report 136, ETH Zürich, Dept. of Computer Science (Juli 1990).

[Sta90] Standford University, Computer Science Laboratory, California. *InterViews Reference Manual, Version 2.6* (1990).

[Sto92] M. Stoffel. *Erweiterung eines wissensbasierten Werkzeuges für den physischen DB-Entwurf*. Diplomarbeit, Departement Informatik, ETH Zürich (März 1992).

[SW92] H.-J. Schek, A. Wolf. *Cooperation between autonomous operation services and object database systems in a heterogeneous environment*. In [DS592].

[SWS91] H.-J. Schek, G. Weikum, W. Schaad. *A multi-level transaction approach to federated DBMS transaction management*. In Proc. 1st Int'l Workshop on Research Issues on Data Engineering: Interoperability in Multidatabase Systems (RIDE-IMS), Kyoto, Japan (Apr. 1991). IEEE Computer Society Press.

[SZ86] A.H. Skarra, S.B. Zdonik. *The management of changing types in an object-oriented database*. In Proc. Int'l Conf. on Object-Oriented Programming Systems and Languages (OOPSLA). ACM Press (Sep. 1986).

[SZ87] A.H. Skarra, S.B. Zdonik. *Type evolution in an object-oriented database*. In B. Shriver, P. Wegner (Hrsg.), Research Directions in Object-Oriented Programming. MIT Press (1987).

[SZ89] G.M. Shaw, S.B. Zdonik. *An object-oriented query algebra*. IEEE Data Engineering Bulletin 12(3) (Sep. 1989). Special Issue on Database Programming Languages.

[TK78]   D.C. Tsichritzis, A. Klug. *The ANSI/X3/SPARC DBMS framework report of the study group on database management system.* Information Systems 3(3) (1978).

[TK89]   L. Tan, T. Katayame. *Meta operations for type management in object-oriented databases — a lazy mechanism for schema evolution.* In [DOOD89].

[Tre91]   M. Tresch. *A framework for schema evolution by meta object manipulation.* In Proc. 3rd Int'l Workshop on Foundations of Models and Languages for Data and Objects, Aigen, Österreich (Sep. 1991).

[TRSB93]   W.B. Teeuw, C. Rich, M.H. Scholl, H.M. Blanken. *An evaluation of physical disk I/Os for complex object processing.* In Proc. 9th Int'l IEEE Conf. on Data Engineering (ICDE), Wien, Österreich (Apr. 1993).

[TS91]   M. Tresch, M.H. Scholl. *Implementing an object model on top of commercial database systems.* In Proc. 3rd GI Workshop on Foundations of Database Systems, Volkse, Deutschland (Mai 1991). Technical Report 158, Dept. of Computer Science, ETH Zürich.

[TS92]   M. Tresch, M.H. Scholl. *Meta object management and its application to database evolution.* In Proc. 11th Int'l Conf. on Entity-Relationship Approach, Karlsruhe, Deutschland (Okt. 1992). Springer, LNCS 645.

[TS93a]   M. Tresch, M. H. Scholl. *Schema transformation without database reorganization.* ACM SIGMOD Record 22(1) (März 1993).

[TS93b]   M. Tresch, M.H. Scholl. *Schema transformation processors for federated objectbases.* In Proc. 3rd Int'l Symp. on Database Systems for Advanced Applications (DASFAA), Daejon, Korea (Apr. 1993).

[TS94]   M. Tresch, M. H. Scholl. *A classification of multi-database languages.* In [PDIS94]. Extended version available as Technical Report 94-07, University of Ulm, Dept. of Computer Science, October 1994.

[VLDB88]   *Proc. 14th Int'l Conf. on Very Large Data Bases (VLDB)*, Los Angeles, Kalifornien (Sep. 1988). Morgan Kaufmann.

[VLDB89]   *Proc. 15th Int'l Conf. on Very Large Data Bases (VLDB)*, Amsterdam, Holland (Aug. 1989). Morgan Kaufmann.

[Wal91]   E. Waller. *Schema updates and consistency*. In [DOOD91].

[Wic91]   P. Wickli. *Graphische Schnittstelle zu COCOON*. Diplomarbeit, Departement Informatik, ETH Zürich (März 1991).

[Wie86]   G. Wiederhold. *Views, objects, and databases*. IEEE Computer 19(12) (Dez. 1986).

[WLH90]   K. Wilkinson, P. Lyngbaek, W. Hasan. *The Iris architecture and implementation*. IEEE Trans. on Knowledge and Data Engineering 2(1) (März 1990). Special Issue on Prototype Systems.

[Zic91a]   R. Zicari. *A framework for schema updates in an object-oriented database system*. In Proc. 7th Int'l IEEE Conf. on Data Engineering (ICDE), Kobe, Japan (Apr. 1991).

[Zic91b]   R. Zicari. *A framework for schema updates in an object-oriented database system*. In [BDK91].

Stichwortverzeichnis

TEUBNER-TEXTE zur Informatik

Band 1: Buchmann/Ganzinger/Paul (Hrsg.)
**Informatik. Festschrift zum 60. Geburtstag
von Günter Hotz**
VIII, 508 Seiten. Kart. DM 62,–

Band 2: Rupprecht, **Implementierung und parallele Verarbeitung
von Kommunikationssoftware**
196 Seiten. Kart. DM 29,80

Band 3: Glässer, **A Distributed Implementation of Flat Concurrent
Prolog on Message-Passing Multiprocessor Systems**
116 Seiten. Kart. DM 25,80

Band 4: Hohenstein, **Formale Semantik eines erweiterten
Entity-Relationship-Modells**
207 Seiten. Kart. DM 39,80

Band 5: Zhao, **Handsketch-Based Diagram Editing**
220 Seiten. Kart. DM 39,80

Band 6: Saake, **Objektorientierte Spezifikation von
Informationssystemen**
247 Seiten. Kart. DM 44,80

Band 7: Reinwald, **Workflow-Management in verteilten Systemen**
276 Seiten. Kart. DM 49,80

Band 8: Buchholz/Dunkel/Müller-Clostermann/
Sczittnick/Zäske, **Quantitative System-
analyse mit Markovschen Ketten**
270 Seiten. Kart. DM 49,80

Band 9: Heistermann, **Genetische Algorithmen**
298 Seiten. Kart. DM 49,80

B. G. Teubner Verlagsgesellschaft
Stuttgart · Leipzig